黄河水沙调控与生态治理丛书

黄河下游河道三角洲特性及河口水下三角洲演变

白玉川　张金良　徐海珏　李　彬　著

科学出版社

北　京

内容简介

本书以黄河下游河道及河口为研究对象，首先，基于黄河下游地质、地形、地貌资料及河道演变历史，分析了下游河道的游荡、悬河、易徙等特性，揭示了黄河下游河道的三角洲及三角洲水道本性，同时强调了下游河流规划及治理应充分考虑其三角洲本性；其次，回顾分析了1855年以来现代黄河口三角洲及流路的演变特性，遥感解析了黄河口三角洲岸线45年（1973～2018年）演变特性及黄河口海区悬浮泥沙时空分布特性；最后，分析和计算模拟了黄河口水下三角洲演变情况和动力机制。这些研究成果发展和完善了河道演变、河口演变、水下三角洲演变的分析、模拟及遥感解析方法，对冲积游荡性河流的河道整治、河口规划及三角洲治理具有重要的参考价值和指导意义，也为未来黄河下游河道及河口规划治理工作方向选择提供重要参考。

本书可供从事港口设计、河口治理、河道整治、河床演变、河流规划与管理等方面的科技人员及高等院校有关专业的师生参考。

图书在版编目（CIP）数据

黄河下游河道三角洲特性及河口水下三角洲演变 / 白玉川等著 . — 北京：科学出版社，2021.6

（黄河水沙调控与生态治理丛书）

ISBN 978-7-03-067585-9

Ⅰ . ①黄…　Ⅱ . ①白…　Ⅲ . ①黄河 – 三角洲 – 演变 – 研究　Ⅳ . ① P931.1

中国版本图书馆 CIP 数据核字（2020）第 260842 号

责任编辑：朱　瑾　习慧丽 / 责任校对：严　娜

责任印制：吴兆东 / 封面设计：无极书装

科学出版社 出版

北京东黄城根北街16号

邮政编码：100717

http://www.sciencep.com

北京建宏印刷有限公司 印刷

科学出版社发行　各地新华书店经销

*

2021年6月第　一　版　开本：787×1092　1/16

2021年6月第一次印刷　印张：12 1/4

字数：291 000

定价：188.00元

（如有印装质量问题，我社负责调换）

序

黄河发源于“世界水塔”青藏高原北麓的巴颜喀拉山，一路奔驰千里流经青海、四川、甘肃、宁夏、内蒙古、山西、陕西、河南、山东九省（区），绵长5464km；纵差4500m，从第一台地直至第三台地，流域跨越青藏高原、黄土高原、华北平原等。黄河孕育了中华文明，也带来了深重的苦难。一部中华史满是人民与黄河斗争融合的历史，从原始的躲避洪水到限制洪水、防御洪水、治理洪水、扬水利除水害，五千年悠然而过。

中华人民共和国成立以后，我国逐步开展了大江大河系统性治理。从20世纪50年代编制《关于根治黄河水害和开发黄河水利的综合规划的报告》开始，谱写了人民治黄的宏伟篇章，取得了举世瞩目的伟大成就，水土保持、河道整治、干支流水库和堤防等水利工程建设，实现了黄河70年岁岁安澜，有力支撑了流域经济社会发展。但是，我们也要清醒地看到黄河体弱多病、水患频繁的基本特质。当前，洪水风险依然是流域的最大威胁，水沙调控体系不完善、防洪短板突出、上游形成新悬河、中游潼关高程居高不下、下游“二级悬河”发育、滩区经济社会发展质量不高等问题突出。新的历史时期，亟待治黄科技工作者破解上述难题，保障黄河长治久安。

作者长期工作在治黄第一线，数十年不断钻研治黄新手段、新方法，该书是他数十年如一日治黄认识与实践经验的汇编，是他的呕心之作。该书从黄河水沙特性这一角度切入，剖析了多沙河流水库中常见的异重流现象，研究了三门峡水库与潼关高程的相关问题，提出了水沙调控的布局与技术；站在新的历史时期，转变治黄思路，提出了黄河下游生态治理的总体构想，分析了生态治理方案、模式与效果；紧跟国家重大工程战略布局，提出了自己的独到见解。阅读此书，既可对黄河治理的过去和现状有总体了解，又可以面向未来思考黄河治理的新愿景。书中的一些认识和方法已经在治黄实践中得到检验与验证，一些构想可供其他专家交流、评议。

张建云

中国工程院院士、英国皇家工程院外籍院士

南京水利科学研究院名誉院长

2019年12月16日

前　言

随着全球气候变暖及区域人类活动的增加，对黄河下游河道、滩区、河口变化及其长期自然演变规律的探索与未来治理方法的确定是近年泥沙学科研究的重点。

“十三五”国家重点研发计划“水资源高效开发利用”重点专项先后围绕黄河口、黄河下游及河口海岸滩涂等展开研究，并设置了多个重点研发专项；国家自然科学基金委员会也资助了多个专门课题和自由探索研究方向，对全国重要河流及河口海岸展开了研究。

本书正是在一个新的研究背景下，由天津大学黄河问题研究团队，依托天津大学水利工程仿真与安全国家重点实验室、天津大学河流海岸工程泥沙研究所，在国家自然科学基金面上项目“河口海岸异重沙流成因机制与输移动态预测”（编号 41576093）、“三角洲泥沙冲淤分选机理及水道演进过程的随机模拟方法”（编号 51879182）及国家重点研发计划“水资源高效开发利用”专项项目“河口海岸滩涂资源保护与高效利用关键技术研究及应用”（编号 2018YFC0407500）第五课题“滩涂资源高效利用模式与滩涂保护及绿色海堤建设技术”（编号 2018YFC407505）等项目的支持下，对黄河口三角洲近 40 年的演变过程进行了系统梳理和研究；对黄河下游河道进行了属性分析及历史回顾；对未来黄河下游河道及黄河口可能的治理方法进行了思考。

参与本书撰写工作的人员还有李岩博士（在读）、谢琦硕士、温志超博士（在读）、向雨田硕士（在读）、白洋硕士（在读）等。黄河口水文水资源勘测局（黄河河口海岸科学研究所）徐丛亮教授级高级工程师、江苏省交通规划设计院朱志夏教授级高级工程师、天津大学河流海岸工程泥沙研究所资深专家顾元棪教授等对本书内容进行了详细审阅并提出了宝贵意见，在此一并致以衷心的感谢！

2021 年 5 月 20 日

目　录

第1章　黄河下游河道三角洲特性

黄河是中华民族的母亲河，也是中华民族的生命河，它孕育了5000多年灿烂的华夏文明，也记录了中国历代王朝的兴衰与更迭。在世界各大江河中，黄河是拥有2500多年不间断文明历史的大河，在世界上都是罕见的。在世界各地还处在蒙昧状态的时候，华夏祖先就已在这块广袤宽阔的土地上，披荆斩棘、疏浚河水、分置九州，奠定了华夏文明的基础。后世历代围绕黄河更是生生不息，既创造了丰厚的大河文化，又铸就了中华民族不屈的精神。

黄河发源于青海省青藏高原的巴颜喀拉山脉，自西向东呈“几”字形流经九省（区），目前在山东省东营市注入渤海，全长约5464km，流域面积约75万km^2。黄河中游段流经中国黄土高原地区，那里自然植被脆弱，土质疏松，易受暴雨冲刷侵蚀，水土流失严重。黄土高原流失的泥沙涌入黄河，因此黄河也成为世界上含沙量最高的河流，每年向下游及河口输送约16亿t泥沙，其中约12亿t流入大海，剩下约4亿t常年淤积在黄河下游，使河床抬高，形成地上悬河。黄河下游河道历史上曾以“善淤、善决、善徙”闻名于世。据不完全统计，在公元前602年至1938年的2500多年间，黄河下游河道决口1590次，较大的改道有26次，重大改道有6次。洪水波及范围北达天津，南抵苏皖，包括现在的海河流域华北平原（黄淮海平原），纵横25万km^2。黄河下游河道的输沙演变过程，实质上是一个三角洲形成的过程，河道的输沙是三角洲堆积水道生成的过程。

黄河出晋陕峡谷后，下游河道从历史到现在，以三角洲堆积与水道发育交替变换的形式推进。黄河下游河道是自然演化的结果，更是人工作用的结果。

黄河是一条自然的河流，更是一条人工的河流，是“人与自然”二元相互作用的结果。

历史上黄河下游河道的演变极为复杂，水道交替、决口及改道次数繁多，流路紊乱，看似无规律可循，实则呈现出了下游河道的三角洲特征。黄河下游区域各种水文及地理特性，也是这种三角洲高度同步性和单元性特征的体现。黄河下游区域涉及范围广阔，也正是黄河下游河道三角洲输沙特性的体现。黄河下游河道曾改道数百次，其游荡及三角洲特性也在某些方面已体现在了治河方略的采用上。任何黄河下游河道的治理，都应该考虑河道的三角洲特性。

接下来，本书将从黄河流域的地质、地形、地貌等特点出发，依次介绍黄河下游的成河历史、历代治河方略及近来的水沙条件。黄河下游河道的三角洲特性，也是未来黄河下游规划和治理所应考虑的因素。

1.1 黄河下游河道三角洲特性的地质、地形、地貌基础

黄河出三门峡之后，黄河下游的三角洲特性从洛阳、嵩山附近区域开始出现。以洛阳为正式起点，一直蔓延扩散到河流入海为止。对于该部分流域来说，从土壤分布、植被分布、地貌情况、地震带情况或者水文地质情况上来说，水文地理自然属性分布及其在流域内覆盖的区域特性，呈现出了一种高度同步性。

此外，需要特别说明的是，黄河下游在华北平原上的这种三角洲推进特性，在遇到山东的泰山、蒙山、鲁山等山地时被阻碍，相当一部分水文或地理特性，都在此处产生局部突变和断层。可以想象，如果没有鲁西山地的阻断，黄河下游的流域范围必定呈较为完整的三角形辐射状。

1.1.1 黄河下游土壤分布

从区域水平分布看，黄河流域的土壤由东部湿润的海洋性地带谱和西部干旱的内陆性地带谱组成。而黄河下游为冲积平原，地势缓，海拔低，受地下水活动影响较大。

在靠近主干的流域，河流沉积物母质较多，土壤大多发育为潮土；而在洼地和滨海地区，则多盐土和滨海盐土。中上游地区土壤的种类变化较为复杂，此处只特别介绍下游土壤的种类和特性。

潮土：这类土壤占黄河下游流域及华北平原流域面积的 80% 左右。潮土主要分布于河流沉积物上，是受到较高地下水位的影响，并经过人类耕种熟化的土壤，其分布区域内地下水位一般为 1 ～ 3m，并且伴随有季节性变化。潮土土壤呈微碱性，有机质含量可高达 2% 以上，一般面临着土壤盐渍化的威胁。

滨海盐土：这类土壤少量分布于黄河下游的河口滨海区。成因是海水浸渍，其地下水的矿化程度高，土壤含盐量在 1% 以上，全剖面的含盐量较为均一，氯化物为其盐分的主要组成。

以洛阳为下游流域的起点，华北平原上黄河下游两岸流域的土壤大约 70% 为潮土。这些潮土包含淤黏土、两合土、淤沙土、盐潮土及湿潮土等。开封至单县区域局部有零散的草甸盐土分布，黄河入海口处局部有滨海盐土，而在泰山、蒙山一带（鲁西山地），其山前地带土壤由潮土过渡为黄垆土，高地势区域内土壤则以棕壤和淋溶褐土为主。

从总体来看，整个黄河下游接近 70% 的地区都被潮土所覆盖，若无鲁西山地的阻断，潮土在下游流域的占比还会进一步提高，且可以预测其会呈三角形辐射状。

由此可见，黄河下游流域的土壤分布特性，契合黄河下游流域的三角洲特性的观点。

1.1.2 黄河下游植被分布

黄河流域因为整体跨度大，且流域内地势起伏较为剧烈，从东到西共可分为 4 个植被区：落叶阔叶林带、草原地带、荒漠地带和青藏高原植被带。因地貌类型多样，生态环境复杂，每个植被区内的植物种类的分布情况都呈现出繁杂纷乱的面貌。然而在近代

黄河下游地带，因为华北平原地势平坦，土壤多为潮土且气候适宜农耕，华北平原内的黄河下游流域基本被栽培植被所覆盖。

以洛阳为划分点，在洛阳以东流域内的冲积平原区，80% 左右地区植被为栽培植被，多为水浇农田和旱浇农田。而洛阳以西及附近的流域地势复杂，多种植被混杂，例如，太行山脉西麓和吕梁山个别山峰海拔达 2500m 以上，相对高差为 1000m 以上，山地植被有明显的垂直分异；太原一带流域多为灌丛，但也混杂松油林、栎林等常绿针叶林或落叶阔叶林。值得注意的是，在到达鲁西山地时，下游流域内农田植被区域的三角形辐射趋势也被阻断。鲁西山地一带主要为落叶阔叶林地带。在此区域内，泰山、大汶河流域等地的丘陵低山部分，多分布着天然植被被破坏后发展起来的次生灌丛，如酸枣、荆条等，间或有以朴、榆等为主的阔叶杂木林出现。而在山地中，海拔 1000m 以上的地区覆盖有以油松为主的针叶林；海拔较高处还有少量的槲栎林等。排除鲁西山地的阻断效应，从宏观上来看，黄河下游流域内农田的分布面积相当广大，且呈三角形辐射状的面貌特征也相当直观和显著。

总而言之，黄河中游流域植被的分布是杂乱无规律的，与其下游流域 80% 左右的区域都被农田覆盖的整齐划一的面貌形成了鲜明的对比。

由此可见，黄河下游流域的植被分布状况，也契合黄河下游流域的三角洲特性的观点。

1.1.3　黄河下游地貌情况

黄河流域地貌按形态和成因划分为 7 个大类，其中包括 46 个小类。

7 个大类分别为低平原、高平原、黄土高原、风成沙丘、丘陵、山原、山地。

黄河下游流域主要为低平原。

低平原地貌包括：冲积三角洲平原、冲积平原、冲积扇型平原、洪积平原、冲积洪积平原、冲积湖积平原、海积平原、冲积海积平原和湖积平原。

下面介绍在黄河流域内分布面积较广的几种。

冲积三角洲平原：从山东省垦利区胜坨镇以扇形倾向渤海。西南高，东北低，海拔 2 ～ 10m，坡度在万分之一左右。黄河及其古河道呈放射状分布，高出地面 2 ～ 3m，沉积物大部分为粉砂，而洼地则以黏土为主，土壤盐渍化较为严重。

冲积平原：除了黄河下游，还分布于宁夏、内蒙古河套等地。其沉积物主要是黏土和砂土，沉积厚度为 200 ～ 500m，低洼地区的地下水位较高，土壤盐渍化较为严重。

冲积扇型平原：黄河冲积扇西起河南省洛阳市孟津区宁嘴村，西北沿太行山麓与漳河冲积扇交错，西南沿嵩山山麓与沙颍河冲积扇衔接；东接南四湖，海拔 40 ～ 100m，坡度为 1/6000 ～ 1/2000。黄河现行下游河道横贯冲积扇中部，比两侧背河地面高了 3 ～ 5m，最大可高出 10m 左右，成为海河和淮河的分水岭。其微地貌上呈现出一种古河床高地、沙丘岗地及河间洼地相间分布的情形，地形呈波浪状起伏。沉积物主要是细粉砂，其次为中砂、砂壤土和黏土等。

洪积平原：主要分布在鲁西山地、太行山、太岳山、中条山、吕梁山等的山前区域。成因是季节性流水堆积，坡度为 1/1000 ～ 1/100，沉积物主要是黄土类土和砂砾石等。

冲积洪积平原：主要分布在鲁西山地、嵩山、太行山等的山前河谷平原地区，坡度为 1/1000 ～ 1/300，沉积物主要是黄土类土。

冲积湖积平原：主要分布在鲁西洼地、山西运城盆地等地。特征是地面平坦，沉积物主要是壤土、淤泥质黏土及砂壤土等，除了陕西靖边滩地外，大部分地区的地下水位较高，土壤盐渍化较为普遍。

以郑州为起点，黄河下游流域除了鲁西山地以外，约 80% 均为低平原地区，其中冲积扇型平原、河谷阶地冲积平原占大部分，河口处分布有海积平原、冲积海积平原和冲积三角洲平原。

在郑州两侧，黄河流域的地貌呈现出截然不同的特性。郑州以西多为山地、山原、黄土高原及少量的低平原，地貌错综复杂，呈现出不集中和无规律的特点。这种地貌状况，同郑州以东低平原地貌覆盖 80% 左右的情况形成了鲜明的对比。

由此可见，黄河下游流域的地貌分布状况，也契合黄河下游流域的三角洲特性的观点。

1.1.4 黄河下游水文地质情况

黄河位于中国的北中部，处于昆仑—秦岭、天山—阴山这两大纬向构造体系之间，其中上游大部分地区受祁连—吕梁—贺兰山字型构造控制，东部受北北东向新华夏构造体系制约，西部受北西向西域构造体系、河西构造体系及反 S 型构造体系等制约，从而形成了流域内特定的山川走向。

流域内的整体地质构造情况主要由燕山运动奠定，喜马拉雅造山运动的垂直升降导致了区域内地势高差的增大。再后来，喜马拉雅山和青藏高原抬升，局部地带沉降，从而形成了流域内山地、高原、平原等从西至东海拔递减的阶梯状地貌景观。

黄河流域主要受大陆性气候控制。黄河流域的泰山、六盘山和秦岭等局部地区降水量为 800 ～ 1600mm，属于湿润区。由于黄河下游河床高出背河地面 3 ～ 5m，最大时甚至可达 10m，因此黄河下游成为“悬河”，是两岸地下水的重要补给来源，每年补给地下水约 3 亿 m^3。

黄河下游流域地下水的主要含水岩组及其化学成分如下。

1）松散岩类含水岩组

该组为黄河下游流域平原区域的岩组主体，赋存于古近系和新近系第四系的松散岩层中，浅层中一般多为孔隙潜水，底部分布有自流水和承压水。除了下游，该组在干支流河谷及河套平原、黄土高原、太行山、汾渭盆地、鲁西山地等山前冲积洪积平原等区域均有分布。

（1）冲积平原地区：主要分布于黄河下游平原区域。含水层的主要成分是中粗砂、砂卵石和细粉砂，地下水埋藏深度较小，水量大，属中强富水程度，单井涌水量 5 ～

50t/(h · m)，来源主要是大气降水和地表水的侧渗补给。因平原地区地势平缓，地下水水平运动缓慢，在沿岸低洼和部分灌区内，地下水位高，蒸发作用强，从而形成了盐渍化现象。地下水的水质较好，为重碳酸钙型淡水，滨海地区受海水影响有氯化物型卤水存在。

（2）冲积洪积山前倾斜平原地区：主要分布于鲁西山地的山前平原区。山前冲积洪积扇含水层的主要成分是砂砾石和中粗砂，结构单一且单层厚度大，地下水多为潜水，部分为承压水；由于处于山前区域，地形坡降大，因此含水层的透水性也较强，径流条件好，可靠地表水和降雨补给，除去人工开采外，靠径流排泄。地下水的水质一般较好，为中碳酸钙型水、中碳酸镁型水，矿化度平均水平小于 0.5g/L。

2）碳酸盐类裂隙岩溶含水岩组

该组主要分布于鲁中山地一带。流域内地表岩溶现象不显著，地下水属于裂隙岩溶水，可分为以下两个方面。

（1）碳酸盐岩类裂隙岩溶含水岩组：主要分布于奥陶系灰岩区，富水程度一般为中等或较强。水质良好，近一半为重碳酸盐钙型淡水。

（2）碳酸盐岩类夹碎屑岩类裂隙岩溶含水岩组：一般在裂隙岩溶含水岩组分布的地方也有分布。地下水主要赋存于寒武系灰岩夹页岩中，富水程度较强。在鲁中山地和华北平原接壤处，有多处大型岩溶泉出露，如"趵突泉"。一般水质良好，多为重碳酸盐钙型淡水。

3）变质岩类裂隙含水岩组

该组少量分布于鲁中山地的变质岩类的构造、风化裂隙中，裂隙发育深度为 100m 左右，富水程度中等或较弱。

在黄河下游流域，除去鲁中山地一带，流域内的平原地区多分布松散岩类含水岩组，富水程度为中等或较强。纵观整个黄河下游，松散岩类含水岩组的面积约占 70%，且呈发散辐射状，表现出高度的规律分布特性，与黄河下游流域为一个广义三角洲的观点契合。

1.1.5　黄河下游构造与地震带情况

黄河流域内的构造体系主要有：纬向构造体系、经向构造体系、华夏构造体系、多字型构造体系、山字型构造体系与弧形构造体系、反 S 型构造体系、旋扭构造体系等七类。其中，祁连—吕梁—贺兰山字型构造体系和昆仑—秦岭纬向构造体系占主导地位。

在黄河下游流域，主要分布有纬向构造体系、华夏构造体系和旋扭构造体系。其中，华夏构造体系主要分布于黄河以北，纬向构造体系主要分布于黄河以南，旋扭构造体系分布于近海区域。

1）纬向构造体系

黄河下游流域具有一定规模的纬向构造体系为昆仑—秦岭纬向构造体系的东段。该段构造体系因受到华北平原新华夏构造体系沉降带的干扰，表现为断续出现，在嵩山以东逐渐没入华北平原，到山东枣庄南部一带又再次出现，最后东延至海。秦岭北坡的大断裂，到新生代时期为止还有强烈活动，沿构造体系发生过多次强烈地震。

2）华夏构造体系

该构造体系主要分布于101°E以东，在黄河中下游流域占有主导地位，由生成于不同时期的新华夏构造体系和华夏构造体系等多字型构造体系构成。二者主体均表现为北东至北北东方向的斜列式构造体系和北西向张裂带，两组伴生扭裂面也有发育。

（1）新华夏构造体系：由部分北北东向的隆起带和沉降带相间构成。在黄河下游流域内分布有第二沉降带华北平原的一部分。早期新华夏构造体系发展于晚三叠世到侏罗纪晚期，主要表现为北35°东走向的斜列式S型构造体系，褶皱断裂较为发育，在山西、河南、河北等省有三级和四级构造分布；晚期新华夏构造体系主要发展于白垩纪至古近纪中期，走向为北20°东左右的斜列式压扭性断裂构造和断陷盆地；晚近期新华夏构造体系则以总体走向为北北东的岛弧形复式隆起与复式沉降地带为主体。

（2）华夏构造体系：发展于古生代至三叠纪中期，主体为北东向褶皱带，因构造复合影响而生成“反S”或“S”型。

3）旋扭构造体系

该构造体系一般规模不大，多为派生，下游流域内的山东鲁西系规模较大，成因是晚白垩世至古近纪的强烈活动。鲁西系是向西呈收敛，向东呈撇开的张扭性断裂带。

以上为构造部分，接下来介绍地震区的分布情况。

黄河流域以贺兰山、六盘山为界，其东部下游流域属于华北地震区。

华北地震区：包括山西地震亚区的怀来—西安地震带，阴山—燕山地震亚区的五原—呼和浩特地震带。地震区内的主要构造体系有：秦岭纬向构造体系、新华夏构造体系、阴山纬向构造体系和祁连—吕梁—贺兰山字型构造体系东翼。这些构造体系在本区内发生截接、斜接和重接，因此本区地震活动强度大、频率高，震源深度在3～5km。6级以上强震主要发生在新华夏构造体系、祁连—吕梁—贺兰山字型构造体系东翼及其与其他构造体系接触的复合区域，或发生于华北地台内部的次级构造单元内部及其边界，特别是活动断裂带上。例如，据记载，汾渭断陷带内共发生过3次8级以上地震、1次7～7.9级地震、约11次6～6.9级地震。

黄河下游流域地震带和构造的分布，为该区域内土壤、植被和地貌等地理性质沿三角洲区域表现出的高度单元性和趋同性，提供了内在的条件。与周边地震带和构造分布的杂乱无章相比，黄河下游流域内的地震带和构造的分布情况都更加有规律可循，种类性质也更趋于一致。考虑到构造和地震带分布的复杂性与特殊性，可以猜想现有的黄河下游三角洲流域构造和地震带的分布是其三角洲特性能发展起来并表露在外的重要内在条件之一。

1.1.6　黄河下游冲积扇

黄河下游河道的三大冲积扇，即三大子三角洲。依据冲积扇的形成时序和空间展布情况，大致可将黄河下游的冲积扇分为古冲积扇、老冲积扇和现代复合冲积扇三种，其共同构成了黄河下游的平原沉积地貌环境。

古冲积扇是在晚更新世，黄河出孟津后，在太行山和嵩山山麓之间摆动，由泥沙大量堆积形成的冲积扇。其顶点在孟津，其前缘为濮阳—菏泽—商丘—周口所形成的弧线，三角洲平均厚度为 10 ～ 20m。

老冲积扇是在早全新世至中全新世形成的。黄河摆动的顶点由孟津向下移至现在沁河口附近的武陟，其前缘已伸展至德州—济南—平阴—京杭大运河—山东南四湖—濉溪—蒙城一带，所形成的老冲积扇较古冲积扇的范围有很大扩展。

现代复合冲积扇是在距今约 3000 年以来，随着黄河下游河道不断决溢、改道，形成的沿下游河道展布的滑县冲积扇、郑州冲积扇、兰考冲积扇和花园口冲积扇等，这些冲积扇彼此叠置，形成了现代复合冲积扇。

现代复合冲积扇中，滑县冲积扇是中全新世结束至 1128 年期间，黄河屡次向北泛滥沉积的三角洲；郑州冲积扇是 1128 ～ 1855 年黄河在当时河道南侧夺淮入黄海，在黄淮海平原泛滥沉积的三角洲；兰考冲积扇是 1855 年黄河在铜瓦厢决口向北流入渤海时形成的三角洲；花园口冲积扇则是 1938 年在花园口人为扒口，迫使河流改道南行，大量泥沙在黄淮海平原堆积形成的三角洲。

可以看出，黄河流出孟津峡谷后，在其自身形成的三大冲积扇上，或多汊漫流，或多股散流，变化频繁。

黄河的下游自战国时期开始筑堤，经历代逐步完善大堤，才逐渐形成了一条独流入海的黄河下游河道。黄河也是一条非常年轻的河，下游河道与其说是一条河，倒不如说是一个三角洲。没有大堤就没有今天的黄河下游河道，只有在大堤的约束下，才有今天意义下的黄河下游河道。黄河下游河道的三角洲特性虽经近代的数十年，但其三角洲堆积输沙和水道形成特性，可以说至今并未改变。黄河下游河道实际上是“人与自然”二元结构。

黄河下游呈现出的三角洲特性表征在其区域内的土壤、植被、地貌及水文地质种类和分布等方面，其区域内构造和地震带的分布情况均为这种特性发展与外露提供了内在条件，而近代黄河在下游不断淤积又为其三角洲特性的发育发展提供了条件。因此，只有充分了解和遵循黄河下游河道的三角洲特性，才可以很好地理解黄河下游历代治河方法，才能更为科学地评判其优缺点。

历史上各种治河方法相互补充，在众多治河方略中，“宽河方略”是最接近河道三角洲输沙特性的治河方法。黄河下游河道的三角洲特性、输水输沙特性、水道形成及地质特性等相互作用的辩证规律，是确定黄河下游河道乃至河口的规划治理方法的重要科学依据。

1.2 黄河下游成河历史

1.2.1 先秦到两汉时期

先秦时期，古黄河下游河道在冀中平原上游漫流，形成多股河道，故有“九河”之称。通常认为，《尚书·禹贡》所记载的黄河河道是有文字记载的最早黄河河道。这条河道在孟津（今河南省洛阳市孟津区）以上被夹束于山谷之间，几乎无大的变化，在孟津以下，与洛水等支流汇合，改向东北流，经今河南省北部，再向北流入河北省，又与漳水（今漳河）汇合，向北流入今邢台市巨鹿县以北的古大陆泽中，然后再分为几支，顺地势高下向东北方向流入大海。人们称这条黄河河道为“禹河”。据文献记载，黄河下游有以下几次重大的改道。

第一次大改道

周定王五年（公元前 602 年），黄河发生了有记载的第一次大改道。洪水从宿胥口（今淇河、卫河合流处）夺河而走，东行漯川，至长寿津（今河南省滑县东北）又与漯川分流，北合漳河，至章武（今河北省沧县东北）入海。这条新河在禹河之南。

汉武帝元光三年（公元前 132 年），黄河在瓠子（今河南省濮阳市西南）决口，再次向南摆动，决水东南经巨野泽，由泗水入淮河，这是记载中黄河第一次入淮。23 年后虽经堵塞，但不久复决向南分流为屯氏河，六七十年后才归故道。公元前 109 年，汉武帝征调民工，堵复决口，使其稳定北流，从章武入海。

第二次大改道

西汉中期以后，中原人口移至黄土高原，改牧为农，高原植被遭到破坏，黄河含沙量增加。到公元 1 世纪时就有“河水重浊，号为一石水而六斗泥”的说法。西汉末年后，王莽代汉，黄河决口改道断流；主流南决泛滥于济、汴近六十载。公元 11 年（王莽始建国三年），黄河在今河北省临漳县西决口，向东南冲进漯川故道，经今河南省南乐和山东省朝城、阳谷，至禹城别漯川北行，又经山东省临沂、惠民等地，至利津一带入海。此后几百年中，黄河改道情况甚为频繁。

东汉明帝命著名水利工程专家王景主持治河，王景带领数十万民工，先用“堰流法”修作浚仪渠，并从荥阳至海口筑堤，河汴分流。又“十里立一水门，令更相洄注，无复溃漏之患”，使黄河下游河道在淮阳以下南移，于阳平（今山东省莘县）转向东北，在济北国治卢县北折向正北，在高唐转而向东北流，后又折向东流，经千乘（今山东省高青县北）入海。

东汉以后，西北游牧民族移居黄河中游，退耕还牧，黄土高原植被恢复，下游河道含沙量降低。王景治河后，下游河道在千里长堤约束下比较顺直，有利于泄洪排沙。故此后，800 年间黄河下游河道相对安流。

1.2.2 隋唐五代到北宋时期

唐代由于政治的需要，边地屯田规模扩大，黄河中游地区被大面积开发，成为农耕区。因此，黄土高原植被不断被破坏，水土流失严重，下游河水含沙量有所提高，黄河入海口段河道不断淤高。唐朝后期，黄河在山东省惠民、滨州、商河一带多次决堤。公元 893 年黄河在滨州渐海县内发生近百里的改道。到 11 世纪初时，黄河在滑州（今河南省滑县）、陈州（今河南省淮阳）等河段多次决口。宋景佑元年（1034 年），河决澶州横陇埽（今河南省濮阳东），在其以下至长清一段河道南移，形成一条横陇河。

第三次大改道

北宋庆历八年（1048 年），黄河第三次大徙。黄河在澶州商胡埽（今河南省濮阳东昌湖集）决口，便由此改道折向西北，经河南内黄之东、河北大名之西，经今滏阳河和南运河之间，沿着南宫之东，枣强、武邑之西，献县之东，至青县汇入御河（今南运河），经界河（今海河）至今天津入海。北宋人称这条河道为“北流”或“北派”。

嘉祐五年（1060 年），黄河又在大名府魏县第六埽（今河南省南乐西）向东决出一支分流，向东北流经一段西汉大河故道，由今山东省堂邑、夏津等地，下循笃马河（今马颊河）在冀、鲁之间入海，名为二股河，北宋人称它为“东流”或“东派”。

此后，黄河有时单股东流，有时单股北流，也有时东、北二流并行。由于黄河向东流经冀、鲁边界，两汉以来河道历经泛滥，地势淤高，不若御河以西地区“地形最下，故河水自择其处决而北流”。当时北宋内部在维持北流或回河东流问题上争论不休。前者主张维持北流，以凭借黄河天险阻御契丹的南侵；后者则“献议开二股以导东流”。神宗采纳后一意见，于熙宁二年（1069 年）将北流封闭。但同年黄河即在闭口以南溃决。熙宁十年（1077 年），从澶州决口后，黄河汇入梁山泊，随后分为两支：一支由泗入淮，谓之南清河，一支合济至沧州入海，谓之北清河。经过几次决溢之后，黄河终因“东流高仰，北流顺下”，先后于元丰四年（1081 年）及元符二年（1099 年）分别在澶州及内黄溃决，恢复旧日的“北流”。

三次北流所经路线略有不同，或向西溃决漫入漳水，或向东溃决漫入御河。从庆历八年到南宋建炎二年（1128 年）的 80 年间，强行封闭北流，逼水单股东流仅 16 年，而单股北流的时间，却达 49 年之久。另有 15 年则为东、北二流并行。因而，这一时期黄河的主流，基本上还是保持在纵贯河北平原中部至天津入海一线上。《宋史・河渠志》所记载的就是这一河道。这一时期，黄河泥沙淤积造成“河底渐淤积，则河行地上”，由东北流向渤海的古河道再也维持不下去，“水势趋南”已不可避免。

1.2.3 南宋辽金时期

第四次大改道

金明昌五年（1194 年），黄河第四次大徙，河决阳武县（今河南省原阳县）光禄村。据胡渭的记述："是岁河徙自阳武而东，历延津、封丘、长垣、兰阳、东明、曹州、濮州、郓城、范县诸州县界中，至寿张，注梁山泺，分为两派：北派由北清河入海，今大清河自东平历东阿、平阴、长清、齐河、历城、济阳、齐东、武定、青城、滨州、蒲台，至利津县入海者是也；南派由南清河入淮，即泗水故道，今会通河自东平历汶上、嘉祥、济宁，合泗水，至清河县入淮者是也。"此次河决以后，黄河河道南移，分别进入泗水及济水故道，而形成新的南、北两派。河水十之二三由北清河（今黄河）入海，十之七八由南清河（今泗河）入淮。南派水势大于北派，这是黄河行水于山东丘陵以南的开始。

黄河入淮并非自明昌五年始，早在南宋建炎二年（1128 年）冬，东京留守杜充就在滑县以上，李固渡（今河南省滑县南沙店集南 3 里许）以西，决堤阻遏南下的金兵，即已使黄河发生了一次重大改道，向东流经豫、鲁之间，在今山东省巨野、嘉祥一带注入泗水，再"自泗入淮"。金世宗大定六年（1166 年）5 月，河决阳武，由郓城东流，汇入梁山泊。大定八年（1168 年）6 月，河决李固渡（今河南省滑县南沙店集南 3 里许），水溃曹州（今山东省菏泽），分流于单州（今山东省单县）之境。而后，从曹、单南下徐、邳，合泗入淮。但宋代"北流"故道未断，黄河仍处于南北分流的局面。及至"金明昌中，北流绝，全河皆入淮"。黄河从此不再进入河北平原达 600 多年，这是黄河史上的一个重大变化。

金明昌五年前后，黄河干道也有逐渐南摆的趋势。天德二年（1150 年），"河水湮没巨野县"，河道干流自豫东北的滑县、濮阳南移至鲁西南地区；大定十九年（1179 年），"河决入汴梁间"，干流又南摆进入开封府境；大定二十九年（1189 年），河溢于曹州小堤之北，干流已进入归德府（今河南省商丘地区）。金末时黄河干道大致由阳武出封丘，经曹、单而合泗入淮。

黄河自夺泗入淮以后，每有决徙，常分成几股入淮，相互迭为主次，河道非常紊乱，经常表现为枯水季节以一股为主，洪水季节数股分流，由淮入海。至元代，黄河从历次决口中形成汴、涡、颍三条泛道入淮。至正十一年（1351 年），贾鲁治河，自仪封的黄陵冈引河至归德的哈只口，把黄河干道挽向归德出徐州。所谓"河复故道"，大致上还是恢复金末的故道。贾鲁堵塞了分流入涡、颍的河口。但这样黄河失去了宣泄的路径，仅仅隔了 14 年，至正二十五年（1365 年）便河决东平，复进入大清河。

1.2.4 明清时期

明代黄河的决溢改道更为频繁，以汴道干流为主体的河道，在原阳、封丘一带决口时，大多北冲张秋运道，挟大清河入海；在郑州、开封一带决口时，多南夺涡、颍入淮。但是，这一时期的黄河干道在较长的时间内，还是保持在开封、归德、徐州一线上。

第五次大改道

明弘治八年（1495 年），筑断黄陵冈，以一淮受全河之水，为黄河第五次大徙。

明政府为了保持京杭大运河漕运的畅通，派副都御史刘大夏筑塞黄陵冈、荆隆等口七处，并于北岸筑长堤，起胙城，历滑县、长垣、东明、曹州、单州诸县抵虞城，凡三百六十里，名“太行堤”。复筑荆隆等口新堤，起北岸祥符于家店，历铜瓦厢、陈桥，抵仪封东北小宋集（今兰考县东北小宋镇），凡一百六十里。使黄河河道由兰阳、考城，经归德、徐州、宿迁，南入运河，会淮水东注于海。筑断黄陵冈和兴建太行堤的结果是，“北流于是永绝，始以清口一线受万里长河之水”。胡渭因而将它视为黄河史上的第五次大改道。

弘治年间治河的目的在于防止黄河北决而影响漕运。治河工程主要是加强北岸堤防。南岸既未筑堤，也不堵口。因而汴、涡、颍等股分流仍有时并存，影响了徐州以下干道的水源。为了保证漕运，嘉靖十六年（1537 年）和二十一年（1542 年），先后从丁家道口及小浮桥引水至黄河入徐州的干道，以接济徐、吕二洪。继又堵塞南岸分流水口，至嘉靖二十五年（1546 年）后，“南流故道始尽塞”。于是，“全河尽出徐、邳，夺泗入淮”。从此黄河成为单股汇淮入海的河道。

黄河干道固定后，河床因日久泥沙堆积淤高，成为高出地面的“悬河”。洪水决溢日益频仍。嘉靖后期，决口多出现在山东曹县至徐州河段。到隆庆以后，决口向南发展到徐州以下至淮阴段。因而，河工的重点已“不在山东、河南、丰、沛，而专在徐、邳”。工部左侍郎潘季驯根据“束水攻沙”及“蓄清刷黄”的方针，于万历七年（1579 年）完成了黄河两岸的遥堤及洪泽湖以东的高家堰堤等治河工程，该工程也就在这一河段上。其故道大致即今地图上的淤黄河。

入清以后，因长期施行“束水攻沙”，泥沙大量排至河口，“以致流缓沙停，海口积垫，日渐淤高。”康熙十六年（1677 年）起，靳辅治河的重点就放在淮阴以下至河口段上，他采取以疏浚为主的方针，从清江浦历云梯关至海口，“挑川字沟”，把河床挖深。但这也只能收效于一时。日久之后，河底又淤垫日高。嘉庆以后，政治黑暗，河政废弛，决口泛滥的情况与日俱增，特别是下游河淮并槽入海的沙床，淤塞的程度更为严重，造成“水在地上行”的局面。黄河及淮河本身已不得不放弃这条水流下泄不畅的下游河道而另找出路了。

第六次大改道

从乾隆中期起，河南、山东段由于黄河河床逐渐淤高，决口趋于频繁。咸丰五年（1855 年）六月，黄河在铜瓦厢（今河南省兰考县东坝头）决口，在山东省寿张县张秋镇穿过运河，挟大清河入海，为黄河第六次大徙。

决口之初，黄河漫注于封丘、祥符、兰仪、考城、长垣等县后，“复分三股：一股由赵王河走山东曹州府迤南下注，两股由直隶东明县南北二门分注，经山东濮州范县至张秋镇汇流穿运，总归大清河入海”。从此，黄河下游结束了 660 年由淮入海的历史。

当时翁同龢、李鸿章等代表安徽、江苏的利益，不同意堵口。山东巡抚丁宝桢代表山东意见，则要求堵口归故。双方争执不休，而清政府正面临太平天国运动，因此“军事旁午，无暇顾及河工”。因而在20年间，听任洪水在山东西南泛滥横流，直至光绪元年（1875年）始在全线筑堤，使全河均由大清河入海，形成了如今的黄河下游河道。

1.2.5 民国时期

第七次大改道

1938年为阻止日军西侵郑州，人为扒开了郑州花园口黄河大堤，造成洪水以阻隔日军。这就是黄河第七次大改道。

在郑州花园口炸开黄河大堤后，黄河水再次改道南行入淮，豫东皖北成为黄泛区，受灾人口达1250万人。全河又向南流，沿贾鲁河、颍河、涡河入淮河，洪水漫流，灾民遍野，直到1947年堵复花园口后，黄河才回归北道，自山东省垦利县入海。

1.2.6 黄河下游河道三角洲流路趋势

进入战国时期以后，黄河下游河道经历了六次大规模的决溢改道。北宋以前，黄河在今黄河以北行水，在天津与今黄河口之间流入渤海；南宋初年，杜充决河后东南流夺淮注入黄海；咸丰五年（1855年），黄河下游北迁山东注入渤海。

清朝咸丰年间，黄河下游河道北迁。这首先是黄河下游河道本身演化的必然结果，自南宋初年以来，黄河长期南流，由于泥沙淤积，已逐渐形成南高北低之势，黄河避高就低行水势在必行。同时，人为因素也是重要的条件。黄河长期夺淮入海，造成了漕运水系的紊乱。淮水流域和沿运地区十年九灾，人们渴望黄河回归故道行水，历代河督及著名治河专家均以引黄北上为治河上策。

历史上黄河下游河道变迁，总的趋势是决口改道越来越频繁。黄河第一、第二次大徙后，长达数百年间，决徙次数甚少，有一个较长的稳定时期，除此之外，庆历、明昌改道后，连30年固定的河道都没有出现过。弘治改道后，入淮之水仍数股并存，流程紊乱，主流也时有变更。明清时期为了“挽黄保运”，不惜逆河之性，强使“全河尽出徐、邳，夺泗入淮”，但最终仍不免回归到由渤海湾入海。

从整个黄河下游河道形成的历史来看，黄河下游泛道更迭演变的过程极为复杂，具有明显的三角洲堆积特性和水道演化特性。

综上所述，黄河饱经沧桑，重入渤海。自周定王五年以来的2600多年，黄河下游河道经历了从北到南，又从南到北的大循环摆动。其中，决口、改道不计其数，大体上以孟津为顶点，在北抵天津、南界淮河的这样一个大三角洲上，都是黄河下游河道的三角洲范围。同时，黄河下游发生了多次重大改道与迁徙，洪水或漫流或散流或多河分流入海，在黄河下游平原形成了多个冲积扇。黄河不像长江独流入海的河道，而是以三角洲冲积扇的形式向前推进。

近年来，受气候变化、人类活动等影响，黄河流域水沙量减少，下游河道不再改道，但黄河口三角洲近 160 多年发生了多次出汊改道，仍然具有三角洲的特性。同时，一旦新的气候条件形成，淤地坝淤饱和、水库调节平衡，黄河下游是否又会表现出其冲积三角洲的特性？这对于黄河下游及河口治理是必须考量的。

1.3　历代治河方略

1.3.1　历代黄河治河方略

有关如何治理黄河，中国历史上很早就分成了“束水攻沙”和“宽河滞沙”两派。历史中最早的一次治黄记录就是著名的“大禹治水”。帝尧命令鲧治水，鲧沿用共工的障水法，在岸边设置河堤，但水却越淹越高，历时九年未能平息洪水灾祸。鲧死后，其子大禹采用疏导、分流的方法，令泥沙沉积下来形成了九州，从而成功解决了水患。

从这个故事可以看出，在治理黄河的问题上，“束水攻沙”和“宽河滞沙”两派很早就开始互相较量了。据历史记载，在 1946 年前的 2540 多年间，黄河受到近 1593 次泛滥威胁，其中因泛滥令河道较大改道共 26 次。黄河治理的难度可以从一句古话看出来：黄河三年两决口，百年一次大改道。元朝末期政府将全部精力投入到黄河治理上。纵观历史，比较典型的、有明确史料记载的、对黄河治理比较有心得的古人有如下六位。

（1）西汉贾让：在《治河策》中提出“贾让三策”。上策是人工改道，中策是分流，下策是加高增厚原有堤防。

（2）东汉王景：修高堤坝、修整分洪道。

（3）元朝贾鲁：疏、塞并举。疏南道、塞北道，使黄河改流经南故道。

（4）明朝潘季驯：“束水攻沙”派代表人物。提倡巩固堤坝、缩窄河道、加快水速以冲走河沙及修筑分洪区等措施。

（5）清朝靳辅与陈潢：大体沿袭潘季驯的治河理念。统一了浚淤和筑堤，提出了减少下行泥沙的方法。

“束水攻沙”的治黄方略，主要是通过堤坝稳定河槽，相对缩窄河道的横断面，从而增大流速，提高水流的挟沙能力，利用水的动力来刷深河槽，以解决泥沙淤积问题。实际上，“束水攻沙”的第一个提出者，就是明朝的潘季驯。潘季驯是明末著名的治河专家，也是明朝治河大家中对后世影响最大的人物之一。图 1-1 为潘季驯字碑简介。

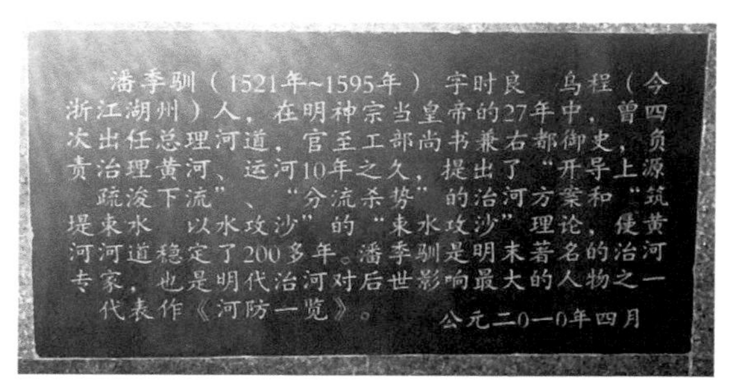

图 1-1　潘季驯字碑简介

潘季驯（1521 年 5 月 28 日—1595 年 5 月 20 日），字时良，号印川。湖州府乌程县人，明朝的大臣兼水利学家。潘季驯一生中曾四次主持治理黄河，前后一共持续了 27 年之久。在长期的治河实践中，他较为全面地学习并总结了中国历史上治河史中的丰富经验，并提出了“束水攻沙”法，为中国的治河事业做出了重大的贡献。

从嘉靖四十四年（1565 年）到万历二十年（1592 年），潘季驯共主持了四次治河工作。第一次治河始于嘉靖四十四年十一月，潘季驯时任都察院右佥都御史，与尚书朱衡一起工作了近一年，后因母丧丁忧回籍。第二次治河始于隆庆四年（1570 年）八月，潘季驯被任命为都察院右副都御使，总管河道提督军务。但这一次因为“槽船行新溜中多漂没”，潘季驯遭到勘河给事中的弹劾，进而被免去了职务。第三次治河则始于万历六年（1578 年）二月，在这一次的治河中，时任首辅的张居正给予了他大力支持。潘季驯以都察院右都御史兼工部右侍郎、总理河槽兼提督军务的身份，着手对黄河进行了一次较大规模的整改和治理。最后一次治河发生在万历十六年（1588 年）四月，但之后因为年老力不从心而中断。潘季驯前前后后治河达几十年之久，明朝的其他治河专家无出其右。尤其是后两次的治河，潘季驯受到重用，治河大权在握，得心应手，朝廷又特准“便宜行事”，故取得了十分显著的成效。

潘季驯治理黄河的成绩是不可磨灭的，尤其是提出了“束水攻沙论”这一贡献，对明朝以后的治河工作产生了深远的影响。明朝河患严重、河道变迁频繁，潘季驯能在繁杂纷乱的治河状况下，提出“束水攻沙”的理论，并大力付诸实践，不得不说是一种前无古人的创举。在潘季驯的第三次治河后，他整治过的黄河河道在之后的十余年间没有发生大的决溢，而且行水通畅。常居敬在《钦奉敕谕查理黄河疏》中记：“数年以来，束水归槽，河身渐深，水不盈坝，堤不被冲，此正河道之利矣。”而在潘季驯第四次治河时，他做出了大筑三省长堤，将黄河两岸的堤防全部连接起来加以巩固的壮举，令黄河的河道基本趋于稳定，一改嘉靖到隆庆年间河道“忽东忽西，靡有定向”的局面。这些成就，是同时代的其他人都没有达到的。

但是，我们也应当看到，潘季驯治河还只是局限于河南以下的黄河下游一带，对于产生泥沙的中游地区却未加以治理。只靠束水攻沙这一措施，不可能将源源不断的泥沙全部输送入海，那么势必要有一部分泥沙淤积在下游的河道里。潘季驯治河后，局部的决口改道现象仍然不断发生，同时蓄淮刷黄的效果也不理想。因为黄强淮弱，所以蓄淮以后扩大了淮河流域的淹没面积，进而威胁了泗洲及明祖陵一带的安全。由此可见，由于历史条件的局限性，潘季驯提出的“束水攻沙”并非一种长久有效的措施，再者也无法证明它可以适用于整个黄河下游的治理工作。因此，束水攻沙的方法不可能从根本上解决黄河危害的问题。

而“宽河滞沙”的治黄主张则提倡的是在远离主槽的地方修筑堤防，保持较大的两岸堤距，既可以减轻洪水对堤防的压力、减少洪水对堤防的冲决，又可以利用广阔的滩地滞洪滞沙，从而达到减轻防洪负担、降低河床淤积抬升幅度的效果。这种以“宽河固堤”为核心的治黄方略，与“束水攻沙”的主张刚好是相反的。宽河固堤方略的精髓就是要给洪水留足出路、为泥沙的淤积留足空间。相应地，该方略对于如何提高河道的输沙能力这一点考虑得较少。

东汉王景擅长用“宽河固堤”和水门分流法缓解泥沙淤积的问题。实际上，“宽河滞沙”的思想就是在此时逐渐形成的。

王景（公元 30—85 年），字仲通，乐浪郡诌邯人，是东汉时期著名的水利工程专家。永平十二年，汴渠大修工程开修，王景受命主管。《后汉书》记载：“夏，遂发卒数十万，遣景与王吴修渠筑堤，自荥阳东至千乘海口千余里。景乃商度地势，凿山阜，破砥绩，直截沟涧，防遏冲要，疏决壅积，十里立一水门，令更相洄注，无复溃漏之患。”王景设计的两岸水堤之间的河宽是相当大的，堤和堤之间有很大的空间容纳洪水和泥沙淤积。史曰：“左右游波，宽缓而不迫。”不仅如此，王景为了防范特大洪水和减少淤积的可能，还广泛普及了“十里立一水门”的措施，其中水门就等同于如今的溢流坝，洪水超过坝顶时可溢流以分减水势。很明显，王景的这些治河措施与“宽河滞沙”的理念紧密相连。

王景的治河工程取得了很大的成功。工程完成不久，汉明帝颁诏赞扬：“今既筑堤，理渠，绝水，立门，河汴分流，复其旧迹。陶丘之北，渐就壤坟。”王景的工作恢复了黄河、汴渠的原有格局，使黄河不再四处泛滥，灾区的老百姓得以重建家园、安居乐业。图 1-2 为王景治水河段简图。

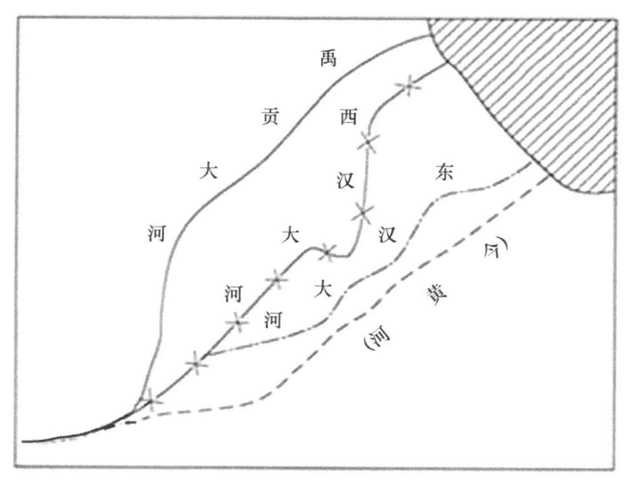

图 1-2　王景治水河段简图（赖晨，2017）

王景的治河工作在历史上得到了很高的评价，有“王景治河千年无患”一说。从史料记载看，王景筑堤后的黄河 800 多年没有发生大改道，决溢次数不多，维持稳定的时间较长。由此可看出，“宽河滞沙”确实是比较有发展潜力的一种治理方略。

本书所提出的黄河下游的三角洲特性理论，与“宽河滞沙”的思想有诸多不谋而合之处，即都承认黄河下游的天然随机和游荡特性，提倡对黄河实施分流治理的措施，以令其走势尽量符合天然。可以说，“宽河滞沙”方略在黄河问题上的成功，正是支持其下游三角洲特性最有力的证据之一。

1.3.2 现代黄河与长江治理问题的异同

黄河、长江是中国的两大河流，自西向东跨越了喜马拉雅地质构造运动导致的向东倾斜的3级阶梯状地势。作为中国两大河流，黄河和长江都是我国河流治理的重点对象。

长江、黄河这两条河流的特性和治理手段虽然有一些相似之处，但在导致其洪患的深层次原因上，两者有根本性质上的不同。下面，从地理位置、发源时间、地理构造特征和人类影响因素等多个角度来分析这个问题。

让我们把目光投向黄河。在地理学上，黄河和长江在地理上以昆仑—秦岭山脉为界，黄河呈“几”字的形状盘踞于北，自西方多源头汇合发育而来，向东绕过山地峡谷，途径黄土高原，并在此处挟带了大量泥沙，最后绕过太行山，进入华北，形成冲积平原并最终汇入渤海。

在发源时间上，根据地质演变历史的考证，黄河是一条相对年轻的河流。黄河的发源时间可追溯到距今115万年的早更新世，直到距今10万年至1万年间的晚更新世，黄河才慢慢演变成了从河源到入海口上下贯通的大河。

黄河的下游是一条典型的游荡性河流，这是学术界所公认的。在远古时期，黄河未曾被束河、治理、改道，那时候黄河绕过高原山地后向东流入华北平原，其水道由一条主干随机蔓延分散成支离破碎的多条水道，在华北地区上又随机形成了诸多洼地、湿地和凹陷，其覆盖的区域呈辐射发散的形状。因为下游的这种游荡性，黄河应该说是一个“没有下游”的河流。这里需要特别提出的是，黄河下游这种随机游荡的性质，正是其整个下游流域都具有一种广义三角洲特性的证据之一。

黄河下游的水患历史可谓十分悠久。自有文字以来，历史上的黄河下游经历了多次人工改道，其下游河道变迁的范围，大致北到海河，南达江淮。据历史文献记载，在公元前602年至1938年的2500多年间，黄河下游决口泛滥的次数达1500余次，其中较大的改道达20多次，对两岸流域的人类文明产生了巨大的影响。如今，由于黄河挟带的泥沙淤积在华北平原上，黄河下游的水位越抬越高，黄河已经成为举世闻名的“悬河”。

我们可以通过以上讨论得出三个结论：一是黄河是一条年轻的河流；二是黄河下游是游荡性河流，随机地蜿蜒摆动是它的天然属性；三是历史上黄河下游水道不断地被人工修改，又不断地泛滥决口，形成了恶性循环。

接下来让我们把目光投向长江。在地理学上，长江位于秦岭以南，发源于“世界屋脊”青藏高原唐古拉山脉各拉丹冬峰西南侧。同黄河一样长江自西而东横贯中国中部，但不同于黄河河道呈“几”字形的曲折蜿蜒，长江总体走向呈东西向，且河道走向平稳，没有较大的曲折起伏。另外，长江的数百条支流辐辏南北，两岸流域湖泊星罗棋布、数量可观，共同对长江起到了极其重要的调蓄作用，其中，洞庭盆地和江汉盆地是长江中游重要的调蓄场所。

从发源时间上讲，与年轻的黄河不同，长江是一条“古水道”。长江的发源可追溯至几千万年甚至一亿年以前的侏罗纪时期的燕山运动。而如今长江东西浩瀚一气，向东奔流注入东海的情形，也是早在大约 300 万年以前的喜马拉雅山脉隆起时期就形成了。

长江作为一条古水道，其主行水道不像黄河下游那样在历史上经过多次大改，故其洪涝之灾多发的原因不可能和黄河相同。下面从地理构造和人类影响因素等几个方面来分析这个问题。

从地理构造上看，长江中游位于新华夏第二构造沉降带的南部，东侧是大别山等构成的新华夏第一构造隆起带，西侧又有武陵山等构成的新华夏第二构造隆起带；其中，第一构造隆起带阻碍了洪水的东泄，第二构造隆起带是夏季风迎风坡，为全国最大暴雨区。又因为中游和江汉盆地都处于新华夏第二沉降带，所以江汉盆地和洞庭盆地是长江中游洪水的调蓄场所。

如此看来，从理论上说长江中游本应该是重点治理保护的自然区，但随着生产力的发展，人们对该处的自然资源非但没有进行保护，反而进行了过度的索取和消耗。曾在长江中游流域发挥重要调蓄功能的洞庭湖和云梦泽（即洞庭盆地和江汉盆地），其蓄水面积和调蓄能力随着人类活动的深入而迅速缩小和下降。其中，曾有“八百里洞庭”之说的洞庭湖的面积如今更是缩小到原来的 1/3 以下。不仅如此，洞庭盆地中的淤积速率远大于沉降速率，而另一头的江汉盆地则持续沉降。

我们可以通过以上讨论得出三个结论：一是长江是一条古老的河流，其水道数千年来没有发生大的改道；二是其中游构造不利于洪水东泄，在气候影响下又多暴雨；三是近代人类对长江自然环境资源过度索取，导致了其自身调蓄洪水能力的大幅下降。

我们将以上关于黄河、长江的讨论综合起来，再从地理因素角度和人类因素角度进行对比分析。

从地理因素的角度来看，黄河下游和长江各有其特点。长江水道古老，流淌多年，其中游的地理构造不利于洪水东泄，本身所处气候带又多暴雨，但其周边支流、湖泊众多，故而自身具有一定的调蓄洪水的能力。黄河年纪较轻，中游途径黄土高原，挟带大量泥沙后进入华北平原。若无视人类因素的影响，黄河下游的水道应是没有固定路径的，即在整个华北平原上表现出一种广义上的三角洲特性。这种三角洲特性的外在表露证据之一，就是现代黄河下游流域的土壤分布、植被分布、地貌分布、水文地质情况等都呈现出一种与中上游截然不同、类似于三角洲的单元性和趋同性，因此，可将黄河下游流域视为一个单元、一个部分来进行分析。

从人类因素的角度出发，黄河和长江存在着巨大的不同。当我们说到对流域内自然资源的索取现象时，两条河流均兼有之；但说到人为改道的现象时，那就是黄河独有了。黄河与长江最大的区别之一，便是黄河下游的人类筑堤固河等行为导致了多次改道，而长江却不存在改道这一说。几千年来，人们用堤防约束黄河，试图为黄河固定好河道，但夹杂着黄土高原泥沙的黄河则通过淤积抬高下游河床，不断地试图冲破河堤的束缚。而当河床抬到极限高度且两旁河堤再也约束不住的时候，河流就会冲破大堤，从而形成新的流路，而此时人们则又沿着新的流路重新构筑大堤，这是某种意义上的恶性循环。

总体来说，长江中游洪涝严重是因为上游洪水来量大、中游地质构造独特，再加上近代人类无节制地掠夺自然资源，导致其中下游流域的湖泊、分支河流调蓄功能下降、调节能力紊乱。天然构造的隐患和人类开垦活动的雪上加霜，让长江中游的洪涝之灾甚至波及下游。

而黄河下游多发水患，则是因为人类试图固定其水道的干涉行为与河流自身的三角洲特性相悖。

让我们进一步讨论黄河下游的三角洲特性。从宏观的地质特性上看，影响黄河下游这种特性的因素有黄土高原的侵蚀性质、下游平原的沉积性质和黄河的水文气候条件等。而这些影响因素，在近代都没有发生过较大的变化，这意味着黄河下游的游荡性和随机性很长一段时间内将是一种黄河本身的固有属性。而这种游荡性和随机性，和本书提出的黄河下游的三角洲特性理念是契合的。黄河下游河段是典型的游荡性河流，而游荡是冲积平原上游荡性河流的基本属性，随机地蜿蜒摆动，河流才是健康的。若将它强行固定，那必定是违背自然规律的。另外，这种思想还与我国“宽河滞沙”的历史治河方略不谋而合。

通俗点说，黄河下游本是“随机”的漫游状态，自然发展的话，应该呈现出一种本书所提出的广义上的三角洲特性。可是人类却偏偏要将“随机”进行“化一”，固定住一条下游本是随机游荡、应该呈现出三角洲特性的河流。这种违背自然规律的行为或许可以支撑一时，但绝不可能长久下去。要认识黄河治理问题的深层次原因，找到治理黄河下游的出发点，我们就要关注黄河下游的这种三角洲特性。

1.4 近来黄河的水沙条件

1.4.1 水文情况

2017 年黄河流域平均降水量为 488.8mm，折合后的降水总量为 3885.87 亿 m^3，比 1956 ～ 2000 年的均值偏大约 9.3%。

2017 年黄河干流主要水文站的实测径流量与 1956 ～ 2000 年的均值相比全部偏小。其中，利津站偏小 71.6%，其余站偏小 8.7% ～ 54.3%。将黄河主要支流的控制水文站的实测径流量与 1956 ～ 2000 年的均值相比，湟水民和站偏大约 23.3%，大通河享堂站基本保持持平，而其余站偏小，偏小的水文站之中，沁河武陟站偏小约 63.9%，剩余站偏小 7.5% ～ 47.6%。

2017 年黄河利津站实测径流量为 89.58 亿 m^3，扣掉利津站以下河段引黄的总水量 7.20 亿 m^3 后，黄河的全年入海总水量达到了 82.38 亿 m^3，而 1956 ～ 2000 年的均值为 313.19m^3。两者相比较，2017 年偏小了约 73.7%。

2017 年黄河流域大、中型水库共计 220 所，其中大型水库达 33 所。大、中型水库的年初蓄水量达到了 348.10 亿 m^3，到年末为 413.77 亿 m^3，总体上年蓄水量增大了 65.67 亿 m^3，其中大型水库的蓄水量增大了 67.20 亿 m^3。

2017 年黄河流域浅层地下水动态总监测面积约为 87 132km^2，主要监测地区为流域内的（河谷）平原（黄土台塬或盆地）区域。浅层地下水的蓄水量与 2016 年相比，减少了 6.12 亿 m^3。

2017 年河南省和山西省使用了降落漏斗方法表征当地的地下水超采状况，总共统计了 5 个浅层地下水降落漏斗。对 2017 年末与 2016 年末的同期状况进行比较，发现有 1 个漏斗区分布面积持平，3 个漏斗区的分布面积有所扩大，1 个漏斗区的分布面积下降；有 4 个漏斗中心地下水的埋深增大，而另外一个 1 个漏斗中心地下水的埋深减小。

2017 年的宁夏、陕西和甘肃等 3 省（区）采用了超采区方法来表征地下水的超采情况，3 省（区）最后总共统计了 36 个浅层地下水超采区域，全部为中型或小型超采区域。将 2017 年末和 2016 年末的状况进行比较，发现有 13 个超采区中心的地下水埋深减小，有 10 个超采区的平均地下水埋深也减小。

2017 年黄河总取水量为 519.16 亿 m^3，其中地表水取水量（包括跨流域调出的水量）达 400.22 亿 m^3，占总取水量的 77.1%；而地下水取水量达 118.94 亿 m^3，占总体的 22.9%。黄河总耗水量为 417.09 亿 m^3，地表水耗水量达 328.86 亿 m^3，占总耗水量的 78.8%；地下水耗水量为 88.23 亿 m^3，占总体的 21.2%。

2017 年内蒙古、甘肃、河南、山西、山东和河北等省（区）内的流域外黄河地表水取水量为 102.03 亿 m^3（全部为耗水量），分别占黄河地表水取水量和耗水量的 25.5% 和 31.0%。

2017 年黄河花园口站以上区域（不含黄河内流区，下同）降水总量为 3644.48 亿 m^3，花园口站实测径流量为 193.50 亿 m^3，花园口站以上的区域还原水量为 280.09 亿 m^3，花园口站天然地表水量为 473.59 亿 m^3，比 1956 ～ 2000 年的均值偏小了 11.1%；花园口站以上区域的地下水资源量为 347.58 亿 m^3（和天然地表水量间的重复计算量为 262.13 亿 m^3），水资源总量为 559.04 亿 m^3，比 1956 ～ 2000 年的均值要偏小 10.0%。

2017 年黄河利津站以上区域（不含黄河内流区，下同）降水总量为 3756.48 亿 m^3，利津站实测径流量是 89.58 亿 m^3，利津站以上区域还原水量是 386.48 亿 m^3，利津站天然地表水量为 476.06 亿 m^3，比 1956 ～ 2000 年的均值偏小了 11.0%；利津站以上的区域地下水资源量为 367.01 亿 m^3（与天然地表水量间的重复计算量为 270.16 亿 m^3），水资源总量为 572.91 亿 m^3，比 1956 ～ 2000 年的均值偏小了 10.3%。

1.4.2　输沙情况

2017 年黄河干流兰州站、潼关站、头道拐站、花园口站和利津站的实测输沙量（悬移质）分别为 0.089 亿 t、1.300 亿 t、0.188 亿 t、0.058 亿 t 和 0.077 亿 t。黄河干流花园口站和利津站出现了自建立以来最小的实测年输沙量。

将 2017 年黄河干流主要水文站的实测输沙量与 2016 年作比较，唐乃亥站输沙量增大了 73.8%，头道拐站、潼关站、高村站和艾山站分别增大了 15.3%、20.4%、5.6% 和 7.2%，其余站减小了 3.3% ～ 42.2%。与 1987 ～ 2000 年的均值比较，全部偏小，其中小浪底站偏小了约 100%。与 1956 ～ 2000 年的均值相比，仍然全部偏小，其中小浪底站偏小了近 100%，其他站偏小了 43.4% ～ 99.4%。

伊洛河黑石关站在 2017 年和 2016 年的实测输沙量为 0 亿 t；与 2016 年相比，汾河河津站增大了 33.3%，渭河华县站基本上保持了持平状态，沁河武陟站、北洛河状头站、汾河河津站和渭河华县站分别偏小了 90.9%、88.5%、88.2% 和 84.1%。与 1956 ～ 2000 年的均值相比，汾河河津站、沁河武陟站、北洛河状头站和渭河华县站分别偏小了98.1%、97.8%、89.2%和88.0%。

2017年黄河龙门、汾河河津、北洛河状头、渭河华县四大站总的实测输沙量是1.595亿t，与2016年的1.752亿t相比减少了9%，与1987～2000的均值8.612亿t相比减小了81.5%，与1956～2000年的均值12.52亿t相比偏小了87.3%。2017年黄河小浪底、伊洛河黑石关、沁河武陟三大站总的实测输沙量为0.003亿t，比2016年的0.002亿t增大了50.0%，与1987～2000年的均值7.161亿t相比偏小了近100.0%，与1956～2000年的均值11.57亿t相比偏小了近100.0%。

1.5 未来的治黄对策

黄河下游流域呈现出一种三角洲的特性。在外因方面，这种特性表露在其流域内土壤、植被、地貌及水文地质分布的方方面面。在内因方面，黄河下游流域的构造和地震带分布为其发展提供了基础条件；在近代，黄河下游流域内的淤积情况为其三角洲特性的发育和发展提供了最好的温床条件。

从黄河治理的历史上看，“宽河滞沙”法更适合黄河。古有“束水攻沙”和“宽河滞沙”两种治理黄河的思想派别，但从历史来看，“束水攻沙”法有较大的局限性，且不能长久，而“宽河滞沙”的方法能维持较长时间。除历史上政治、经济等原因外，其自然原因在于自黄河出晋陕峡谷后，黄河下游河段是典型的游荡性河流。让黄河在冲积平原上随机地蜿蜒摆动，河流才是健康的，当然目前黄河下游不具备这种条件。但若将其强行固定，那必定违背其三角洲演变的自然规律，而“宽河滞沙”的思想理念却顺应这种河道三角洲的特性。

历史已经证明“束水攻沙”法有缺陷，也违背下游河道发展的三角洲演化特性的自然规律，即违背黄河下游河道发展的自然规律。

“黄河下游的三角洲理论”是在新的背景下，对“宽河滞沙”理念的一种继承和发展。要研究黄河治理问题的深层次原因，改变黄河下游治理的被动局面，须以黄河下游河道的三角洲特性为出发点。所以，当我们在讨论治理黄河下游河道的方法或理论时，都应将这种三角洲特性纳入思量范围之内。

参考文献

白玉川，杨艳静，王靖雯. 2011. 渤海湾海岸古气候环境及其对海岸变迁的影响. 水利水运工程学报，(4): 18-26.

冯大奎，张光业. 1988. 全新世黄河下游平原地貌和自然环境的演变. 河南大学学报，6(2): 27-33.

高文永，张素平，潘启民，等. 2017. 黄河泥沙公报2017. 水利部黄河水利委员会.

胡渭. 2006. 禹贡锥指. 上海：上海古籍出版社.

赖晨. 2017. 古代黄河“河长”的那些事儿. 文史月刊，(10): 76-80.

刘国纬. 2011. 黄河下游治理的地学基础. 中国科学(D辑)，41(10): 1511-1523.

刘国纬 . 2017. 江河碎语 . 北京 : 科学出版社 .
刘明光 . 1980. 中国自然地理图集 . 北京 : 中国地图出版社 .
庞家珍 , 司书亨 . 1979. 黄河河口演变——Ⅰ . 近代历史变迁 . 海洋与湖沼 , 10(2): 136-141.
钱宁 . 1986. 1855 年铜瓦厢决口以后黄河下游历史演变过程中的若干问题 . 人民黄河 , (5): 68-74.
水利部黄河水利委员会 . 1987. 黄河流域地图集 . 北京 : 中国地图出版社 .
王万战 , 茹玉英 , 岳德军 . 2005. 黄河口河道的出汊、漫滩、卡冰机制 . 郑州 : 第二届黄河国际论坛 .
薛松贵 , 潘启民 , 周建波 . 2017. 黄河水资源公报 2017. 水利部黄河水利委员会 .
邹逸麟 . 1980. 黄河下游河道变迁及其影响概述 . 复旦学报 : 社会科学版 , (S1): 12-24.
邹逸麟 . 2012. 千古黄河 . 上海 : 上海远东出版社 .

第 2 章　黄河口水下三角洲及其流路演变（1855 年至今）

2.1　黄河口三角洲概述

1855 年 6 月黄河南决于铜瓦厢，洪水主要来自干流和支流沁河。洪水经历了从漫堤之初到决口，再到第二日全河出现多流路漫流、下游河道断流等过程。由于无两岸大堤约束，洪水破堤之后南北肆虐，经过长时间冲刷，在下游形成了以决口地点为顶点的大冲积扇。

光绪元年（1875 年）始，在黄河全线筑堤，使全河均由大清河入海，形成了如今的黄河下游河道及河口三角洲。

从世界范围来看，一般而言，三角洲河口上的水道或河道都有摆动特性。例如，密西西比河河口在过去 7500 年中摆动了 7 次；波河河口在 3000 年中摆动了 6 次；多瑙河河口在 1500 年内摆动了 5 次。1855 年以来黄河行河 160 多年，黄河口流路摆动了 10 余次，形成了 10 条流路。

可以看出，黄河在河口三角洲地区基本上是三年两决口，十年一改道。黄河口三角洲因泥沙含量大，河口向外海淤积延伸的速率很快，造成口门以上河道淤积抬升，善淤、善决、善徙的特性在黄河口表现得尤为突出。

2.2　黄河口三角洲流路演变

自 1855 年黄河在铜瓦厢（今河南省兰考县东坝头）决口改道、夺大清河入海至今，黄河口三角洲西起徒骇河，南至南旺河，在宁海（山东省垦利区胜坨镇）附近范围内改道多次。直至光绪元年（1875 年），黄河弃徐淮故道北徙，再次从山东省利津入海。自此后，从北向南，依次为徒骇河故道、绛河故道、旧刁口河故道、铁门关故道、刁口河故道、神仙沟故道、毛丝坨故道、现行清水沟流路、甜水沟故道、宋家坨子故道、支脉沟故道等。黄河尾闾水道在河口三角洲地区摆动游荡，仿佛数千年来在黄淮海平原形成的黄河下游河道三角洲的缩影。目前形成的黄河口三角洲大致呈中间高两侧低，西南高东北低，向海倾斜的地形走势。图 2-1 为 1855 年黄河在铜瓦厢决口初期的水流流势，图 2-2 为 1884 年黄河下游河道新流路。

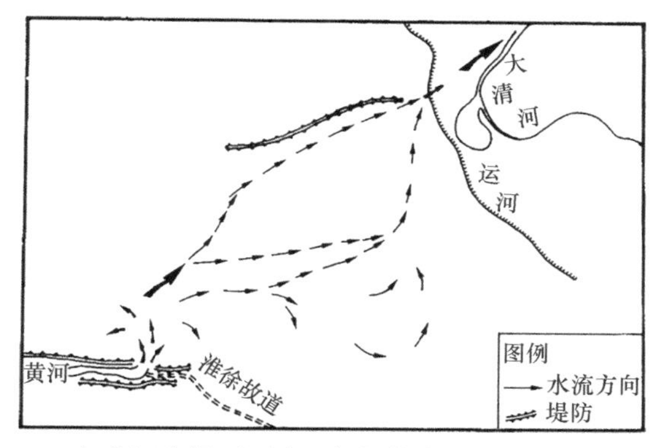

图 2-1　1855 年黄河在铜瓦厢决口初期的水流流势（邹逸麟，2012）

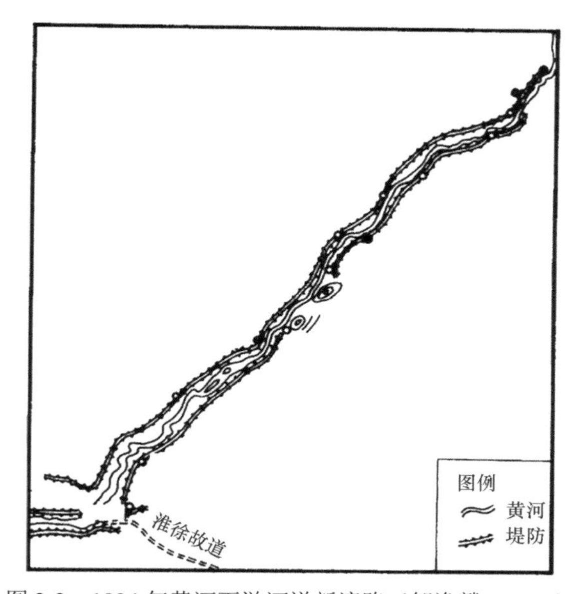

图 2-2　1884 年黄河下游河道新流路（邹逸麟，2012）

2.2.1　黄河口三角洲流路演变概述

黄河口三角洲是指 1855 年后，形成的以宁海（山东省垦利区胜坨镇）为顶点的扇面，西起套尔河口，南抵支脉沟口，面积约为 6000km^2；黄河口三角洲流路改道频繁，1855 年至今，行河 160 多年，小改道 50 多次，较大改道 10 余次，形成了 10 条流路。图 2-3 为 1855 年以来黄河口三角洲水道及流路。

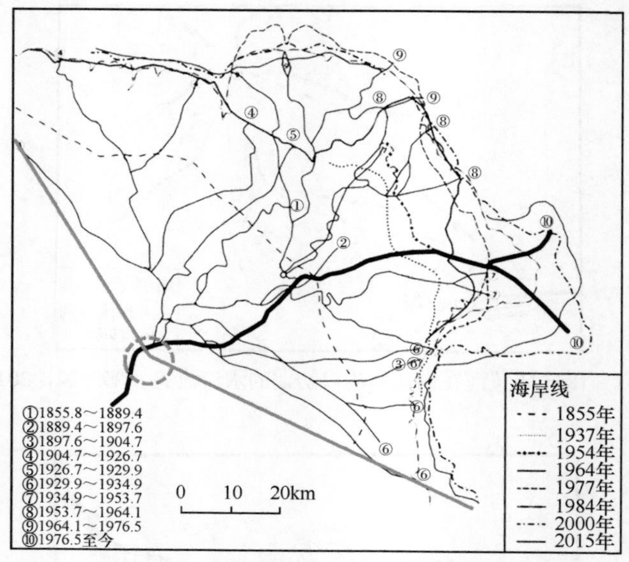

图 2-3　1855 年以来黄河口三角洲水道及流路（红线）

本书作者在李泽刚（2006）文献资料的基础上绘制

2.2.2　黄河口三角洲流路改道过程

（1）1855 年（清咸丰五年）6 月，黄河在铜瓦厢（河南省兰考县东坝头）决口后，水流散乱无主，洪水相继淹封丘、长垣、东明、曹州，进而过鄄城、郓城等地，于张秋镇附近穿运河夺大清河流路（图 2-4），在宁海（山东省垦利区胜坨镇）向东北方向行进，在铁门关以北肖神庙以下入海。此道历时 33 年 8 个月，实际行水 19 年。

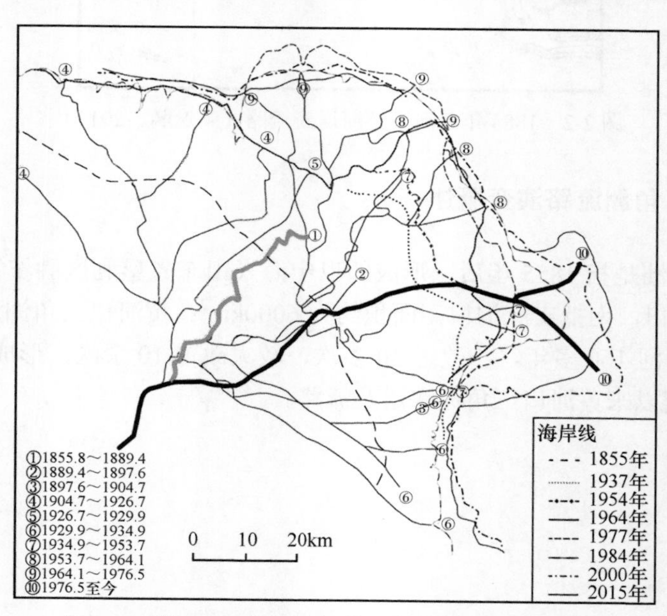

图 2-4　黄河口三角洲铁门关—肖神庙水道（红线）

本书作者在李泽刚（2006）文献资料的基础上绘制

（2）1889 年（清光绪十五年）3 月，黄河在韩家垣决口，河道开始东移，行河过程中在老鸹岭附近水分两股，在傅家窝附近两股合二为一，在毛丝坨以下入海（图 2-5）。此道历时 8 年 2 个月，实际行水 5 年 10 个月。

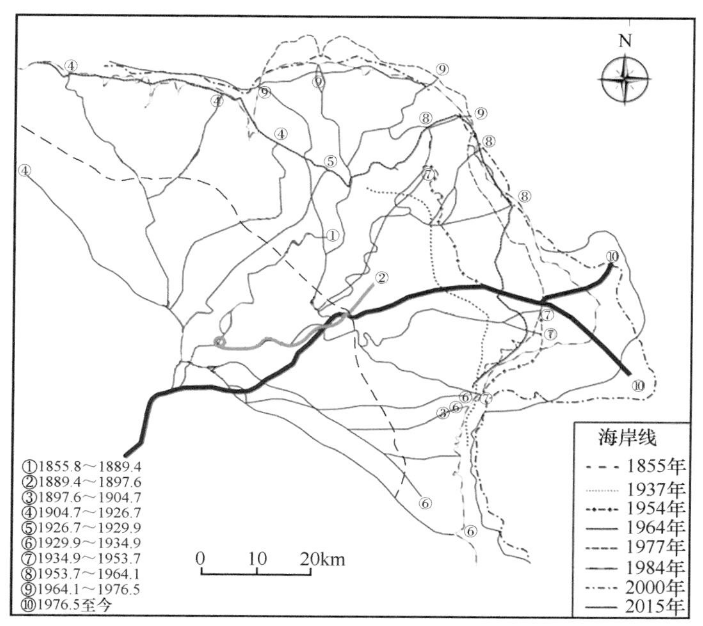

图 2-5　黄河口三角洲韩家垣—毛丝坨水道（红线）

本书作者在李泽刚（2006）文献资料的基础上绘制

（3）1897 年（清光绪二十三年）5 月，黄河在岭子庄决口，河水由丝网口（今山东省利津县宋家坨子）入海（图 2-6）。此道历时 7 年 1 个月，实际行水 5 年 9 个月。《李

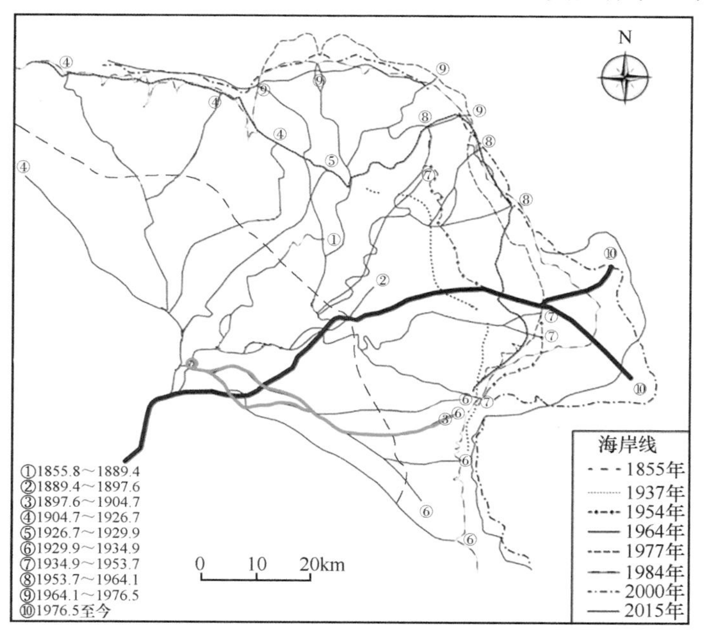

图 2-6　黄河口三角洲岭子庄—丝网口水道（红线）

本书作者在李泽刚（2006）文献资料的基础上绘制

文忠公事略》对丝网口海口的记载："现在黄河之由此口入海，漫散地上，并无河道，小水时分为多，溜底均不深，中有沙滩正溜，水底深仅三四尺[①]，有一两处，最深亦不过一丈。将近海口，则只有一尺四、五寸，此处水面甚宽，约有三百丈之多。闻海口并无拦门沙，想系流缓溜浅，其沙已于地上停淤，无可再送入海也。查北岭子决口之时，尚有上游三处，同时开口，故丝网口水流不猛。北岭子门之树，至今犹竖水中，古庙一座，亦巍然独立，是其明验。若谓辛庄等处房舍漂流，则系土屋不坚之故，非水力汹涌有以致之也。北岸于北岭子以下，并未设堤，惟以铁门关南堤为北岸，以护村落而已。"

（4）1904 年（清光绪三十年）6 月 2 日，黄河在盐窝附近决口，河水经青边岭、虎滩咀、流口、薄家屋子、义和庄入徒骇河下游绛河故道，在太平镇以北的老鸭嘴入海（图 2-7）。此道历时 13 年，实际行水 11 年。

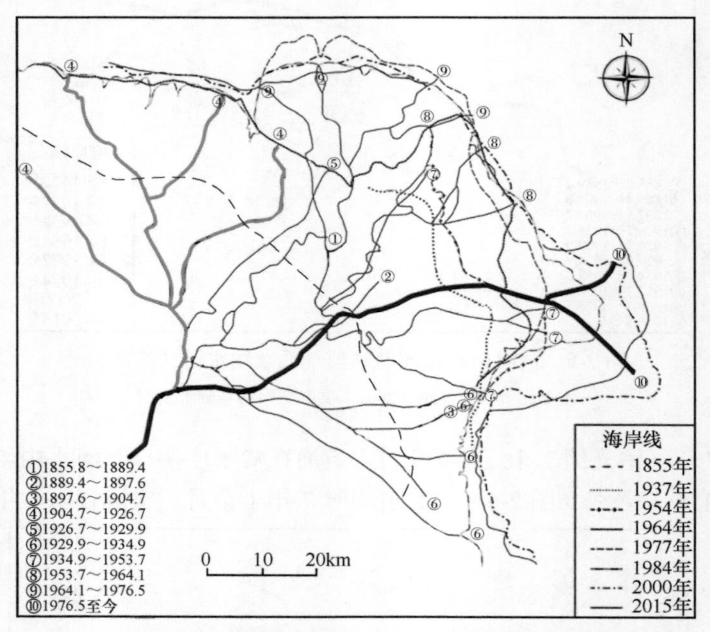

图 2-7　黄河口三角洲绛河 / 顺江沟 / 车子沟 / 挑河四水道（红线）

本书作者在李泽刚（2006）文献资料的基础上绘制

1917 年 7 月，老鸭嘴河道淤塞，黄河由太平镇改道，改走东北方向经大洋铺、中和堂，由车子沟入海。另外，虎滩咀东南陈家屋子北分出一支汊，流经大牟里、小牟里、四扣，在刘家坨子、韩家屋子以北的面条沟（今挑河）入海。此道历时 9 年，实际行水 6 年 8 个月。

（5）1926 年 6 月，黄河在八里庄以北决口，由刁口河入海。此流路时间较短，历时 3 年 2 个月（图 2-8）。

① 清朝时1丈=345cm，1尺=34.5cm，1寸=3.45cm。

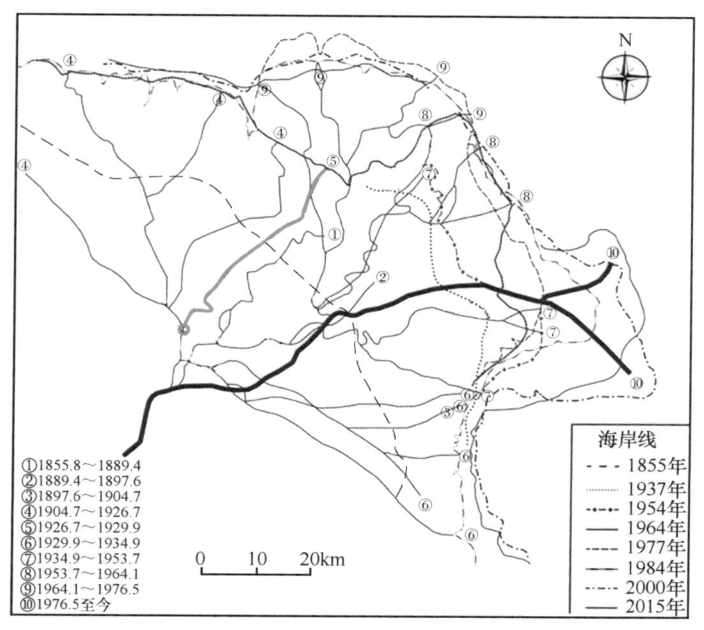

图 2-8　黄河口三角洲八里庄—刁口河水道（红线）

本书作者在李泽刚（2006）文献资料的基础上绘制

（6）1929 年 8 月，黄河在纪家庄扒口改道，黄河初由南旺河口入海。后改行向东，在乱井子以南改东南行，在民丰以北入第三次行水故道，一年后又在永安镇西出汊，由宋春荣沟入海，行水 2 年后又从永安镇西南出汊，由青坨子入海。此道共历时 5 年，实际行水 3 年 4 个月（图 2-9）。

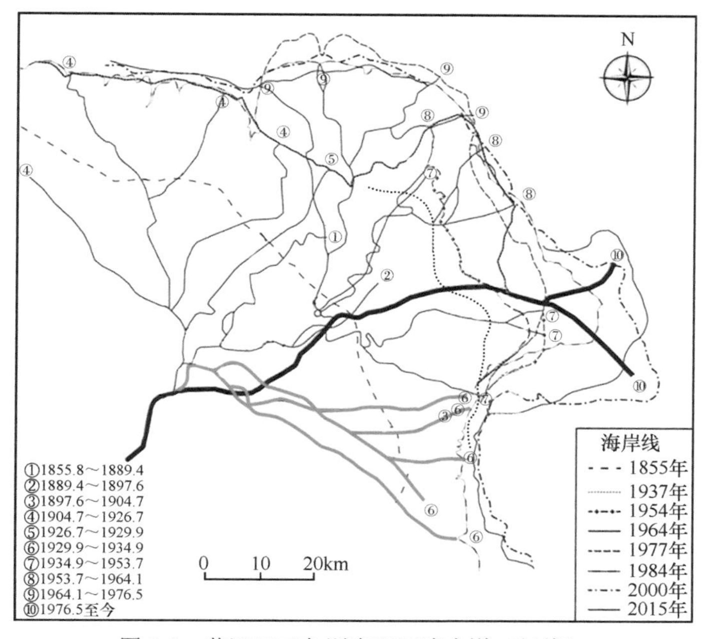

图 2-9　黄河口三角洲南旺河诸水道（红线）

本书作者在李泽刚（2006）文献资料的基础上绘制

（7）1934年8月黄河在合拢处一号坝决口，大溜东去，黄河水一漫无际，由毛丝坨以北老神仙沟入海，初步形成神仙沟、甜水沟、宋春荣沟三股入海之形势（图2-10）。此阶段前后历时18年10个月，实际行水9年2个月。

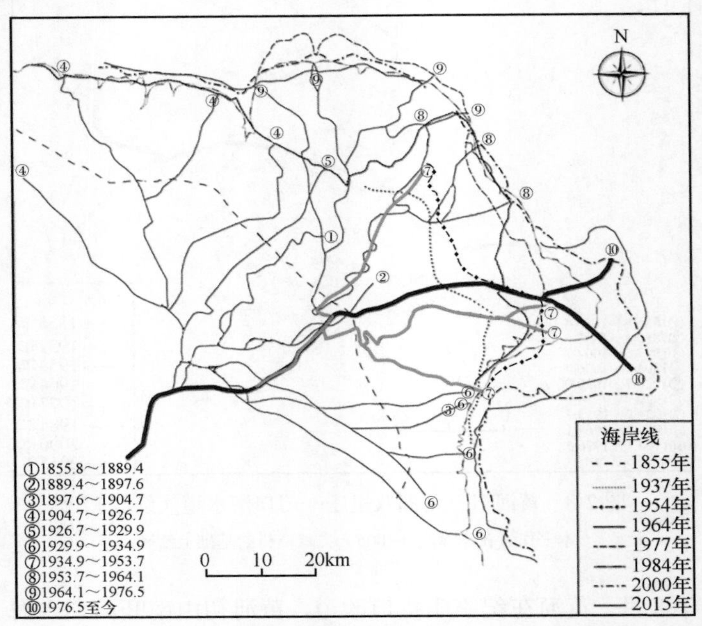

图2-10 黄河口三角洲一号坝—神仙沟/甜水沟/宋春荣沟水道（红线）

本书作者在李泽刚（2006）文献资料的基础上绘制

1938年6月9日，黄河在花园口决口。1938年5月19日，侵华日军攻陷徐州，并沿陇海线西犯，郑州危急，武汉震动。6月9日，为阻止日军西进，采取“以水代兵”的办法，扒开位于河南省郑州市区北郊17km处的黄河南岸的渡口——花园口，造成人为的黄河决堤改道，黄河水由徐淮故道入黄海，山东段河道枯竭。

1947年3月，花园口堵口后，黄河复归山东入渤海，仍走神仙沟、甜水沟、宋春荣沟三水道入海。

（8）由于神仙沟比较顺直，入海行程短，水面比降较大（当时约1/7000），而甜水沟入海行程较长，比降较小（1/10 000），河道蜿蜒曲折，因此神仙沟过水比例逐渐增大，在小口子处，两河弯顶相对发育，有自然截弯之势，为了有利于泄洪排沙，1953年7月实施人工裁弯取直工程，开挖引河，变分流入海为神仙沟独流入海，此道行水10年6个月（图2-11）。

1959年汛期，四号桩以下神仙沟河道泄洪不畅，四号桩以上1km处右岸河弯急挫，洪水漫滩时，部分水流由此处漫过滩唇由老神仙沟入海。至1960年，右岸滩唇坍尽，形成汊河，同年秋后，主溜夺此汊河。由于该河行程短，逐渐拓宽增大，至1961年6月三门峡下泄清水洪峰，该河即成为入海主道。此道行水2年7个月。

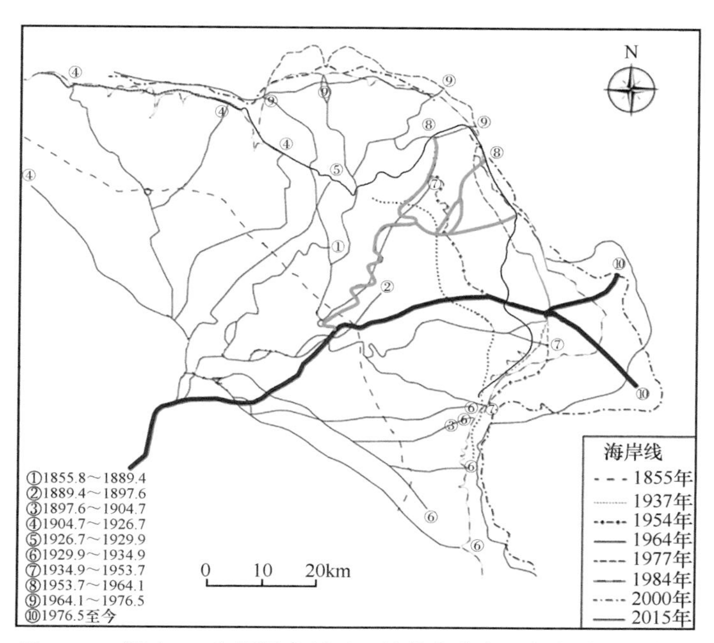

图 2-11　黄河口三角洲罗家屋子—神仙沟独流入海水道（红线）

本书作者在李泽刚（2006）文献资料的基础上绘制

（9）1964 年 1 月，罗家屋子以下河道凌汛卡冰，于 1 月 1 日在罗家屋子进行人工破堤改道，黄河水经草桥沟由刁口河入海。5 月后，新河道过流达六成以上。汛期黄河无主槽，漫流入海。以后主流分三股入海，其中两股分别于 1966 年及 1967 年先后淤闭，仅存东股独流入海。1972 年后，临河门附近多次出汊摆动，行水多不持久，且改道点逐次上移。至 1976 年 5 月改道清水沟前，共行水 12 年 4 个月（图 2-12）。

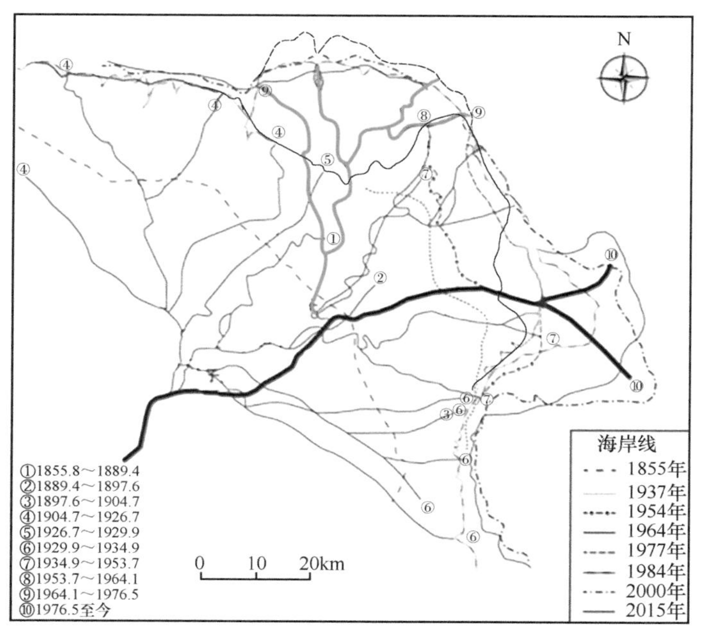

图 2-12　黄河口三角洲刁口河独流入海水道（红线）

本书作者在李泽刚（2006）文献资料的基础上绘制

（10）1976 年 5 月，在西河口人工截流改道，黄河水改由预先开挖的预备河道通过清水沟入海，行水至今（图 2-13）。

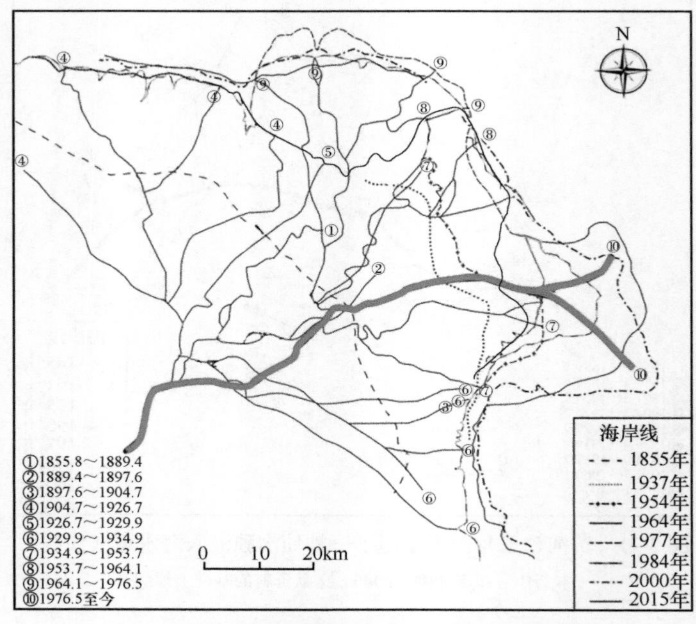

图 2-13　黄河口三角洲清水沟入海水道（红线）

本书作者在李泽刚（2006）文献资料的基础上绘制

综上所述，本节叙述的流路行水 2 年以上方称为一次流路变迁。1855 ～ 2015 年这 160 年间，黄河口流路变迁频繁，较大改道 10 余次，每条流路平均行水时间 16 年；最小行水时间 3 年，从刁口河流路入海；最大行水时间 34 年，黄河在铜瓦厢决口，行至利津以下肖神庙牡蛎咀入海（表 2-1）。

表 2-1　1855 年以来黄河入海流路的改道情况

序号	时间	改道地点	入海位置	流路历时（年）	实际行水历时（年）	累计实际行水历时（年）	备注
1	1855.8	铜瓦厢	肖神庙牡蛎咀	33.5	19	19	伏汛决口
2	1889.4	韩家垣	毛丝坨以下（今建林以东）	8	6	25	凌汛决口
3	1897.6	岭子庄	丝网口（今宋家坨子）	7	5.5	30.5	伏汛决口
4	1904.7	盐窝	老鸭嘴	22	17.5	48	伏汛决口
5	1926.7	八里庄以北	刁口河	3	3	51	伏汛决口
6	1929.9	纪家庄	南旺河口、宋春荣沟、青坨子	5	3.5	54.5	人为扒口
7	1934.9	一号坝	老神仙沟、甜水沟、宋春荣沟	20	9	63.5	堵汉未合拢
8	1953.7	小口子	神仙沟	10.5	10.5	74	人工裁弯取直

续表

序号	时间	改道地点	入海位置	流路历时（年）	实际行水历时（年）	累计实际行水历时（年）	备注
9	1964.1	罗家屋子	刁口河	12.5	12.5	86.5	凌汛人工破堤
10	1976.5	西河口	清水沟	/	/	/	人工改道

/ 表示无数据

黄河口流路变迁从时间上看没有规律性，流路行水时间有长有短，决口改道原因也不尽相同，有的因伏汛决口，有的因凌汛决口，还有人为原因等。因此，黄河口流路改变受到自然因素和人为因素双重作用的影响。但是，对某一条流路而言，其河道发育过程还具有一定的共性：黄河泥沙多，易淤河口，下游逐渐淤高，水位也相应壅高，水流寻上游低洼处决口改道，此乃水往低处流的规律。

160 多年来，黄河口三角洲大小水道或流路，在其所塑造的三角洲上破堤摆动，自由或受迫行走。目前，在东营市的努力下，在黄河入海泥沙近 50 年来呈下降趋势的情况下，黄河口以清水沟为入海流路，行河 40 余年，但就河口性质来看，其三角洲行水行沙特性仍然未改变。

2.3　黄河口三角洲区域演变

黄河口三角洲位于山东省东营市，三角洲北向渤海湾，东邻莱州湾。黄河口三角洲由古代、近代和现代三个年代的三角洲组成。

古代黄河口三角洲以蒲城为顶点，西起套尔河口，南达小清河口，陆上面积约为 7200km^2。近代黄河口三角洲是 1855 年黄河在铜瓦厢决口夺大清河流路形成的，以山东省垦利区胜坨镇为顶点的扇面西起套尔河口，南抵支脉沟口，面积约为 6000km^2。现代黄河口三角洲是指 1934 年以来至今仍在继续形成的，以渔洼为顶点的扇面西起挑河，南到宋春荣沟，陆上面积约为 3000km^2。目前所说的黄河口三角洲一般是指 1855 年之后形成的三角洲，包括近代和现代的三角洲，面积约为 6000km^2，东营市的海岸线长约 350km，是一条不断演化着的年轻海岸。

黄河口三角洲在地质构造上处于郯城—庐江大断裂的西部，其主要由新华夏构造体系和北西向构造控制，位于渤海陆架平原及华北平原之间，地势较缓，其海拔最高高程点位于利津县北宋镇河滩高地处，高程达 13.3m，最低处位于三角洲的东北部，其海拔低于 1m。

黄河口三角洲海岸是淤泥质海岸，在海洋动力的作用下，黄河口三角洲的海岸线总是趋向于平滑。但是，由于流路输沙沉积作用，近代黄河口三角洲海岸上有许多明显的沙嘴，如清水沟、刁口河、车子沟及套儿河这四大沙嘴，其中最突出的是现行流路——清水沟河口沙嘴。受这些沙嘴的影响，黄河口三角洲海岸线较为曲折，目前所看到的黄河口三角洲曲折岸线并非一次形成的，而是经过交错沙嘴的叠覆及淤积延伸而形成的。

近现代黄河口三角洲海岸发育年代的差别较大，以渔洼为顶点的扇区海岸重叠了 3 次，其外两侧的海岸重叠了 1 ～ 2 次，且海岸的淤积外延并非平行，以河口沙嘴为基本形式，局部岸段交错外延。每一条流路的河口沙嘴称为一个亚三角洲，由于下一条流路的河口沙嘴总是在上两期河口沙嘴之间发育，并且超过前期沙嘴，因此黄河口流路河道在三角洲上不断改道的结果，就是海岸线不断地交错覆盖外延，形成的一种“朵状”淤积延伸的形式。

从黄河口三角洲平面来看，三角洲呈中部高、两边低的格局。虽然牟平区顶点以下流路经常改道，但由于中部行河时间最长，陆面淤积较高，形成了中部高、两边低的形状。1855 年以来大量泥沙在黄河口处淤积，使得河口大面积造陆。但由于近年来黄河来水来沙量骤减，且汛期和非汛期的水沙量变化较大，河口三角洲造陆面积的年内变化表现为淤积、蚀退交替的现象。汛期三角洲淤积速度较快，非汛期由于水量和入海泥沙量的减少，海岸的动态平衡被打破，且海岸动力相对加强，因此淤积速度变慢甚至出现严重的蚀退现象（表 2-2）。

表 2-2　三角洲扩展与海岸外延情况

河道	时段	实际行水历时（年）	海岸线长度（km）	造陆面积（km^2）	蚀退面积（km^2）	海岸线外推	
						累计面积（km^2）	速率（km/a）
古河道	1855 ～ 1947 年	57	105	1400	/	13.3	0.23
后三沟	1947 ～ 1954 年	7	80	240	24	2.7	0.39
神仙沟、刁口河	1954 ～ 1976 年	22	80	786	208	7.23	0.33
后三沟、神仙沟、刁口河	1947 ～ 1976 年	29	80	1026	232	9.93	0.34
清水沟	1976 ～ 1991 年	15	50	515.1	/	10.3	0.67

/ 表示无数据

自 1855 年以来分流河道多次改道，每次在三角洲顶点附近发生改道的分流河道系统称为该时期的流路，在流路活动期内，分流河道每年都发生决口、摆动，但都是在三角洲顶点以下或口门附近发生。在顶点附近两次改道之间形成的堆积体，包括陆上三角洲和水下三角洲，称作三角洲叶瓣，黄河口三角洲由多个这样的叶瓣组成。其中，1938 ～ 1947 年黄河夺淮入海，但 1947 ～ 1953 年黄河仍然与 1934 ～ 1938 年一样，行水于宋春荣沟、甜水沟和神仙沟三流路入海，所以通常将 1934 ～ 1953 年的黄河口三角洲堆积体划为一个现代亚三角洲体。

自 1855 年以来，黄河口三角洲共形成了 8 个叶瓣（图 2-14），1976 年以前形成的 7 个叶瓣总计注入渤海 110 多年，平均每个叶瓣活动期约为 16 年，与密西西比河三角洲叶瓣（图 2-15）115 ～ 175 年的周期相比，其活动期是相当短的。1976 ～ 2010 年共形成了 2 个三角洲叶瓣。各叶瓣形成的时段分别是：1855 ～ 1889 年；1889 ～ 1897 年；1897 ～ 1904 年；1904 ～ 1929 年；1929 ～ 1934 年；1934 ～ 1938 年和 1947 ～ 1964 年；1964 ～ 1976 年；1976 年至今。

黄河口三角洲的形成与世界上所有的三角洲一样，它们的演变都受到自然和人类活动等因素共同作用的影响。对三角洲影响最大的是河流径流和泥沙通量，其他自然和人为活动引起的变化居于次要地位，此外海平面的上升或下降，潮汐、巨浪、海浪及在三角洲实行水管理等因素也有影响。

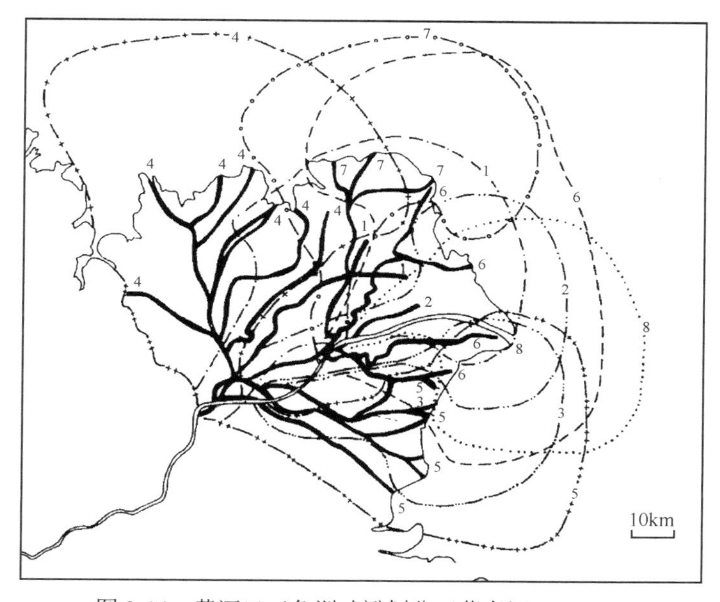

图 2-14　黄河口三角洲叶瓣划分（薛春汀，1994）

1. 1855～1889年；2. 1889～1897年；3. 1897～1904年；4. 1904～1929年；
5. 1929～1934年；6. 1934～1938年和1947～1964年；7. 1964～1976年；8. 1976年至今

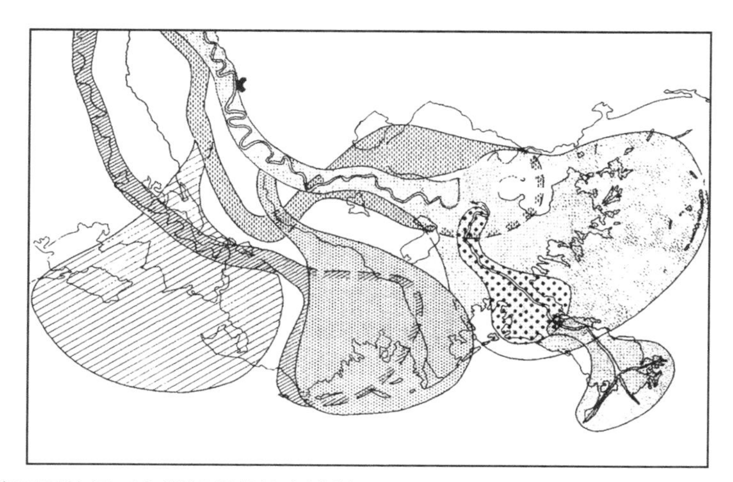

图 2-15　密西西比河三角洲近现代演变进程（Mikhailova V N and Mikhailova M V，2010）

参考文献

白玉川，谢琦，徐海珏. 2018. 黄河口高流速区近 50 年演变过程. 海洋地质前沿, 34(10): 1-11.

白玉川，谢琦，徐海珏. 2019. 黄河口近 60 年来潮流特征演化过程. 海洋通报, 38(2): 141-149.

白玉川，杨艳静，王靖雯. 2011. 渤海湾海岸古气候环境及其对海岸变迁的影响. 水利水运工程学报, (4): 18-26.

胡渭. 2006. 禹贡锥指. 上海：上海古籍出版社.

李泽刚. 2006. 黄河近代河口演变基本规律与稳定入海流路治理. 郑州：黄河水利出版社：124-125.

栗云召，于君宝，韩广轩，等. 2012. 基于遥感的黄河三角洲海岸线变化研究. 海洋科学, 36(4): 99-106.
刘承天. 1996. 黄河口现行流路的稳定. 西安理工大学学报, (4): 351-355.
庞家珍. 1994. 黄河三角洲流路演变及对黄河下游的影响. 海洋湖沼通报, (3): 1-9.
庞家珍，司书亨. 1979. 黄河河口演变——Ⅰ. 近代历史变迁. 海洋与湖沼, 10(2): 136-141.
钱宁. 1986. 1855 年铜瓦厢决口以后黄河下游历史演变过程中的若干问题. 人民黄河, (5): 68-74.
乔淑卿，石学法. 2010. 黄河三角洲沉积特征和演化研究现状及展望. 海洋科学进展, 28(3): 408-416.
涂晶，白玉川，徐海珏，等. 2017. 渤海湾围垦工程引起的岸线及潮流变化. 港工技术, 54(4): 1-4.
王万战，茹玉英，岳德军. 2005. 黄河口河道的出汊、漫滩、卡冰机制. 郑州：第二届黄河国际论坛.
王学金，陈立强，宋玉敏，等. 2012. 人类活动及自然因素对黄河口三角洲湿地生态系统影响分析. 中国人口·资源与环境, 22(5): 224-226.
徐丛亮，谷硕，刘喆，等. 2016. 黄河调水调沙 14a 来河口拦门沙形态变化特征. 人民黄河, 38(10): 69-73.
薛春汀. 1994. 现代黄河三角洲叶瓣的划分和识别. 地理研究, (2): 59-66.
张哲源，徐海珏，白玉川，等. 2017. 基于卫星遥感技术的赣江尾闾河势演变分析. 水利水电技术, 48(7): 20-27.
邹逸麟. 1980. 黄河下游河道变迁及其影响概述. 复旦学报：社会科学版, (S1): 12-24.
邹逸麟. 2012. 千古黄河. 上海：上海远东出版社.
Mikhailov V N. 1998. Gidrologiya ust’ev rek (River Mouth Hydrology). Moscow: Mosk. Gos. University.
Mikhailova V N, Mikhailova M V. 2010. Delta formation processes at the Mississippi River Mouth. Water Resources and the Regime of Water Bodies, 37(5): 595-610.
Wells J T, Coleman J M. 1987. Wetland loss and the subdelta life cycle. Estuarine Coastal & Shelf Science, 25(1): 111-125.
Zhang B, Zhang Q, Feng C, et al. 2017. Understanding land use and land cover dynamics from 1976 to 2014 in Yellow River Delta. Land, 6(1): 20.

第 3 章 黄河口三角洲岸线演变（1973 ～ 2017 年）

3.1 遥感影像资料收集与处理

3.1.1 遥感影像资料收集

本章所用的遥感影像资料来自美国国家航空航天局（National Aeronautics and Space Administration，NASA）发射的陆地卫星系列（Landsat）。美国陆地卫星系列（Landsat）的多光谱扫描仪（MSS）、专题绘图仪（TM）及陆地成像仪（OLI）数据具有时间跨度大、光谱分辨率（spectral resolution）较高及成像视场较大等优点，可以用来研究黄河口海岸的变迁。

陆地卫星指的是地球资源卫星，其在重复成像的基础上，产生世界范围的图像，同时由于其提供了数字化的多波段图像的数据，促进了数字化图像处理技术的发展。依据“地球资源卫星”计划，1972 年 7 月 23 日在美国内政部及美国国家航空航天局（NASA）的共同努力下发射了第一颗地球资源卫星，在 1975 年将其更名为“陆地卫星（Landsat）”；1984 年发射了 Landsat 5；1999 年 4 月发射了 Landsat 7，其设计寿命是 6 年。目前已经发射了 8 颗卫星，Landsat 8 与 Landsat 7 仍在服务中。Landsat 7 是 NASA“地球使命计划”中的一部分，也是美国“国防气象卫星计划”（DMSP）与泰罗斯（TIROS）卫星的继承卫星，它的发射也标志着大型化、昂贵的 Landsat 系列地球观测卫星时代即将结束，NASA 开始发展体型小、价格较为便宜且研制周期更短的地球观测卫星。Landsat 卫星的轨道是与太阳同步的近极地圆形轨道，保证了北半球中纬度地区能够获得中等太阳高度角的上午影像，且卫星通过每一点的地方时相同，每 16 ～ 18 天覆盖地球一次，影像的覆盖范围为 185km×185km。Landsat 系列的 1 号、2 号、3 号和 4 号卫星分别在 1978 年、1982 年、1983 年和 1993 年停止了工作，6 号卫星在 1993 年发射失败；Landsat 5 在 1984 年发射，设计寿命为 3 年，运行至今已有 32 年，在 2011 年 11 月 18 日美国地质调查局（USGS）发布消息称由于卫星上的放大器迅速老化，已停止获取 Landsat 5 的卫星遥感影像，这意味着 Landsat 5 极有可能结束服务。Landsat 7 ETM+ 机载扫描线校正器（SLC）在 2003 年 5 月 31 日发生故障，导致此后获取的图像出现了数据条带丢失，严重影响了 Landsat ETM 遥感影像的使用。此后，Landsat 7 ETM SLC-on 是指 2003 年 5 月 31 日 Landsat 7 SLC 故障之前的数据产品，Landsat 7 ETM SLC-off 则是故障之后的数据产品。通过 ENVI（the environment for visualizing images）的相应插件，使用插值方法修补缺失的条带部分，但会降低其精度。2013 年 2 月 11 日在加利福尼亚州范登堡空军基地发射了 Landsat 8，Landsat 8 上携带两个传感器，分别是陆地成像仪（OLI）和热红外传感器（TIRS）。

Landsat 系列的 1 号、2 号、3 号卫星上装有 4 波段多光谱扫描仪（MSS），Landsat 系列的 4 号、5 号卫星上增加了专题绘图仪（TM），其分辨率比 MSS 高，Landsat 7 上又增添了一个增强型专题绘图仪（ETM+），除了 TM 已有的 7 个波段，其增添了 15m 空间分辨率的全色波段（0.5 ～ 0.9μm）与热红外波段，其视场为 185km×185km。

本章的遥感数据均可通过地理空间数据云网站（http://www.gscloud.cn/）获取（表 3-1）。

表 3-1　遥感数据

编号	卫星	数据标识	日期	云量（%）
1	Landsat 1-3	LM11300341973358AAA02	1973/12/24	30
2	Landsat 1-3	LM21300341976154AAA01	1976/6/2	0
3	Landsat 1-3	LM21300341977130AAA03	1977/5/10	0
4	Landsat 1-3	LM21300341981037AAA03	1981/2/6	0
5	Landsat 1-3	LM21300341981163AAA04	1981/6/12	20
6	Landsat 1-3	LM21300341981325AAA03	1981/11/21	0
7	Landsat 4-5 MSS	LM41210341983028AAA04	1983/1/28	0
8	Landsat 4-5 MSS	LM41210341983188FFF03	1983/7/7	0
9	Landsat 4-5 MSS	LM41210341984159FFF03	1984/6/7	0
10	Landsat 4-5 MSS	LM51210341984279FFF03	1984/10/5	0
11	Landsat 4-5 TM	LT51210341985329HAJ00	1985/11/25	0.01
12	Landsat 4-5 TM	LT51210341986060HAJ00	1986/3/1	0.42
13	Landsat 4-5 TM	LT51210341987351HAJ00	1987/12/17	0.01
14	Landsat 4-5 TM	LT41210341989044XXX03	1989/2/13	0
15	Landsat 4-5 TM	LT51210341989324HAJ00	1989/11/20	0.01
16	Landsat 4-5 TM	LT51210341990167BJC00	1990/6/16	11.01
17	Landsat 4-5 TM	LT51210341991266BJC00	1991/9/23	0
18	Landsat 4-5 TM	LT51210341992237BJC01	1992/8/24	0.02
19	Landsat 4-5 TM	LT51210341995053HAJ00	1995/2/22	0
20	Landsat 4-5 TM	LT51210341995261CLT02	1995/9/18	0.08
21	Landsat 4-5 TM	LT51210341996184HAJ00	1996/7/2	0
22	Landsat 4-5 TM	LT51210341998125HAJ00	1998/5/5	0.55
23	Landsat 4-5 TM	LT51210341999096HAJ00	1999/4/6	1.15
24	Landsat 7	LE71210341999280SGS00	1999/10/7	0.01
25	Landsat 4-5 TM	LT51210341999336HAJ00	1999/12/2	0
26	Landsat 4-5 TM	LT51210342000051BJC00	2000/2/20	0.15
27	Landsat 7	LE71210342000059SGS00	2000/2/28	0
28	Landsat 7	LE71210342000123SGS00	2000/5/2	0
29	Landsat 4-5 TM	LT51210342000291BJC00	2000/10/17	0.42
30	Landsat 4-5 TM	LT51210342000339BJC00	2000/12/4	0
31	Landsat 7	LE71210342001077SGS00	2001/3/18	0.06
32	Landsat 4-5 TM	LT51210342001261BJC00	2001/9/18	12.4

续表

编号	卫星	数据标识	日期	云量（%）
33	Landsat 7	LE71210342001285EDC00	2001/10/12	1.53
34	Landsat 4-5 TM	LT51210342001325BJC00	2001/11/21	0
35	Landsat 4-5 TM	LT51210342002024BJC00	2002/1/24	0
36	Landsat 7	LE71210342002032SGS00	2002/2/1	2.36
37	Landsat 7	LE71210342002272SGS00	2002/9/29	1.9
38	Landsat 4-5 TM	LT51210342003043BJC00	2003/2/12	0.2
39	Landsat 7	LE71210342003115EDC00	2003/4/25	0
40	Landsat 4-5 TM	LT51210342003299BJC00	2003/10/26	0
41	Landsat 4-5 TM	LT51210342004046BJC00	2004/2/15	0.11
42	Landsat 4-5 TM	LT51210342004126BJC00	2004/5/5	0
43	Landsat 4-5 TM	LT51210342004302BJC00	2004/10/28	0
44	Landsat 4-5 TM	LT51210342005016BJC00	2005/1/16	0.38
45	Landsat 4-5 TM	LT51210342005288BJC00	2005/10/15	0
46	Landsat 4-5 TM	LT51210342006275IKR00	2006/10/2	20
47	Landsat 4-5 TM	LT51210342007118IKR00	2007/4/28	20
48	Landsat 4-5 TM	LT51210342008105BJC00	2008/4/14	0.89
49	Landsat 4-5 TM	LT51210342008249BJC00	2008/9/5	0.32
50	Landsat 4-5 TM	LT51210342009027KHC00	2009/1/27	0.12
51	Landsat 4-5 TM	LT51210342009155HAJ00	2009/6/4	0
52	Landsat 4-5 TM	LT51210342010014BJC00	2010/1/14	17.86
53	Landsat 4-5 TM	LT51210342010254IKR00	2010/9/11	0.33
54	Landsat 7	LE71210342011089EDC00	2011/3/30	0.02
55	Landsat 7	LE71210342011265EDC02	2011/9/22	0
56	Landsat 7	LE71210342011329EDC00	2011/11/25	0.03
57	Landsat 7	LE71210342012012EDC00	2012/1/12	0.12
58	Landsat 7	LE71210342012156EDC00	2012/6/4	0
59	Landsat 7	LE71210342012332EDC00	2012/11/27	0.11
60	Landsat 7	LE71210342013062EDC00	2013/3/3	0.01
61	Landsat 8	LC81210342013150LGN00	2013/5/30	0.12
62	Landsat 7	LE71210342013238EDC00	2013/8/26	0.09
63	Landsat 8	LC81210342013278LGN00	2013/10/5	2.56
64	Landsat 7	LE71210342013334EDC00	2013/11/30	1.42
65	Landsat 8	LC81210342014025LGN00	2014/1/25	3.2
66	Landsat 8	LC81210342014073LGN00	2014/3/14	1.11
67	Landsat 7	LE71210342014081EDC01	2014/3/22	0.01
68	Landsat 8	LC81210342014121LGN00	2014/5/1	3.29
69	Landsat 7	LE71210342014209EDC00	2014/7/28	0

续表

编号	卫星	数据标识	日期	云量（%）
70	Landsat 7	LE71210342014289EDC00	2014/10/16	0.02
71	Landsat 8	LC81210342015060LGN00	2015/3/1	3.27
72	Landsat 8	LC81210342015124LGN00	2015/5/4	0.51
73	Landsat 7	LE71210342015276EDC00	2015/10/3	0.01
74	Landsat 8	LC81210342015300LGN00	2015/10/27	2.33
75	Landsat 8	LC81210342016063LGN00	2016/3/3	8.84
76	Landsat 8	LC81210342017113LGN00	2017/4/23	1.2

3.1.2 遥感影像资料处理

对于海岸线的提取，本研究采用的是平均高潮线法。在缺乏相应的潮位资料的情况下，平均高潮线法是一种较为理想的处理方法，能够在宏观上满足分析所需要的精度。

平均高潮线是指在平均高潮时，潮滩与海水分界的痕迹线。由于在不是很长的时间序列内，平均高潮线受潮汐及海平面的影响较小，因此其一般介于高潮滩与中潮滩之间。由于海陆的相互作用，在高潮线内会有一些物质成分的差异，同时由于各种物质暴露在水上的时间不同，因此在成像光谱上产生了差异，在遥感图像上显示为不同的灰度及形态特征。

在表 3-1 中选取以下图像（图 3-1 ～图 3-34）作为本次研究海岸线变化的对象。

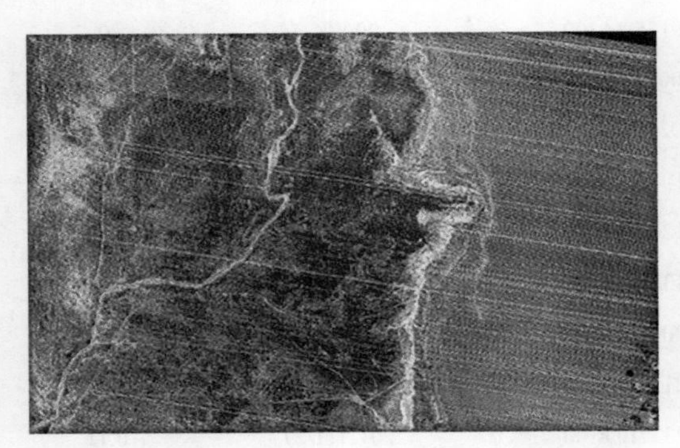

图 3-1　1973 年 12 月 24 日黄河口遥感影像

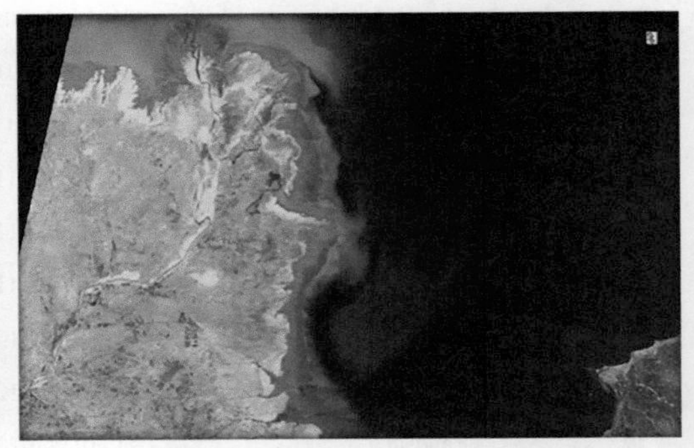

图 3-2　1976 年 6 月 2 日黄河口遥感影像

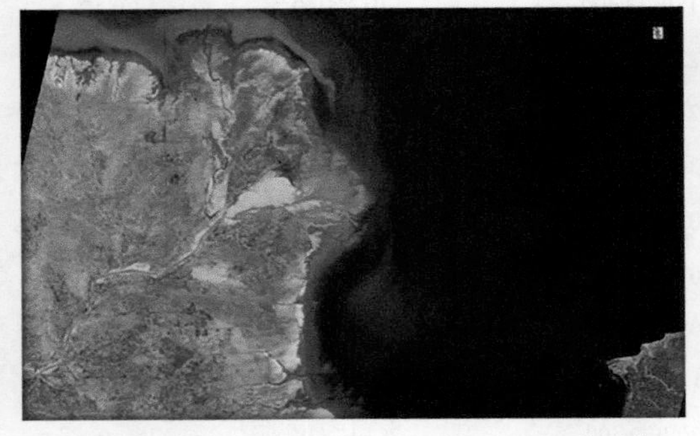

图 3-3　1977 年 5 月 10 日黄河口遥感影像

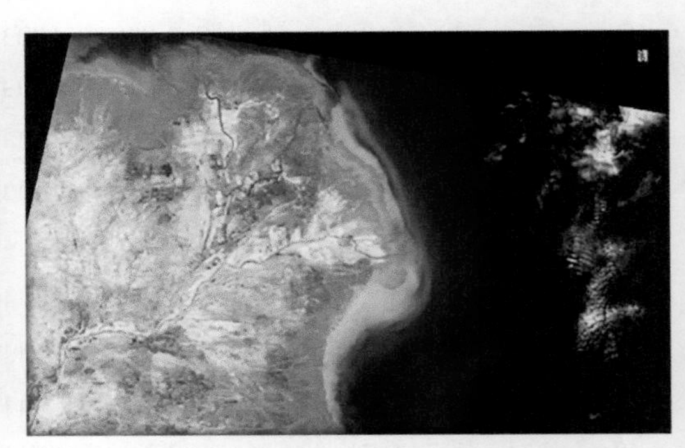

图 3-4　1981 年 6 月 12 日黄河口遥感影像

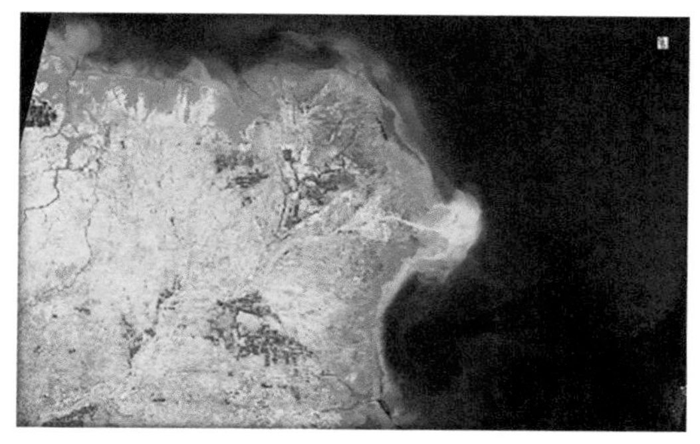

图 3-5　1983 年 7 月 7 日黄河口遥感影像

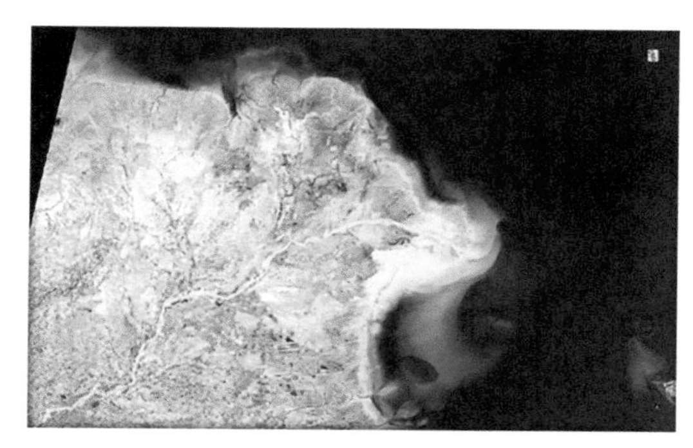

图 3-6　1984 年 6 月 7 日黄河口遥感影像

图 3-7　1985 年 11 月 25 日黄河口遥感影像

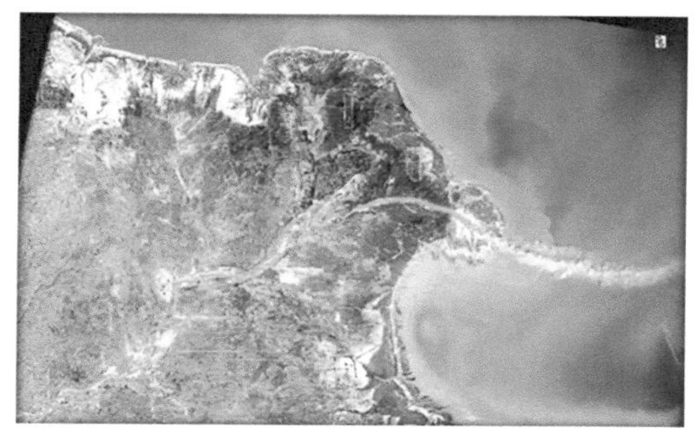

图 3-8　1986 年 3 月 1 日黄河口遥感影像

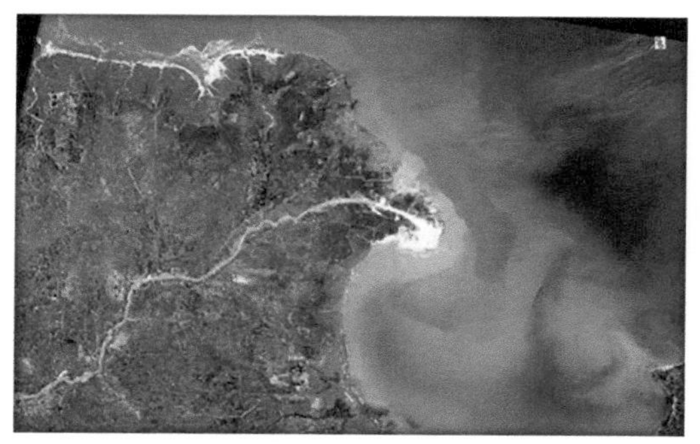

图 3-9　1987 年 12 月 17 日黄河口遥感影像

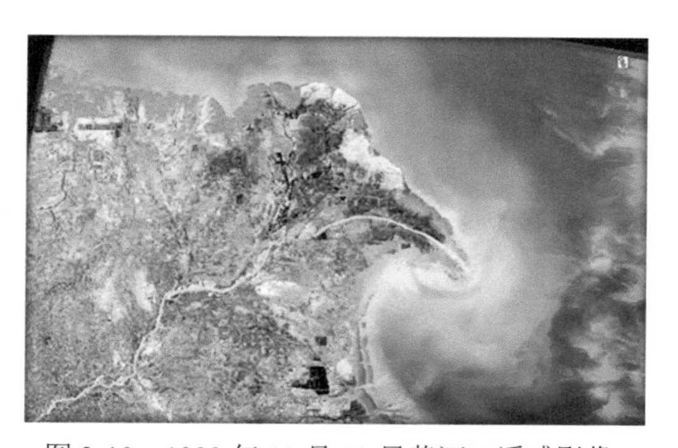

图 3-10　1989 年 11 月 20 日黄河口遥感影像

图 3-11　1990 年 6 月 16 日黄河口遥感影像

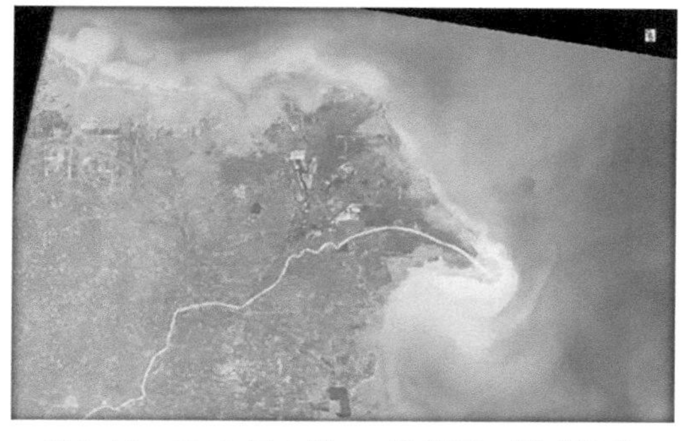

图 3-12　1991 年 9 月 23 日黄河口遥感影像

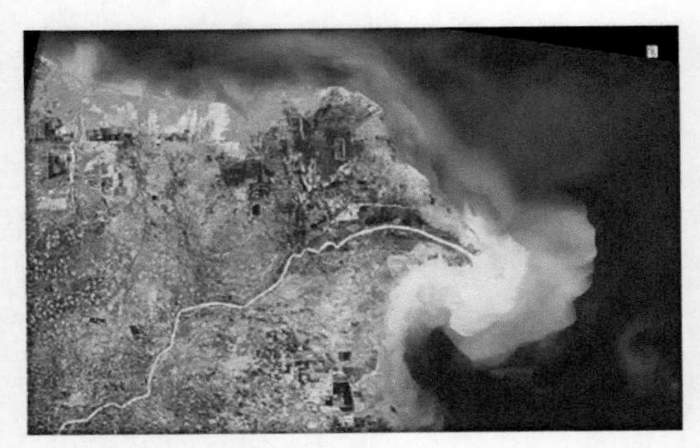

图 3-13　1992 年 8 月 24 日黄河口遥感影像

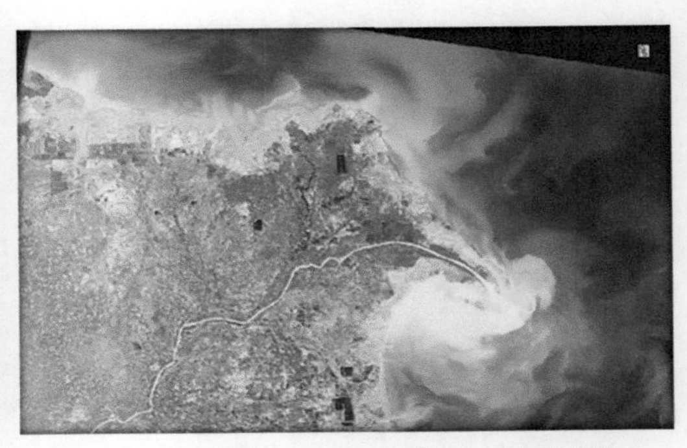

图 3-14　1995 年 9 月 18 日黄河口遥感影像

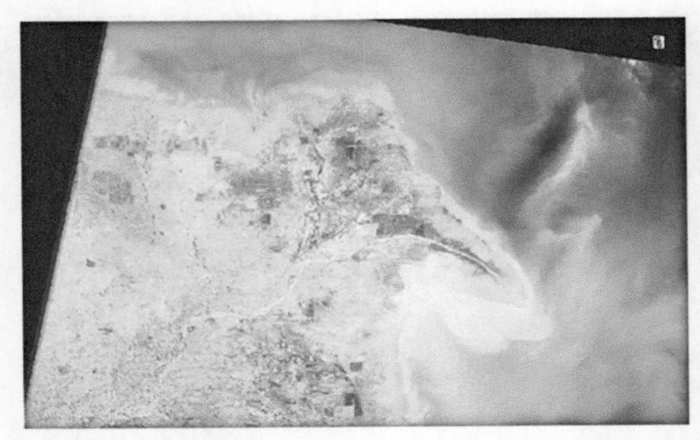

图 3-15　1996 年 7 月 2 日黄河口遥感影像

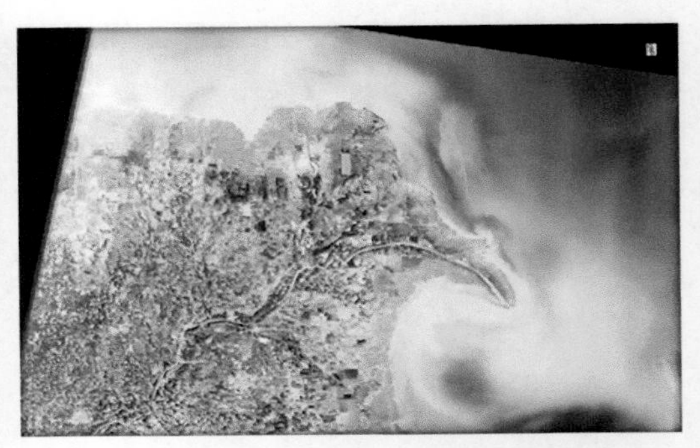

图 3-16　1998 年 5 月 5 日黄河口遥感影像

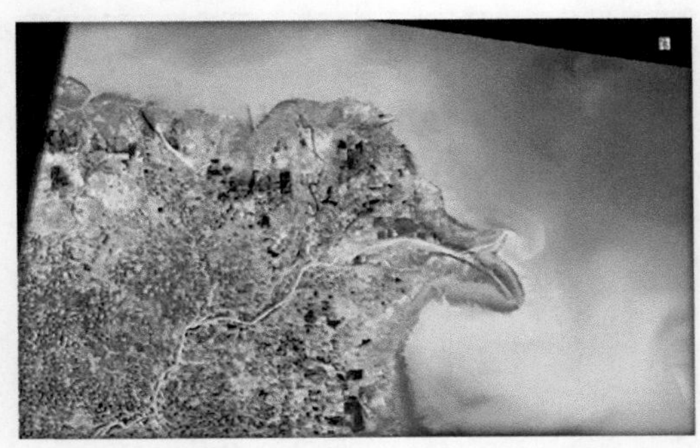

图 3-17　1999 年 4 月 6 日黄河口遥感影像

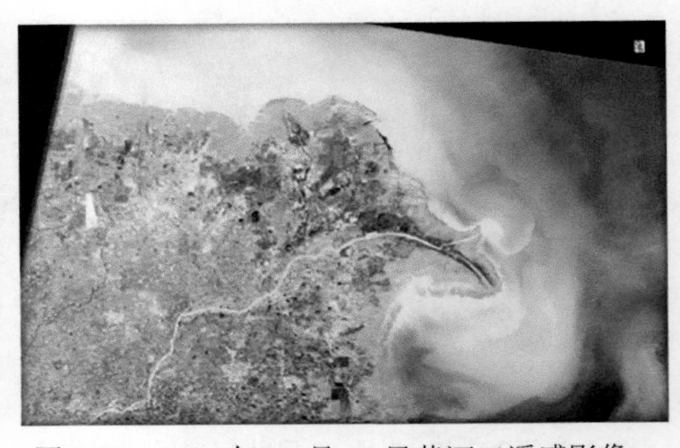

图 3-18　2000 年 10 月 17 日黄河口遥感影像

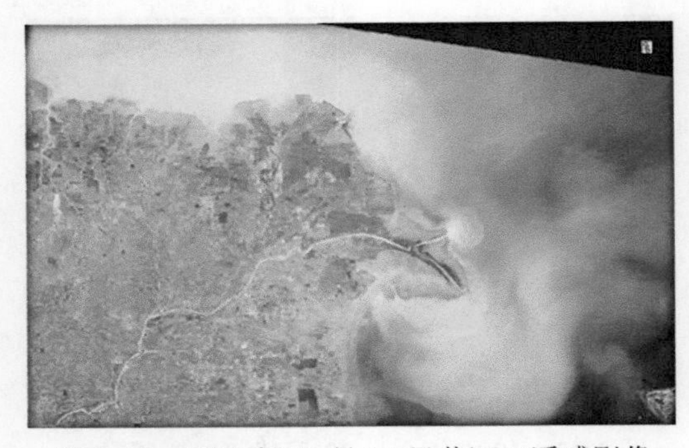

图 3-19　2001 年 11 月 21 日黄河口遥感影像

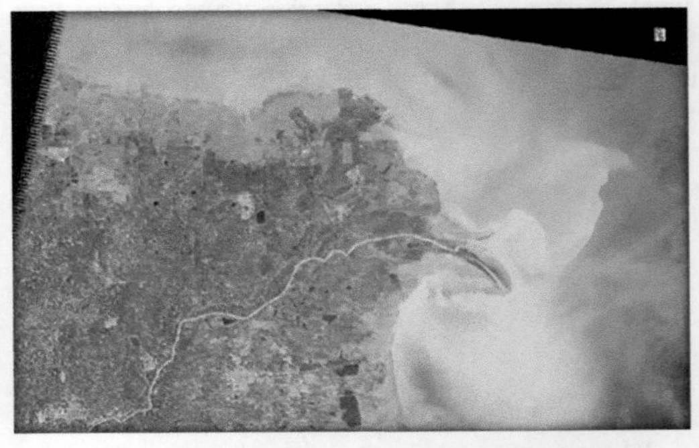

图 3-20　2003 年 10 月 26 日黄河口遥感影像

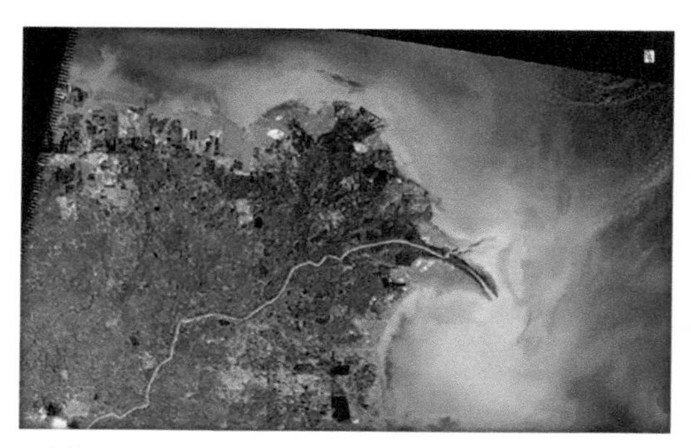

图 3-21　2004 年 10 月 28 日黄河口遥感影像

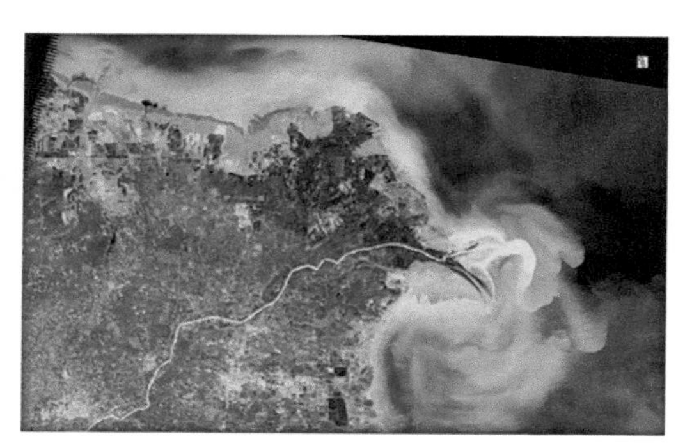

图 3-22　2005 年 10 月 15 日黄河口遥感影像

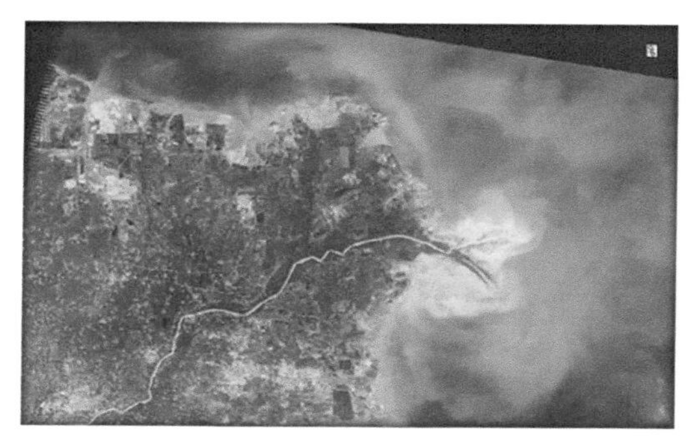

图 3-23　2006 年 10 月 2 日黄河口遥感影像

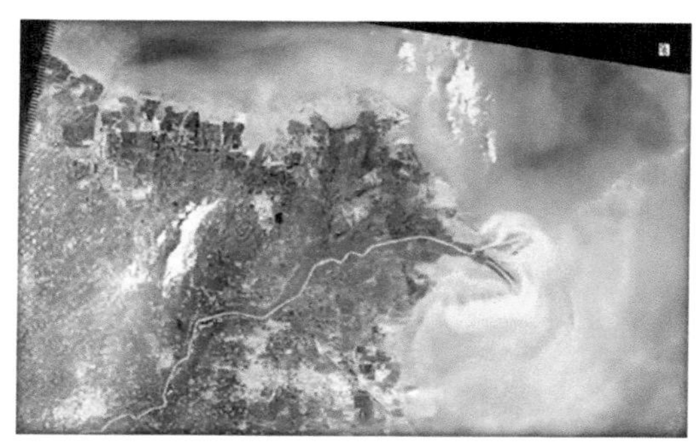

图 3-24　2007 年 4 月 28 日黄河口遥感影像

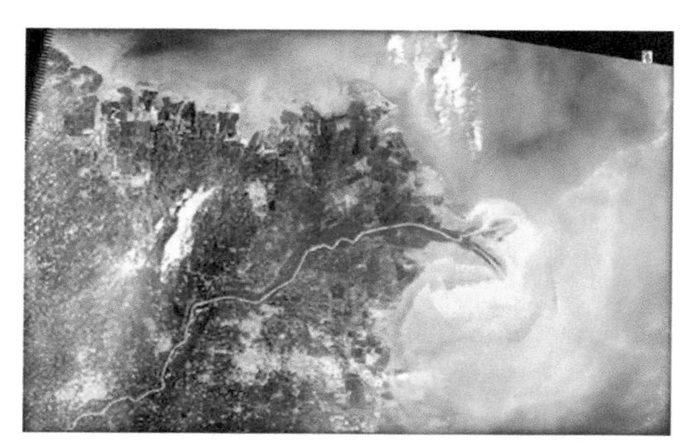

图 3-25　2008 年 9 月 5 日黄河口遥感影像

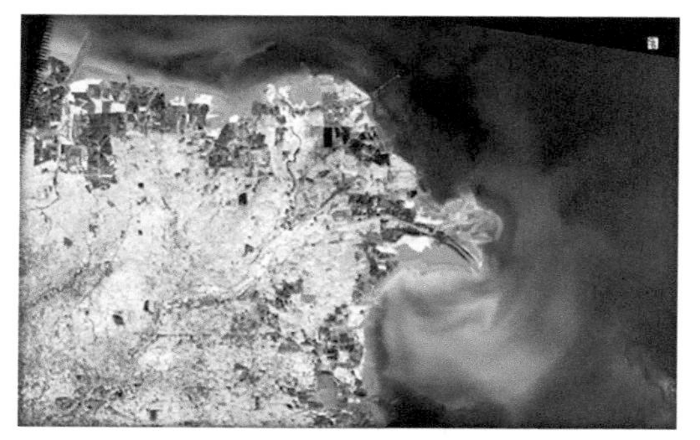

图 3-26　2009 年 6 月 4 日黄河口遥感影像

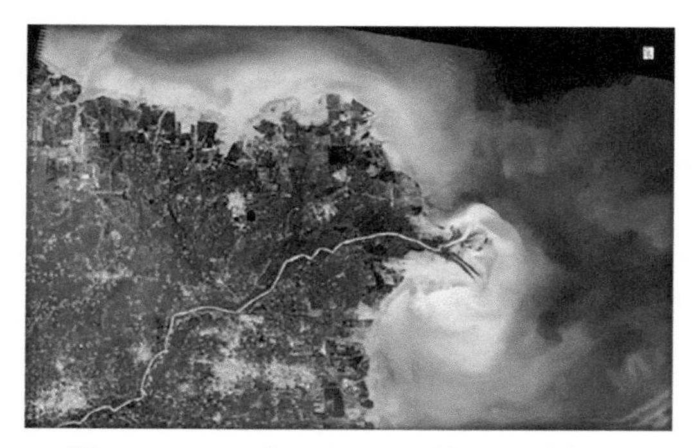

图 3-27　2010 年 9 月 11 日黄河口遥感影像

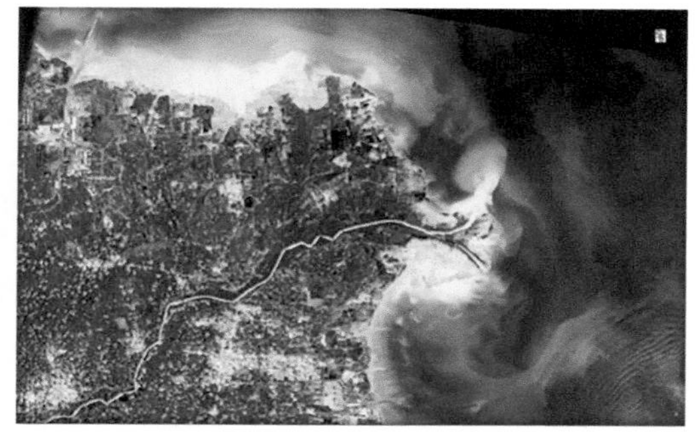

图 3-28　2011 年 9 月 22 日黄河口遥感影像

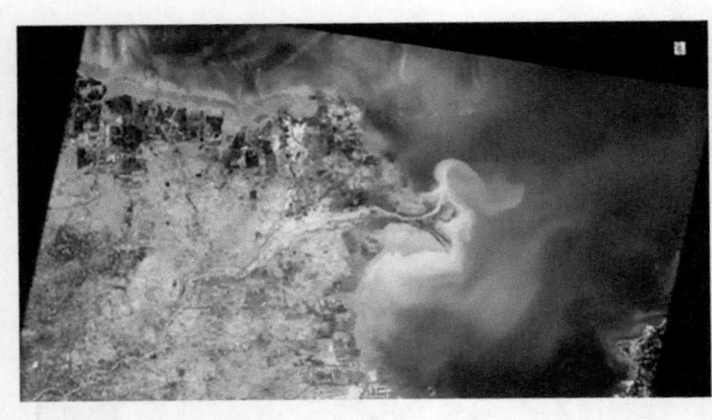

图 3-29　2012 年 6 月 4 日黄河口遥感影像

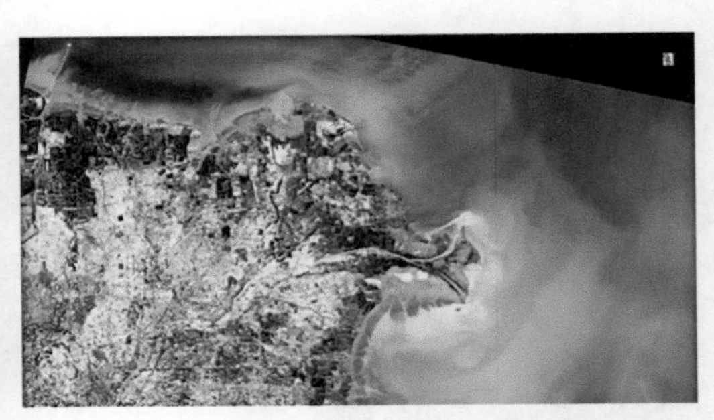

图 3-30　2013 年 5 月 30 日黄河口遥感影像

图 3-31　2014 年 7 月 28 日黄河口遥感影像

图 3-32　2015 年 10 月 27 日黄河口遥感影像

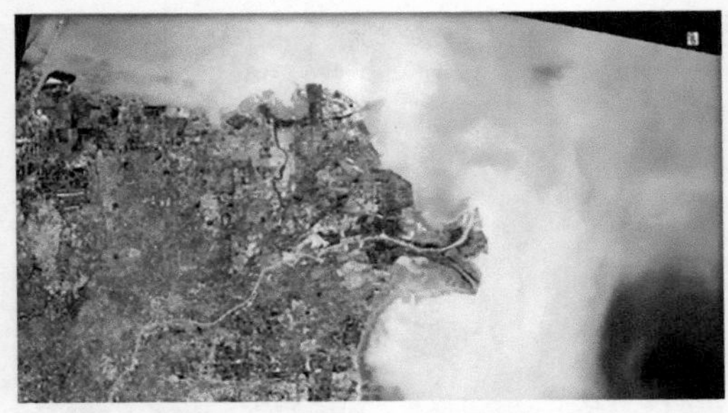

图 3-33　2016 年 3 月 3 日黄河口遥感影像

图 3-34　2017 年 4 月 23 日黄河口遥感影像

对以上图像采用平均高潮线法提取海岸线。提取过程如下：去条带（Landsat 7 off）、大气校正、非监督分类、人工解译后合并分类、水边线特征提取。

去条带采用 Landsat_gapfill 插件，对有条带缺失的图像修补缺失条带，如图 3-35 所示。

a. 修补前

b. 修补后

图 3-35　2011 年 9 月 22 日 Landsat 7 ETM+ 数据修补缺失条带前后

大气校正采用 ENVI 5.1 中的 FLAASH 大气校正模块。FLAASH 基于 MODTRAN4+ 辐射传输模型，由大气校正算法研究的领先者 Spectral Sciences, Inc 和美国空军实验室共同开发。其特点为支持传感器的种类多，工程化应用价值明显；采用了 MODTRAN4+ 辐射传输模型，算法精度高；以图像像素光谱的特征估计大气属性，不依赖于成像时刻的大气参数；可以有效去除水蒸气 / 气溶胶散射效应；可以显示真实的地表反射率，得到整幅图像内的能见度、卷云与薄云的分类图像、水汽含量数据。大气校正所需的数据经纬度与获取时间对应的大气模型如表 3-2 所示。

表 3-2　数据经纬度与获取时间对应的大气模型

纬度	1 月	3 月	5 月	7 月	9 月	11 月
80° ～ 90°S	MLW	MLW	MLW	SAW	MLW	MLW
70° ～ 80°S	MLW	MLW	MLW	MLW	MLW	MLW
60° ～ 70°S	MLW	MLW	MLW	MLW	MLW	MLW
50° ～ 60°S	SAS	SAS	SAS	MLW	MLW	SAS
40° ～ 50°S	SAS	SAS	SAS	SAS	SAS	SAS
30° ～ 40°S	MLS	MLS	MLS	MLS	MLS	MLS
20° ～ 30°S	T	T	T	MLS	MLS	T
10° ～ 20°S	T	T	T	T	T	T
0° ～ 10°S	T	T	T	T	T	T
0° ～ 10°N	T	T	T	T	T	T
10° ～ 20°N	T	T	T	T	T	T
20° ～ 30°N	MLS	MLS	MLS	T	T	MLS
30° ～ 40°N	SAS	SAS	SAS	MLS	MLS	SAS
40° ～ 50°N	MLW	MLW	SAS	SAS	SAS	SAS
50° ～ 60°N	MLW	MLW	MLW	SAS	SAS	MLW
60° ～ 70°N	SAW	SAW	MLW	MLW	MLW	SAW
70° ～ 80°N	SAW	SAW	SAW	MLW	MLW	SAW

进行大气校正时，需要对遥感影像进行辐射定标。辐射定标是将传感器记录的电压或数字量化值（DN）转换成绝对辐射亮度值（辐射率）的处理过程（梁顺林，2009），或者转换成与地表（表观）反射率、表面（表观）温度等物理量有关的相对值的处理过程。按不同的使用要求或应用目的，可将辐射定标分为绝对定标与相对定标。在 ENVI 中的 Toolbox（工具箱）中选择 Radiometric Calibration（辐射定标），为接下来需进行的 FLAASH 分析选择 Apply FLAASH Setting，图 3-36 为辐射定标前后的效果对比。

a. 辐射定标前

b. 辐射定标后

图 3-36　2016 年 3 月 3 日 Landsat 8 辐射定标前后

在进行 FLAASH 大气校正（图 3-37）时，在 Input Radiance Image 中选择辐射定标后的图像，在 Radiance Scale Factors 中选择 Use single scale factor for all bands，输入转换系数 1.0，在 Output Reflectance File 中选择反射率数据输出位置及文件名。

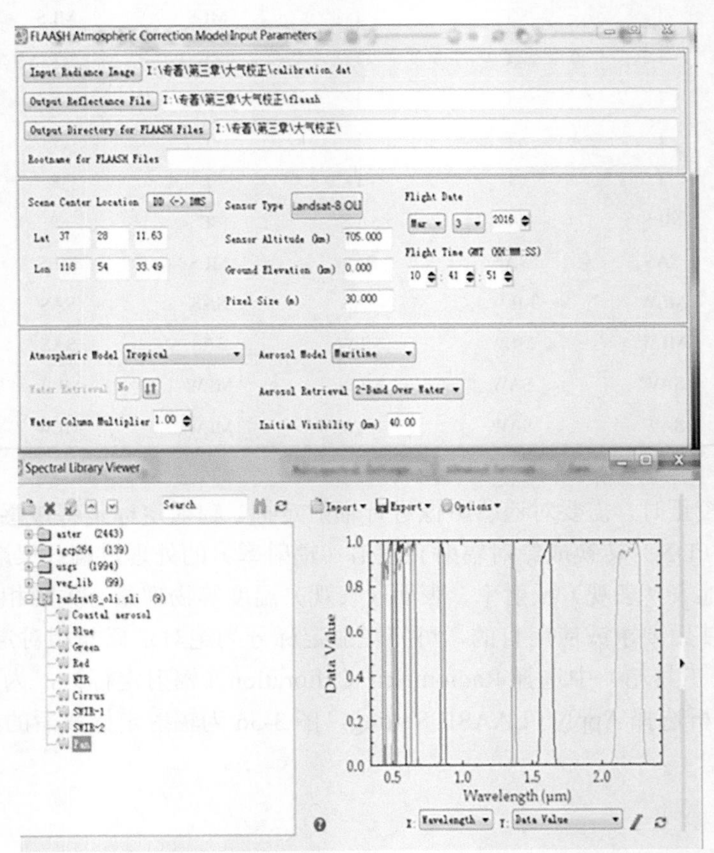

图 3-37　大气校正参数设定及校正后波段反射率

设置传感器与图像目标信息：在传感器类型（Sensor Type）中选择 Landsat 8 OLI，则其图像中心经纬度（Lat/Lon）、传感器高度（Sensor Altitude）、图像区域平均海拔（Ground Elevation）、图像像素大小（Pixel Size）均可自动添加。成像日期（Flight Date）与格林尼治成像时间（Flight Time GMT）以格林尼治时间为准，该信息可以从下载的卫星资料中得到。

大气模型（Atmospheric Model）确定：ENVI 提供 6 种大气模型，分别为亚极地冬季（Sub-Arctic Winter）、中纬度冬季（Mid-Latitude Winter）、美国标准大气模型（U.S. Standard）、亚极地夏季（Sub-Arctic Summer）、中纬度夏季（Mid-Latitude Summer）、热带（Tropical），参考表 3-2，可以根据季节与纬度信息选择相应的大气模型，本例选择亚极地夏季（Sub-Arctic Summer）。

本例不执行水汽反演（Water Retrieval），使用一个固定的水汽含量值，设置为默认值为 1.00 的气溶胶模型（Aerosol Model），ENVI 提供了 5 种模型，分别为无气溶胶（No Aerosol），不考虑气溶胶的影响；乡村（Rural），不受城市与工业影响的地区；城市（Urban），适合高密度城市或者工业地区；海面（Maritime），海平面或者受到海风影响的区域，混合了海雾及小粒乡村气溶胶；对流层（Tropospheric），应用于大气状态平稳、较为均匀的条件下的陆地。本例的主要研究对象为海岸线，选择海面（Maritime）气溶胶模型。

气溶胶反演（Aerosol Retrieval）：FLASH 采用的是黑暗像元反射率比值反演气溶胶及估算能见度。其有三个选择，分别为 None、2-Band、2-Band Over Water，选择 None 时，将初始能见度用于气溶胶反演中，2-Band 及 2-Band Over Water 使用 K-T 气溶胶反演方法。本例选择 2-Band Over Water。

非监督分类（图 3-38）也称为“聚类分析”或者“点群分类”，是指在多光谱图像中搜寻、定义其自然相似光谱集群的过程。其优点在于不必对图像地物获取先验知识，仅依靠图像上不同类地物光谱信息进行信息特征提取，再统计特征的差别来达到分类的目的，再对已经分出的各个类别的实际对应的地物进行匹配。ENVI 包括 ISODATA 及 K-Mean 两种监督分类的方法。ISODATA 是一种重复自组织数据分析的技术，计算数据空间中均匀分布的类均值，然后利用最小距离技术将剩余图像中的像元进行迭代

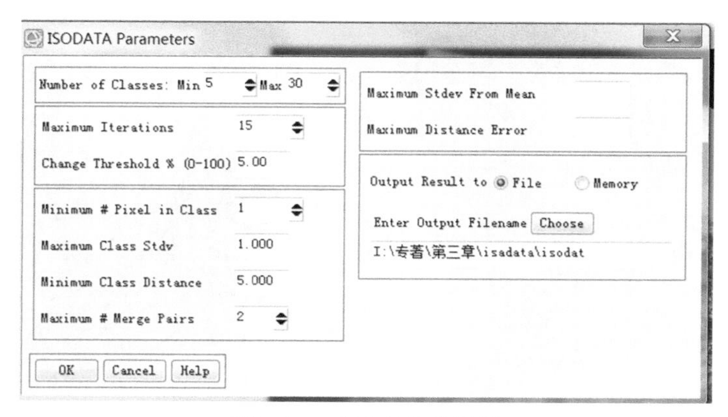

图 3-38　非监督分类设置

聚合，每次迭代都重新计算均值，且根据所得到的新均值再进行分类。K-Mean 使用聚类分析的方法，查找聚类相似度相近的聚类簇，即中心位置，利用各个聚类对象的均值获得一个引力中心进行计算，然后迭代并重新分配，完成分类过程。本研究采用的是 ISODATA 方法进行非监督分类。在 ENVI 中的 Toolbox—Classification—Unsupervised Classification—ISODATA Classification 工具，迭代次数越多其结果越精确，但是其运算时间越长且占用内存越大，综合考虑选择迭代次数为 15 次，同时类别数量上限选择 30 类，其余保持不变。

将非监督分类的结果与原图对比，确认出各个分类是属于海洋还是陆地，进而利用 ENVI 中的 Combine Classes 工具对分类项进行合并（图 3-39，图 3-40），得到海陆两项的分布图（图 3-41）。

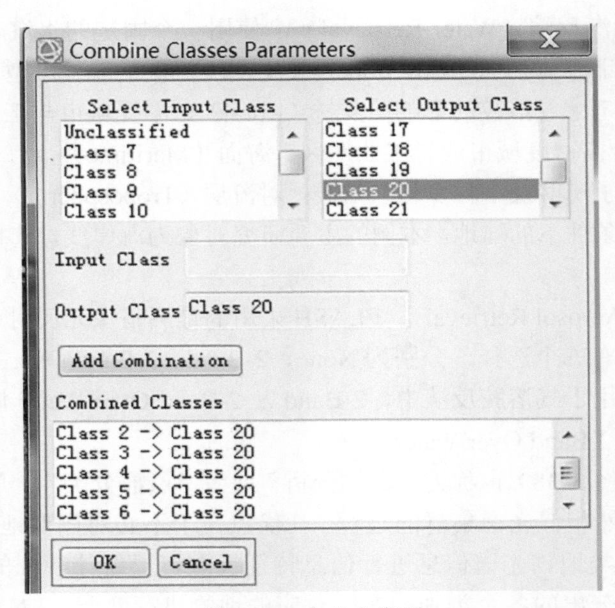

图 3-39　合并分类项

图 3-40　非监督分类结果图（分类：30 项）

图 3-41　海陆分布图（合并分类）

ENVI 中面向对象的特征提取工具（ENVI Feature Extraction）在 5.1 版本中已经集成到 Toolbox 中，由于已经做完图像分类的处理，现在只需要对图像进行分割（图 3-42）。主要过程为选择数据、发现对象（图像分割与合并）及输出结果。因此将得到的海陆分布图用 ENVI 中的 Toolbox—Feature Extraction-Segment Only 功能（图 3-43），提取出特征边线。

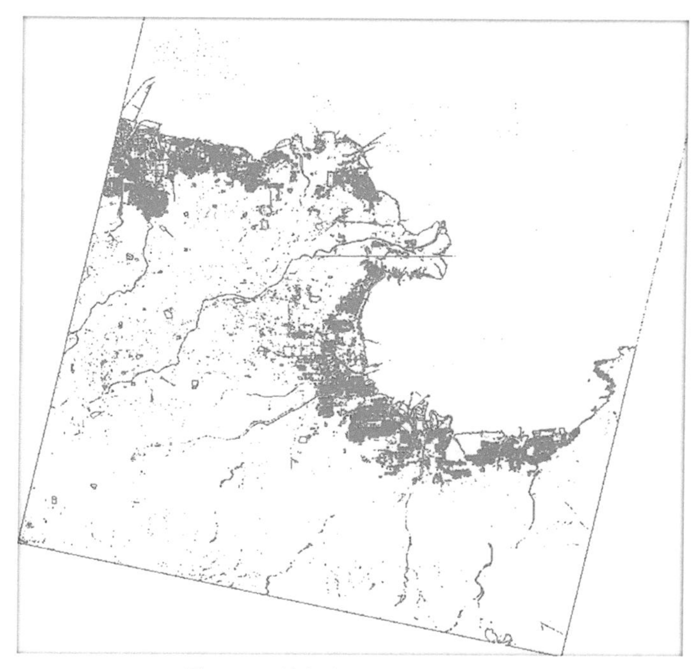

图 3-42　特征提取后的遥感影像

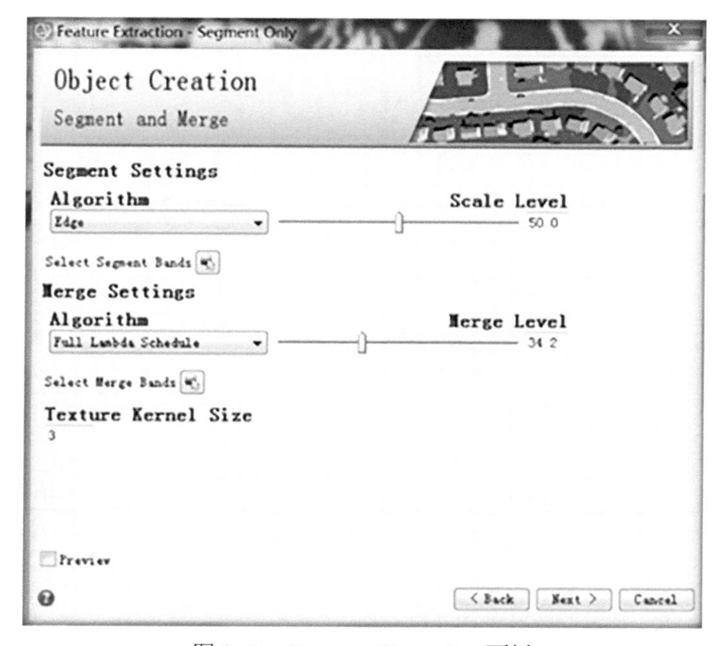

图 3-43　Segment Extraction 面板

将上述结果在 ArcMap 中打开，经过修整可得到黄河口海岸线，如图 3-44 所示。

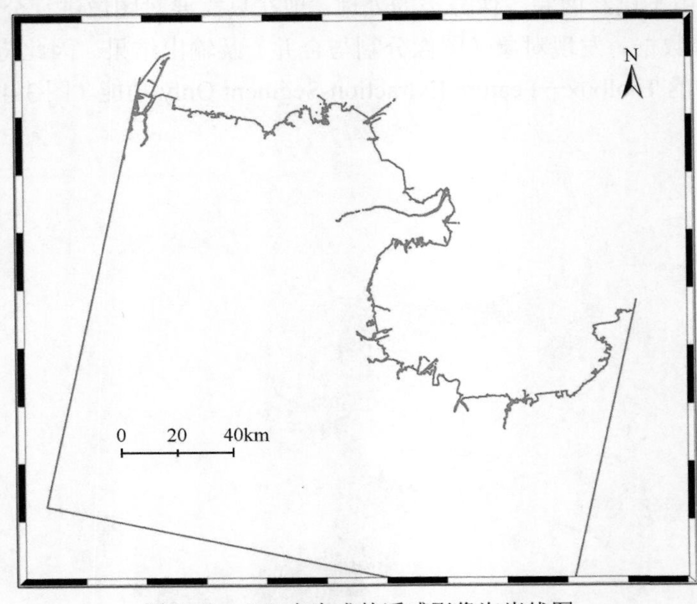

图 3-44 GIS 中生成的遥感影像海岸线图

本章主要研究三个区域，分别为刁口河段（Ⅰ）、黄河海港段（Ⅱ）、河口段（Ⅲ）。在 GIS 的支持下，对黄河三角洲海岸线进行区分，按照时间序列计算各个区段的海岸线变化并进行冲淤分析。图 3-45 为研究区域划分。

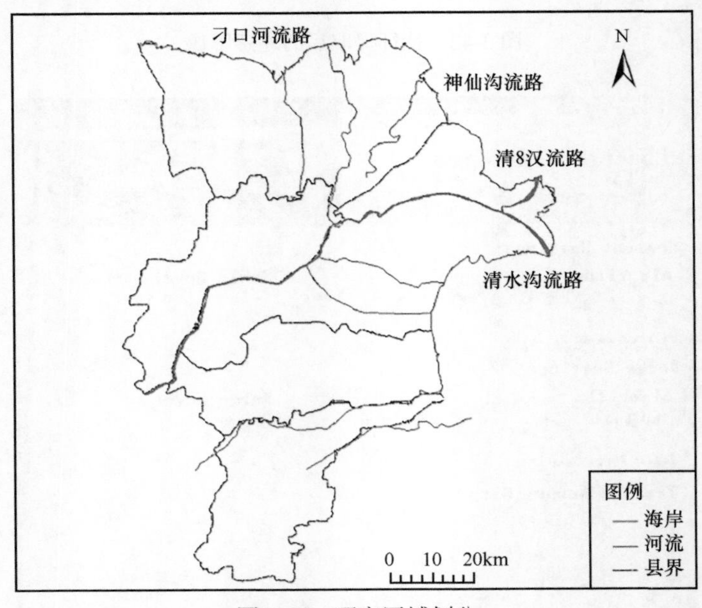

图 3-45 研究区域划分

3.2　刁口河段海岸线变化

1976 年 5 月 25 日，黄河在西河口被人工破堤，改道清水沟流路，由此刁口河流路的主要沉积动力由河流、海洋的双重水动力变为海洋动力。刁口河行水为 1964 ～ 1976 年，遥感资料为 1976 ～ 2017 年，为分析 1976 ～ 2017 年的刁口河段海岸线变化，取 13 个剖面分析其海岸线变化量及变化速度，剖面选取如图 3-46 所示，各个剖面所在的经度见表 3-3，1976 ～ 1983 年刁口河段海岸变迁情况如图 3-47 所示。

图 3-46　刁口河段海岸线地形剖面位置图（2013 年遥感图像及海岸线）

表 3-3　刁口河段剖面线

编号	A01	A02	A03	A04	A05
经度	118°22.0′E	118°24.0′E	118°26.0′E	118°28.0′E	118°30.0′E
编号	A06	A07	A08	A09	A10
经度	118°32.0′E	118°34.0′E	118°36.0′E	118°38.0′E	118°40.0′E
编号	A11	A12	A13		
经度	118°42.0′E	118°46.0′E	118°48.0′E		

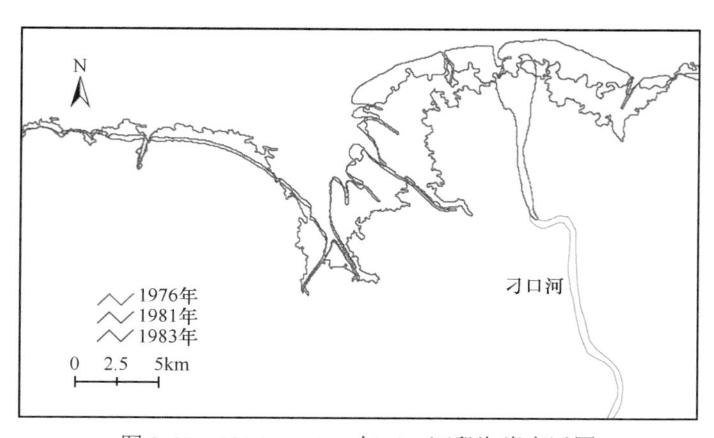

图 3-47　1976 ～ 1983 年刁口河段海岸变迁图

自 1976 年改道至 1981 年，河口海岸向海凸进，同时海岸线变得平滑，图 3-48 为该区域河段剖面冲淤变化图，结合 1976 ～ 1981 年的海岸线变化，河口海岸线向海延伸得益于水下三角洲受到海洋动力的冲刷，冲刷物质在海岸堆积，并在沿岸流作用下向东西两侧搬运，导致东侧最大淤进距离达到 3.7km，西侧最大淤进距离为 7.1km，并填充西侧的岬湾，使得岬湾淤进 0.6km。剖面 A01 至 A06 淤进距离较小，平均淤进距离为 0.7km。

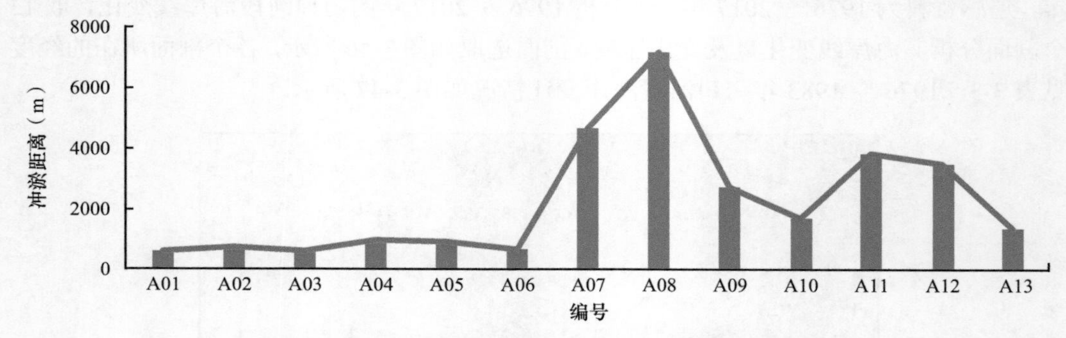

图 3-48　1976 ～ 1981 年刁口河段剖面冲淤变化图

1981 ～ 1983 年的海岸线变化特征表现为 A07 至 A13 剖面均为冲刷，最大蚀退距离为 1.5km，平均蚀退 1.1km；A01 至 A06 剖面表现为淤进，平均淤进距离为 0.3km（图 3-49）。如图 3-50 与图 3-51 所示，刁口河外水下三角洲不断遭到侵蚀，水下三角洲前缘冲刷加剧。

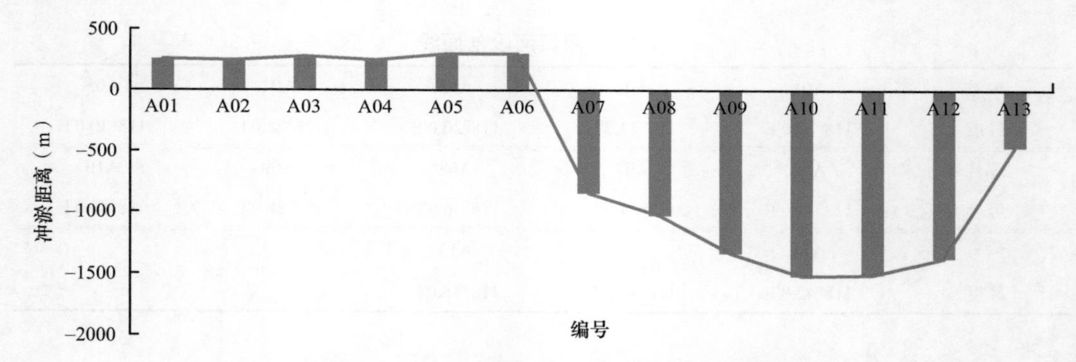

图 3-49　1981 ～ 1983 年刁口河段剖面冲淤变化图

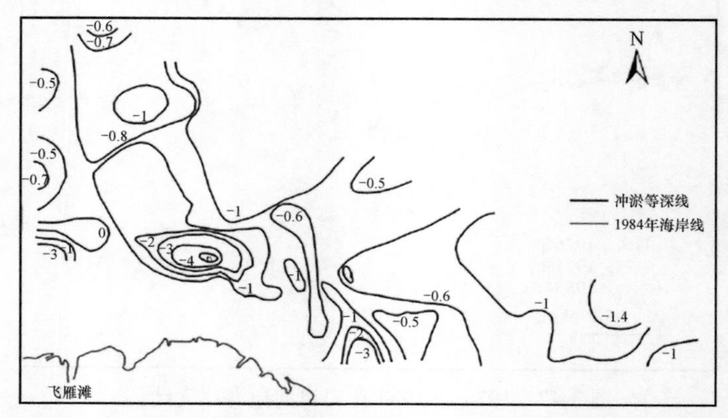

图 3-50　1976 ～ 1980 年黄河三角洲北部海域海底冲刷图（单位：m）（罗小桥，2013）

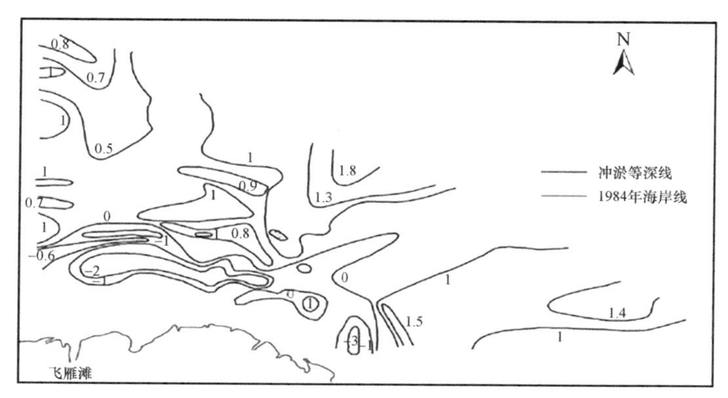

图 3-51　1980 ～ 1985 年黄河三角洲北部海域海底冲刷图（单位：m）（罗小桥，2013）

究其原因，其一为在 1982 年 11 月 9 日至 10 日，刁口河海域遭受风暴潮影响，持续 21h（张晓龙等，2006），沿岸水位增高，在波浪与潮流的作用下，刁口河段蚀退型海岸线遭到侵蚀，使得高潮线处的陡坎后退，滩面受到冲刷，滩面形态呈现破碎化，潮沟扩宽，见图 3-5（1983 年 7 月 7 日黄河口遥感影像）；其二为在 1954 ～ 1984 年，虽曾在黄河三角洲区域修筑百余千米防潮坝（刘凤岳，1987），但在 1964 年与 1969 年的两次特大风暴潮中其被冲垮，不能起到防潮作用，造成刁口河段的海岸冲刷过程处于自然地质过程，受到波浪与沿岸流的影响，冲刷的泥沙向西移动，河口西侧的岬湾进一步得到填充。

1981 ～ 1984 年刁口河段海岸变迁情况见图 3-52，1983 ～ 1985 年刁口河段海岸变迁情况见图 3-53。在 1984 年之前，刁口河段潮滩上还未建设护岸海堤，刁口河段海岸线处于自然冲刷过程，从 1983 ～ 1984 年的剖面冲淤变化图（图 3-54）可看出，岬湾处的冲刷最为严重，达到 2.66km（剖面 A06、A07），岬湾的两侧冲刷量较小，平均为 0.8km。图 3-53 中 1985 年的海岸线为低潮时的海岸线，露出的潮滩较多，因此在 1984 ～ 1985 年的刁口河段海岸线变化（图 3-55）中，各个剖面均表现为向海凸进，最大凸进 4.15km，最小凸进 1.09km，平均凸进 2.11km。

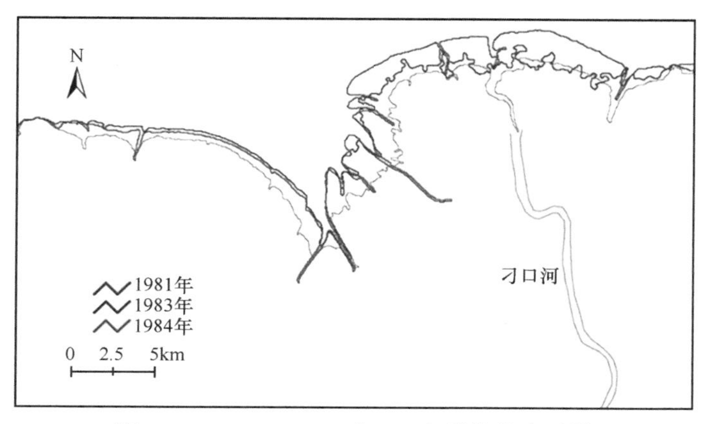

图 3-52　1981 ～ 1984 年刁口河段海岸变迁图

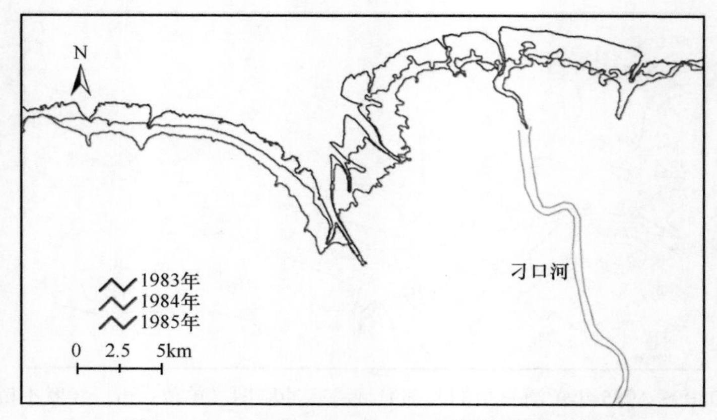

图 3-53 1983 ～ 1985 年刁口河段海岸变迁图

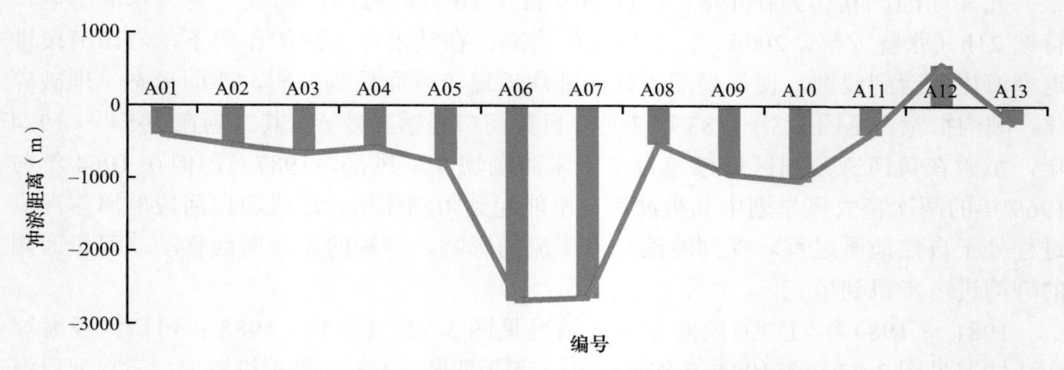

图 3-54 1983 ～ 1984 年刁口河段剖面冲淤变化图

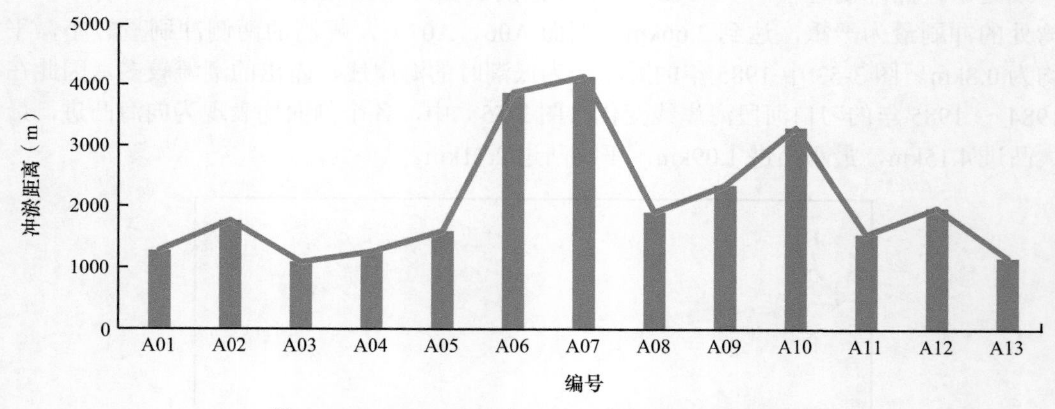

图 3-55 1984 ～ 1985 年刁口河段剖面冲淤变化图

1984 ～ 1988 年，为保护海岸的稳定，同时考虑到石油的开采，在刁口河段海岸线上修建护岸海堤，同时在 1985 年修建黄河海港（图 3-7），1986 年黄河海港西侧开始修建护岸大坝，并于 1988 年完成。1984 ～ 1989 年刁口河段海岸变迁见图 3-56，1984 ～ 1989 年刁口河段剖面冲淤变化见图 3-57，1985 ～ 1990 年刁口河段海岸变迁见图 3-58，1985 ～ 1989 年刁口河段剖面冲淤变化见图 3-59。在图 3-57 中，1984 ～ 1989

年海岸线平均后退 0.7km，后退速度为 0.14km/a，最大冲刷距离为 1.45km，刁口河两侧的冲刷距离大于岬湾以西。

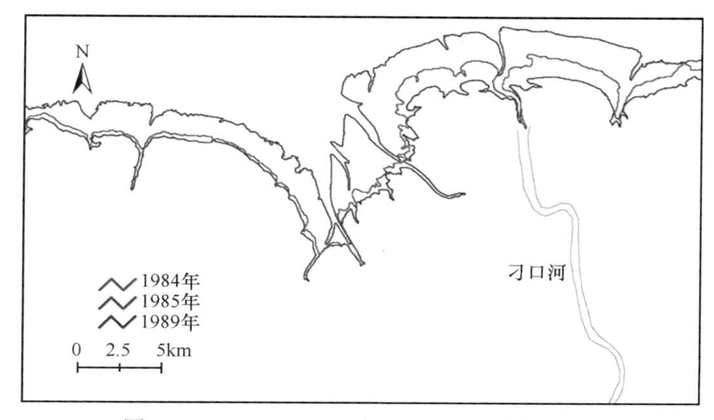

图 3-56　1984 ～ 1989 年刁口河段海岸变迁图

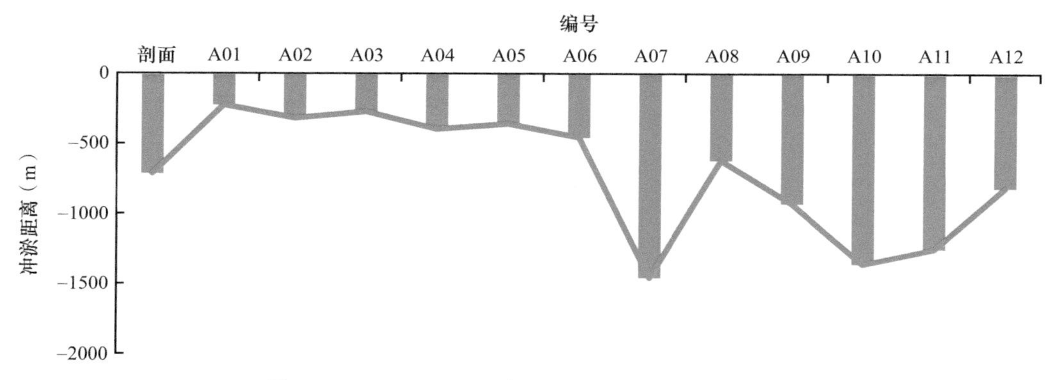

图 3-57　1984 ～ 1989 年刁口河段剖面冲淤变化图

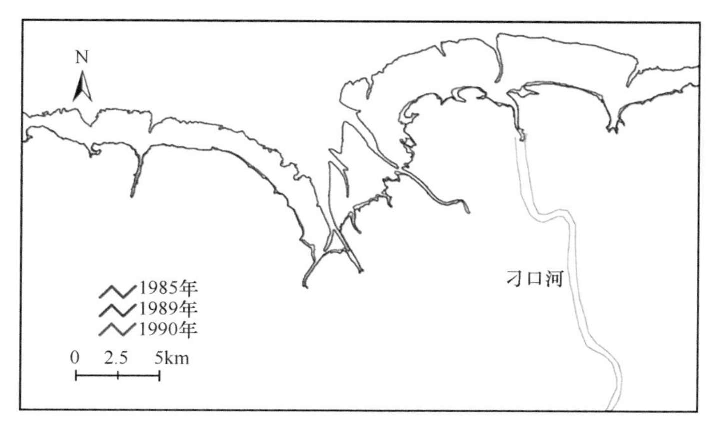

图 3-58　1985 ～ 1990 年刁口河段海岸变迁图

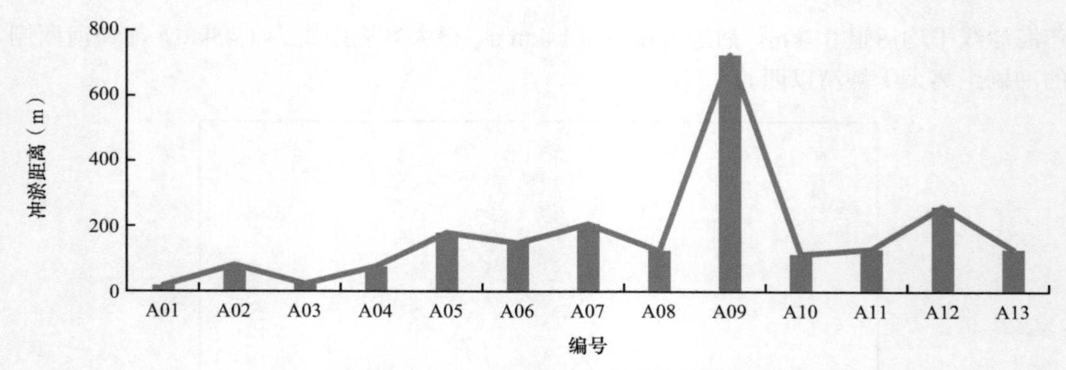

图 3-59　1985 ～ 1989 年刁口河段剖面冲淤变化图

1989 ～ 2001 年刁口河段海岸变迁见图 3-60 与图 3-61，其中 1989 ～ 1995 年在岬湾以西主要呈现淤进状态，平均淤进 500m，岬湾以东主要为侵蚀，其中 A08 剖面侵蚀距离最大，为 1.29km，1995 ～ 2001 年刁口河段海岸整体呈现侵蚀状态，最大侵蚀 3.8km，平均侵蚀 1.64km。

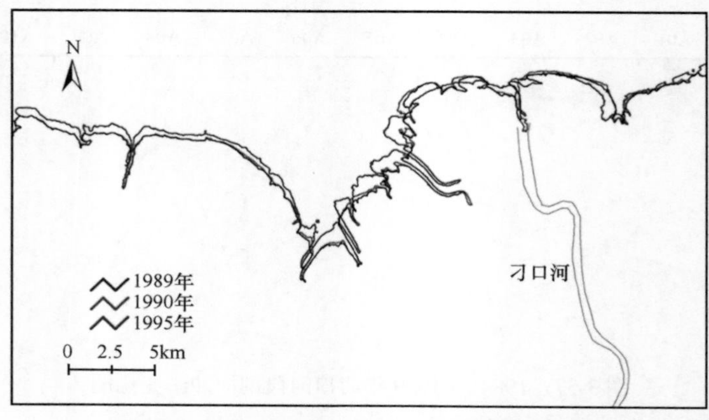

图 3-60　1989 ～ 1995 年刁口河段海岸变迁图

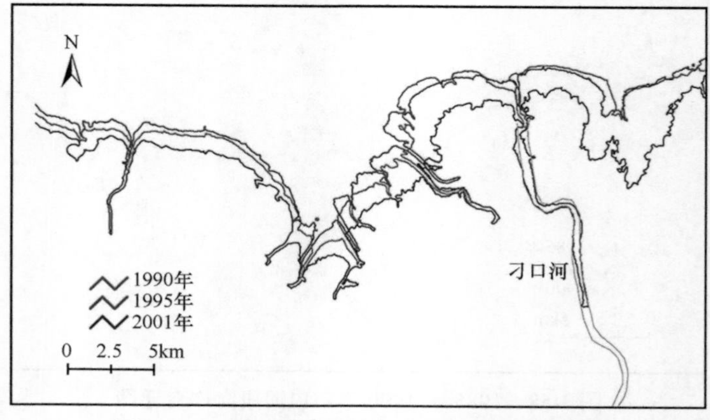

图 3-61　1990 ～ 2001 年刁口河段海岸变迁图

1992年8月31日至9月1日，黄河三角洲遭受了50年一遇的风暴潮，这次风暴潮为自1938年以来最大的风暴潮，海堤严重受损，最高潮位达3.5m，海水入侵内陆10～20km，淹没面积可达960km²，经济损失巨大。同时1997年8月19日，9711号台风风暴潮袭击山东省东营市，冲坏防潮堤60km，沿海被淹面积达到1417km²。因此，风暴潮对刁口河段海岸线的影响较为显著，改变了刁口河段海岸线的演化形态，使得刁口河段冲刷加重。

1990～1995年刁口河段剖面冲淤变化如图3-62所示，1995～2001年刁口河段剖面冲淤变化如图3-63所示，1995～2002年刁口河段海岸变迁如图3-64所示。

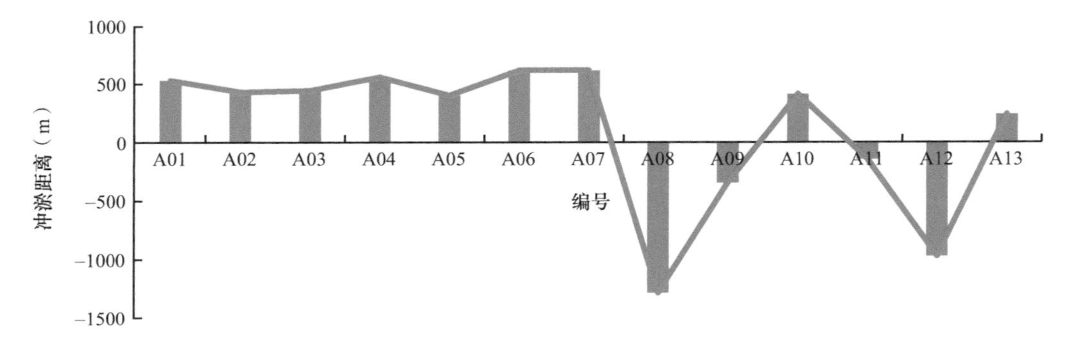

图3-62　1990～1995年刁口河段剖面冲淤变化图

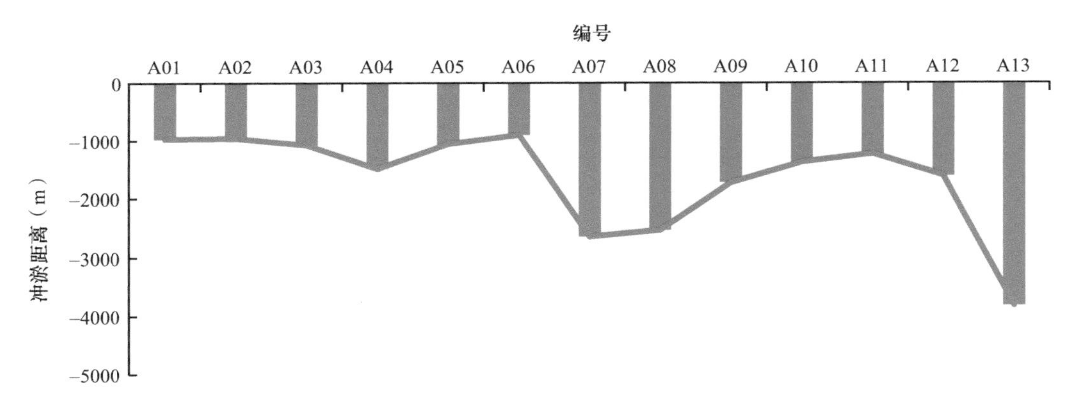

图3-63　1995～2001年刁口河段剖面冲淤变化图

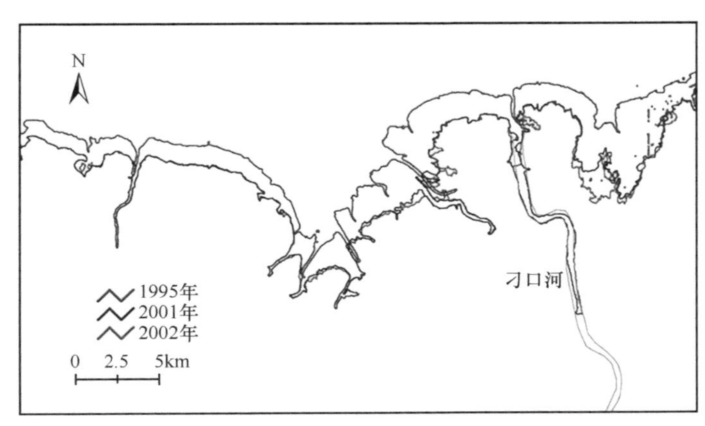

图3-64　1995～2002年刁口河段海岸变迁图

2001～2007年，黄河三角洲遭受3次规模较大的风暴潮，2003年10月11日至12日，渤海湾与莱州湾沿岸发生了近十年来最强的一次温带风暴潮，山东省羊角沟潮位站最大增水300cm，最高潮位624cm，冲毁海堤40km；2005年10月20日至21日，风暴潮造成的直接经济损失达1.3亿元，损毁海堤8km；2007年3月3日发生了特大温带风暴潮，莱州湾羊角沟潮位站最大增水202cm，防浪堤坍塌10km，损坏船只1900艘，海洋灾害造成的直接经济损失达21亿元。

2001～2004年、2002～2005年和2004～2006年刁口河段海岸变迁分别见图3-65、图3-66和图3-67。2001～2002年、2002～2004年、2004～2005年和2005～2006年刁口河段剖面冲淤变化分别见图3-68、图3-69、图3-70和图3-71。

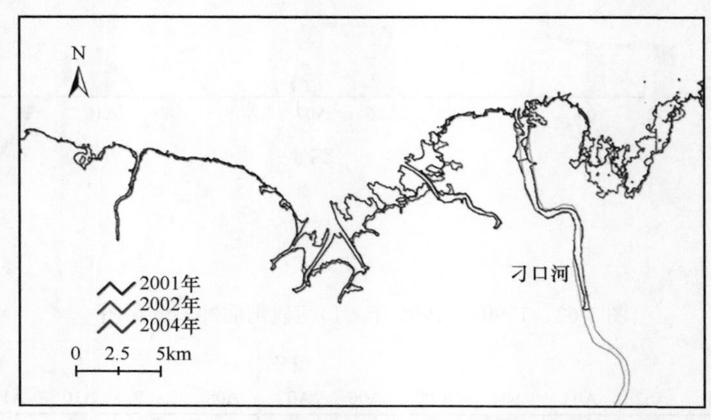

图3-65 2001～2004年刁口河段海岸变迁图

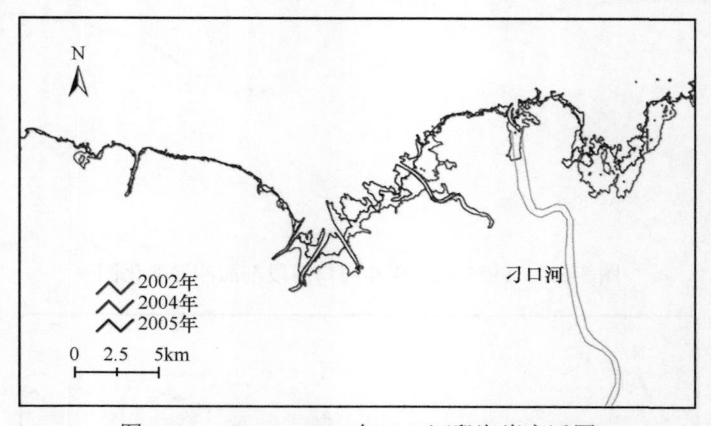

图3-66 2002～2005年刁口河段海岸变迁图

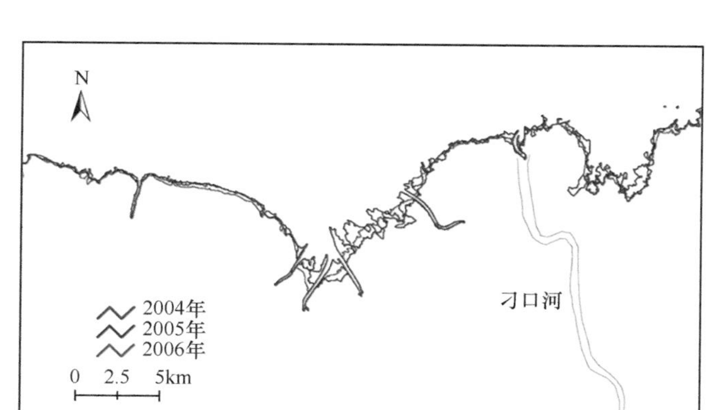

图 3-67　2004～2006 年刁口河段海岸变迁图

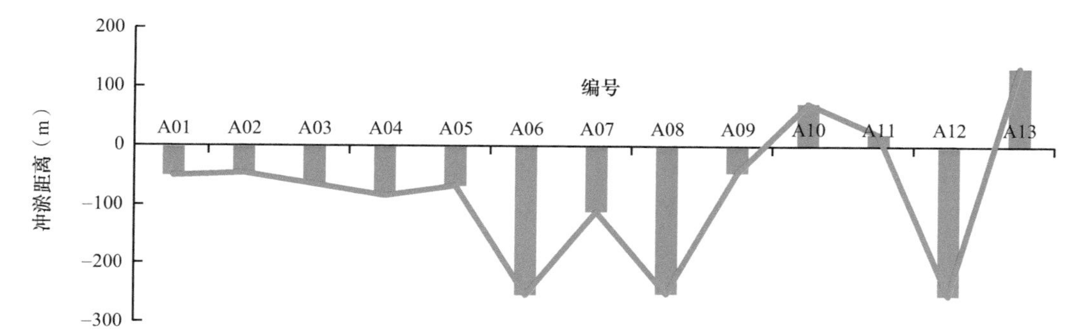

图 3-68　2001～2002 年刁口河段剖面冲淤变化图

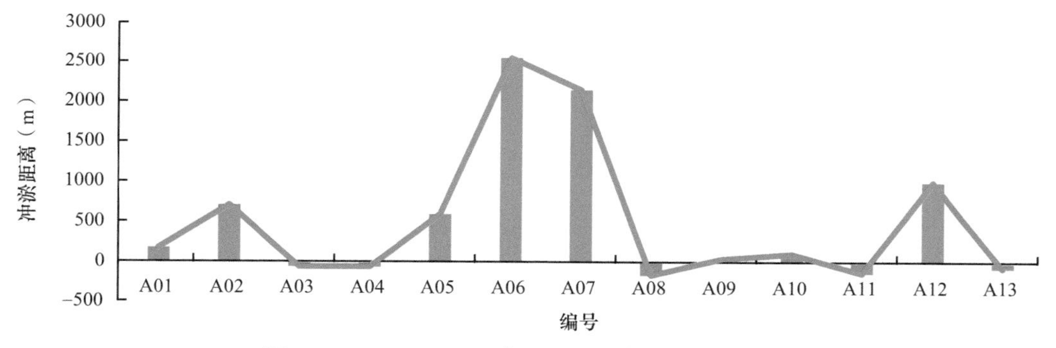

图 3-69　2002～2004 年刁口河段剖面冲淤变化图

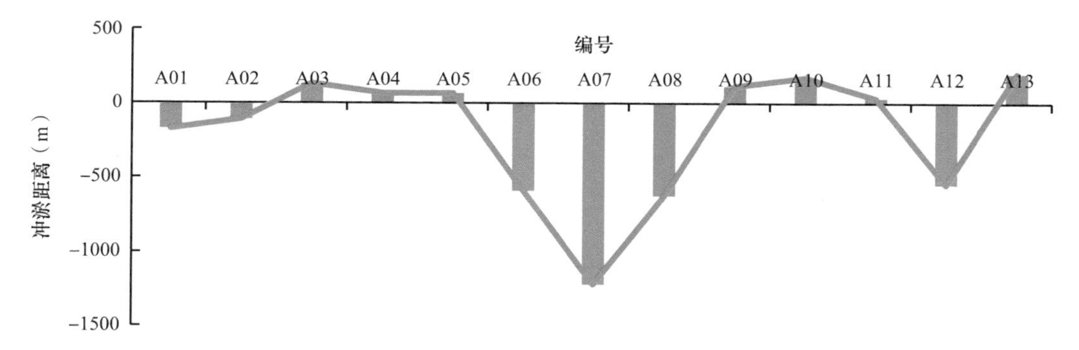

图 3-70　2004～2005 年刁口河段剖面冲淤变化图

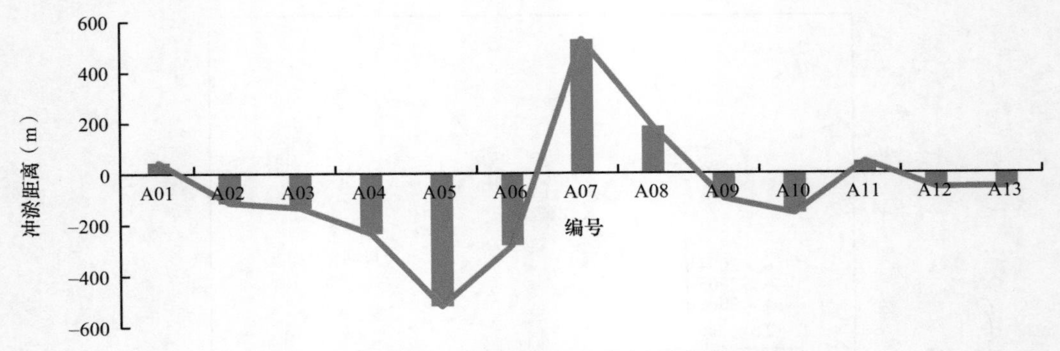

图 3-71　2005 ～ 2006 年刁口河段剖面冲淤变化图

从海岸线变化上看，每一次风暴潮都会较大程度地影响黄河三角洲海岸线的变化，2006 ～ 2007 年海岸线（2007 年 4 月成像）整体呈现淤进状态，最大淤进距离为 2.76km，平均淤进 1.05km。2001 ～ 2006 年，海岸线变化较为明显的为狭沟地带，其两侧变化较小，并且可以看出 2001 ～ 2006 年海岸线变化较为缓慢，体现出修建的防潮堤等海堤对海岸线的保护作用。

2006 ～ 2008 年刁口河段海岸变迁见图 3-72，2006 ～ 2007 年刁口河段剖面冲淤变化见图 3-73。

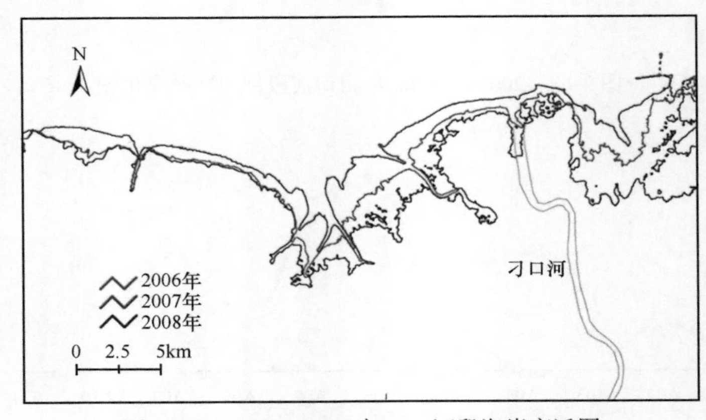

图 3-72　2006 ～ 2008 年刁口河段海岸变迁图

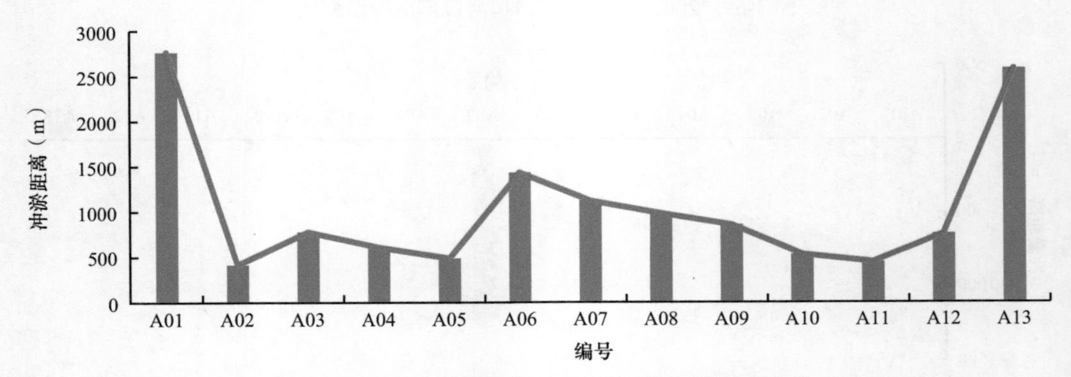

图 3-73　2006 ～ 2007 年刁口河段剖面冲淤变化图

2007 ～ 2008 年海岸迅速回退，2008 ～ 2011 年海岸线变化较小，其水下三角洲冲刷演化进入动态平衡状态中，水下三角洲的构成物抗冲刷能力增强。2009 年、2010 年与 2011 年黄河三角洲受到风暴潮影响，其中 2009 年 4 月 15 日的温带风暴潮造成防波堤毁坏 5.4km，水产养殖受损 2270hm^2，护岸毁坏 2 处，经济损失 3.01 亿元；2010 年 4 月 12 日的风暴潮造成海岸工程毁坏 2.03km，海水养殖受损 3400hm^2，直接经济损失为 0.53 亿元；2011 年的风暴潮造成海岸工程 2.53km 受损，直接经济损失达 5.44 亿元。同时 2007 年在 A13 剖面位置的海堤上修建丁坝，至 2010 年达到 6.5km，造成丁坝附近的海岸线迅速后退且呈现破碎状态；2007 ～ 2008 年，A12 与 A13 剖面分别后退 4.37km 与 3.28km，而 A11 剖面后退 0.45km，在 2008 ～ 2011 年保持稳定。

2007 ～ 2013 年刁口河段海岸变迁见图 3-74 ～图 3-76，2007 ～ 2011 年刁口河段剖面冲淤变化见图 3-77 ～图 3-79。

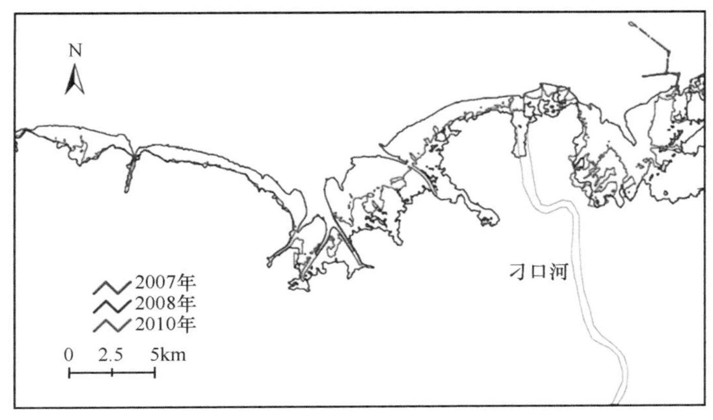

图 3-74　2007 ～ 2010 年刁口河段海岸变迁图

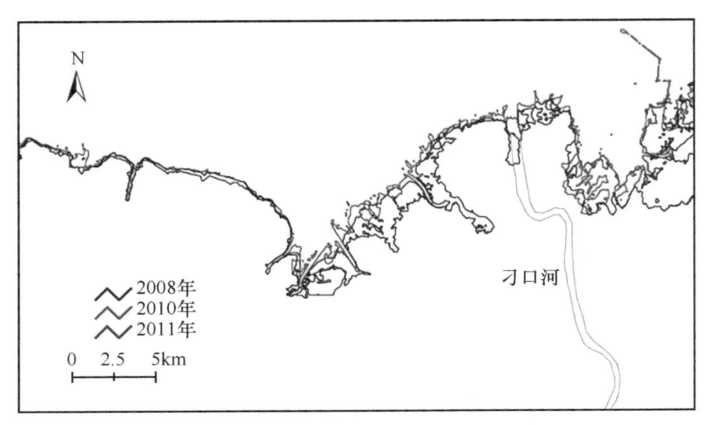

图 3-75　2008 ～ 2011 年刁口河段海岸变迁图

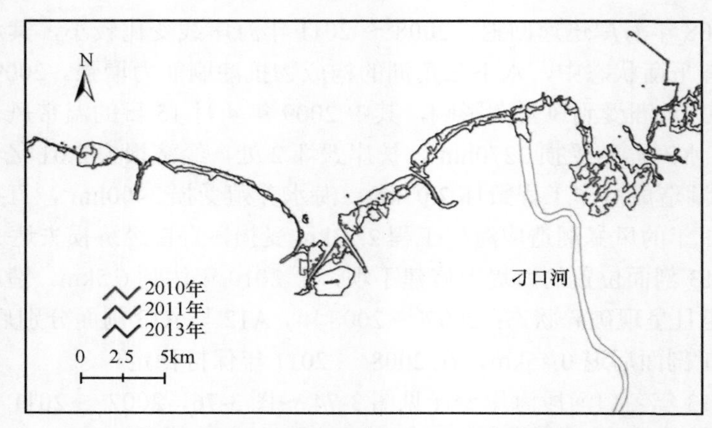

图 3-76　2010 ～ 2013 年刁口河段海岸变迁图

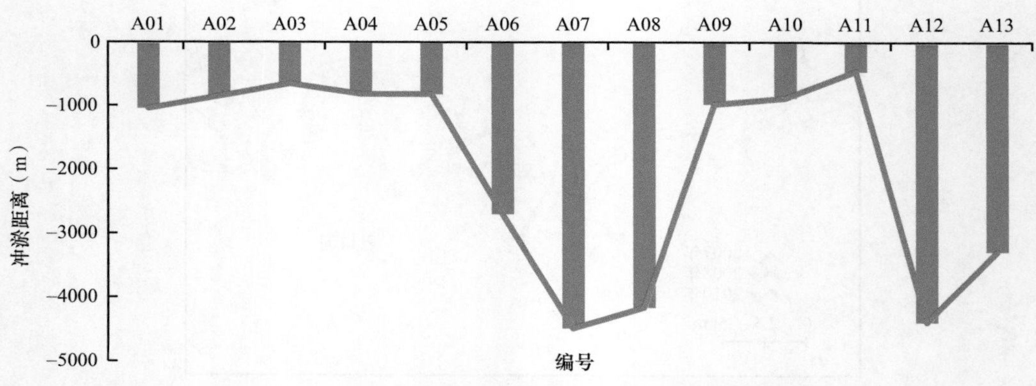

图 3-77　2007 ～ 2008 年刁口河段剖面冲淤变化图

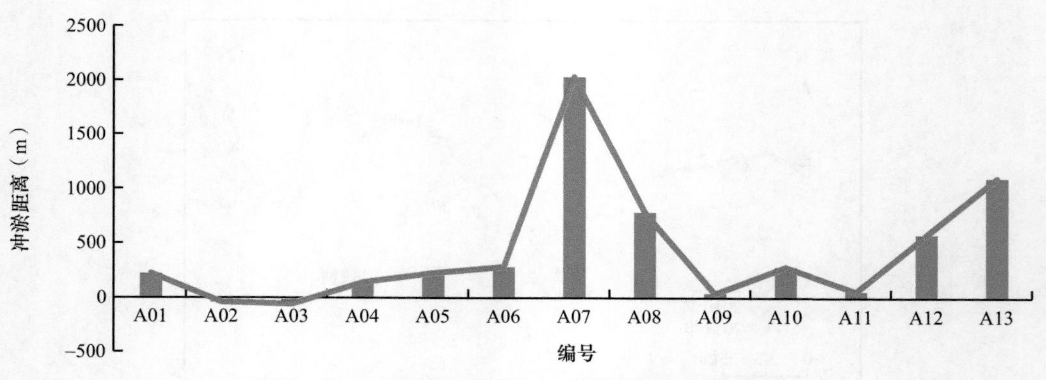

图 3-78　2008 ～ 2010 年刁口河段剖面冲淤变化图

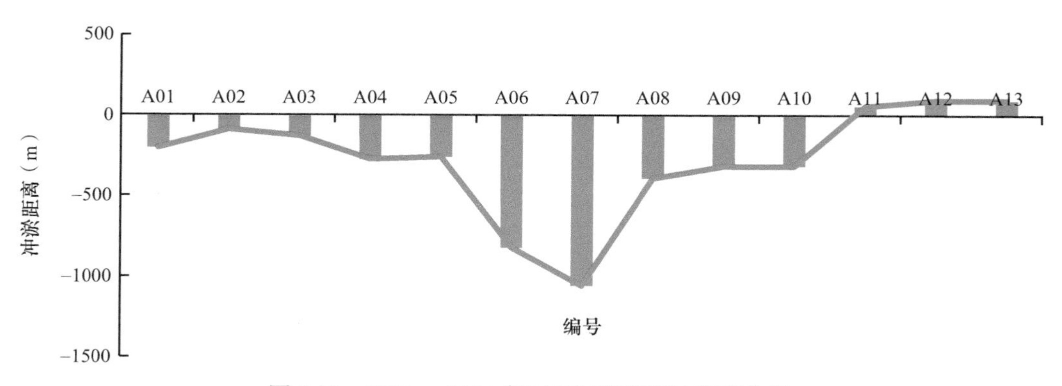

图 3-79　2010 ～ 2011 年刁口河段剖面冲淤变化图

2012 ～ 2016 年山东省均受到风暴潮影响。2012 年 12 月 9 日台风风暴潮造成山东省防波堤受损 34.95km，直接经济损失达 16 亿元；2013 年风暴潮造成海岸工程受损 15.11km；2014 年风暴潮造成海岸工程受损 11km；2015 年风暴潮造成海岸工程受损 14km；2016 年风暴潮造成海岸工程受损 126.32km。2011 ～ 2017 年，海岸线变化逐渐趋于稳定，变化较为明显的两处为 A06 剖面与 A12 剖面，分别为岬湾与丁坝。1976 ～ 2017 年刁口河段海岸总的变化可以总结为：前期迅速侵蚀，中期进入过渡状态，后期进入周期性稳定状态。40 年里最大侵蚀距离为 6.09km（A12 剖面），最小为 1.01km（A01 剖面），平均后退 3.61km。

2011 ～ 2015 年、2015 ～ 2017 年刁口河段海岸变迁分别见图 3-80、图 3-81。2011 ～ 2013 年、2013 ～ 2015 年、2015 ～ 2016 年和 2016 ～ 2017 年刁口河段剖面冲淤变化分别见图 3-82 ～图 3-85。

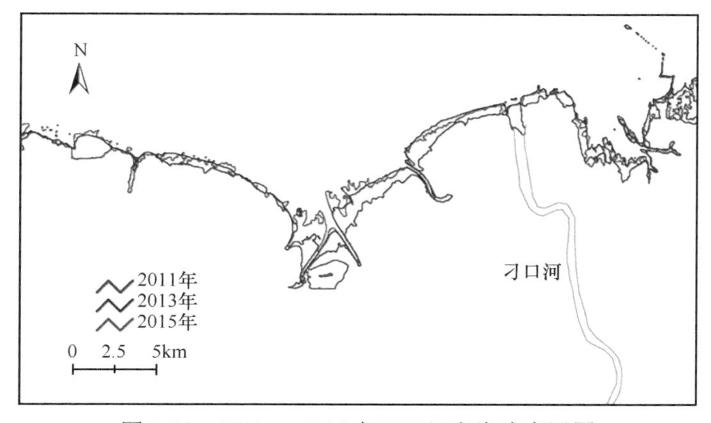

图 3-80　2011 ～ 2015 年刁口河段海岸变迁图

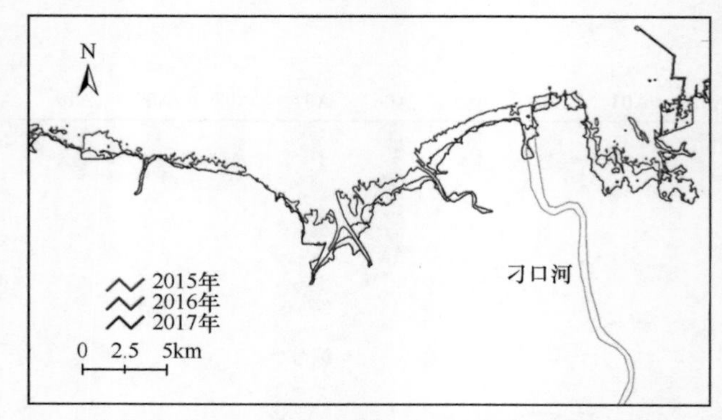

图 3-81 2015～2017 年刁口河段海岸变迁图

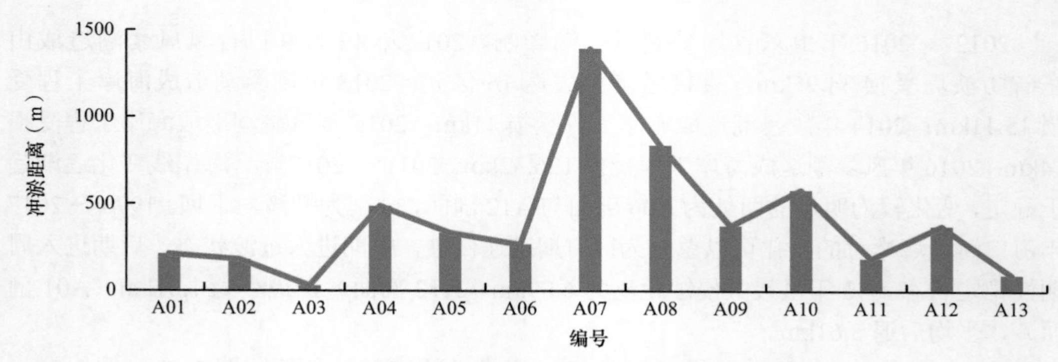

图 3-82 2011～2013 年刁口河段剖面冲淤变化图

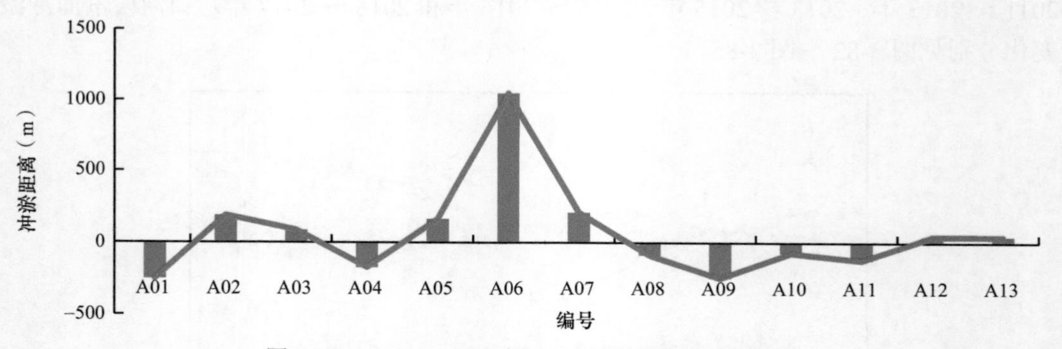

图 3-83 2013～2015 年刁口河段剖面冲淤变化图

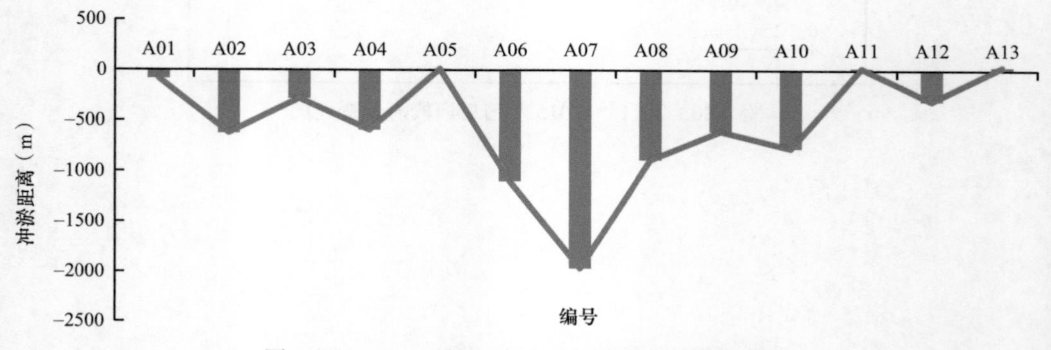

图 3-84 2015～2016 年刁口河段剖面冲淤变化图

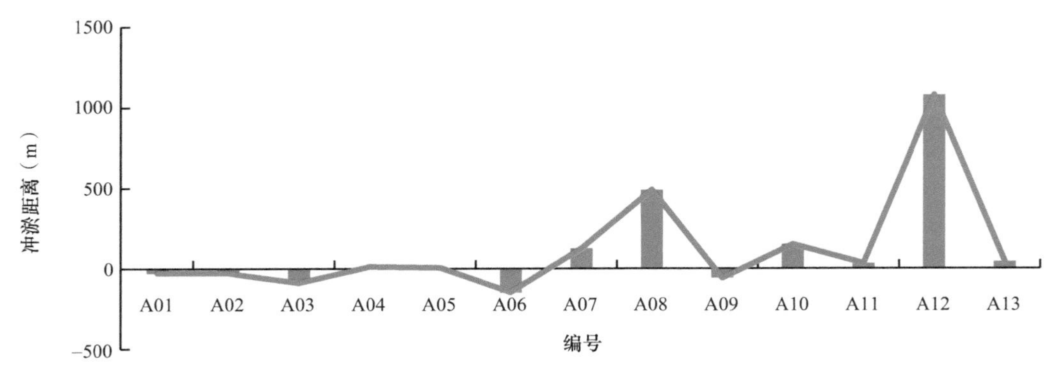

图 3-85　2016 ~ 2017 年刁口河段剖面冲淤变化图

综合多年数据，绘制 1976 ~ 2017 年刁口河段海岸变迁图（图 3-86）、1976 ~ 2017 年刁口河段剖面冲淤变化图（图 3-87）、1976 ~ 2017 年刁口河段各剖面冲淤变化图（图 3-88），并统计 1976 ~ 2017 年刁口河段各剖面的冲淤变化（表 3-4）。从图 3-88 可以看出，1976 ~ 2017 年各个剖面的冲淤情况呈现出波动状态，其中 1984 年、2002 年、2006 年、2008 年与 2011 年均呈现出波峰。

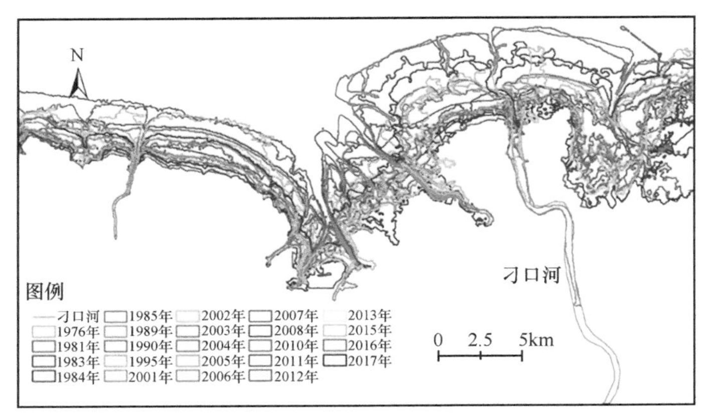

图 3-86　1976 ~ 2017 年刁口河段海岸变迁图

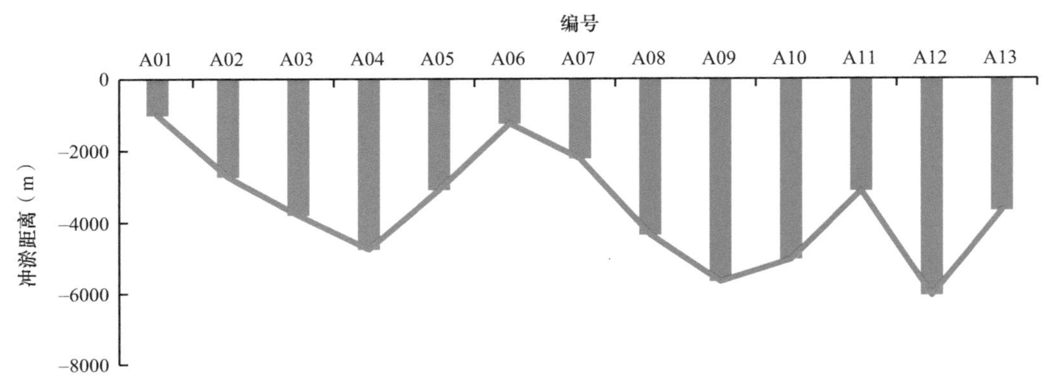

图 3-87　1976 ~ 2017 年刁口河段剖面冲淤变化图

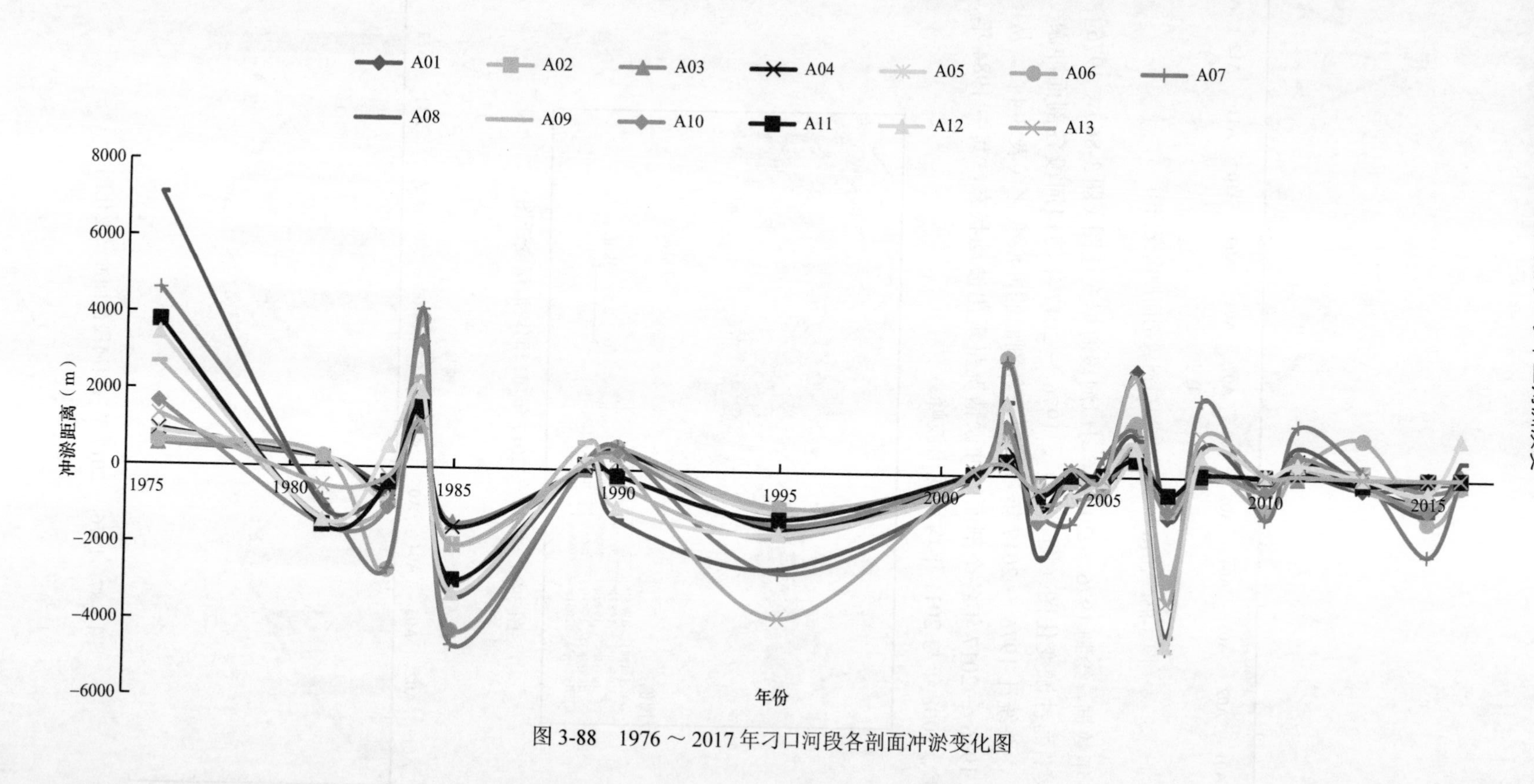

图 3-88　1976～2017 年刁口河段各剖面冲淤变化图

表 3-4　1976 ~ 2017 年刁口河段各剖面的冲淤变化

（单位：m）

年份	A01	A02	A03	A04	A05	A06	A07	A08	A09	A10	A11	A12	A13
1976	568.5	709.9	575.2	940.2	885.6	636.7	4626.4	7126.5	2698.8	1672.8	3798.8	3463.8	1338.4
1981	255.8	245.8	276.5	246.5	296.9	296.9	−849.9	−1033.6	−1340.9	−1523.4	−1514.7	−1381.6	−470.7
1983	−402.4	−542.9	−662.4	−575.5	−803.6	−2667.1	−2632.2	−525.6	−942.0	−1029.8	−385.1	575.5	−229.3
1984	1286.4	1772.5	1096.8	1265.5	1602.8	3882.2	4156.2	1920.9	2365.2	3310.9	1560.5	2003.5	1181.1
1985	−1995.5	−1995.5	−1412.9	−1535.5	−1995.5	−4237.5	−4606.6	−3375.6	−2979.1	−4234.8	−2916.6	−3252.9	−1994.8
1989	17.5	80.6	22.4	76.4	179.7	147.9	206.9	125.2	724.5	114.3	130.7	261.4	130.7
1990	530.8	430.4	444.5	560.0	401.5	616.8	616.8	−1290.9	−344.5	415.9	−144.1	−975.5	244.2
1995	−975.1	−961.2	−1077.0	−1492.3	−1061.1	−903.1	−2639.1	−2525.7	−1722.4	−1376.5	−1232.9	−1606.6	−3815.9
2001	−50.0	−45.7	−64.3	−83.9	−67.1	−254.0	−111.5	−251.7	−44.8	73.0	20.9	−254.9	134.3
2002	932.5	932.5	413.0	841.2	841.0	3087.1	2980.1	1935.3	1207.0	1293.4	374.0	1907.3	296.9
2003	−754.3	−221.2	−474.2	−905.1	−241.3	−533.2	−825.4	−2101.2	−1166.2	−1186.5	−512.7	−904.8	−372.0
2004	−171.4	−106.9	133.2	68.6	68.6	−587.4	−1218.3	−621.6	115.8	175.8	34.3	−545.1	201.5
2005	43.9	−115.7	−135.7	−236.0	−518.8	−282.3	526.3	182.9	−101.0	−157.9	44.8	−56.5	−56.0
2006	2765.4	412.4	776.2	606.9	485.7	1431.1	1116.9	976.7	852.8	526.1	444.6	758.2	2580.9
2007	−1038.4	−843.9	−648.7	−811.5	−811.5	−2693.7	−4476.8	−4151.9	−973.5	−876.3	−454.1	−4378.6	−3277.2
2008	228.5	−36.2	−53.7	145.2	230.8	285.7	2028.7	783.6	42.5	285.5	61.0	579.6	1096.7
2010	−202.7	−88.0	−129.0	−273.2	−258.6	−819.4	−1055.3	−390.8	−315.0	−316.3	59.2	94.7	94.7
2011	208.1	177.2	27.1	487.1	333.7	266.7	1389.8	835.2	374.6	579.0	187.3	374.6	94.0
2013	−254.8	188.8	86.3	−175.1	162.6	1046.2	207.6	−88.9	−249.0	−73.5	−124.2	41.4	41.3
2015	−82.7	−624.2	−280.1	−591.9	12.5	−1101.4	−1963.4	−887.2	−604.0	−773.9	18.9	−304.9	33.8
2016	−30.0	−30.0	−90.1	11.2	3.9	−150.1	123.7	489.8	−60.0	150.0	30.0	1080.0	42.4

3.3 黄河海港段海岸线变化

黄河海港位于黄河入海口北侧（图 3-89），山东省东营市河口区，在渤海西南岸莱州湾与渤海湾分界处，南距胜利石油管理局驻地 110km，1985 年初由北海舰队建港指挥部承建，1988 年建成一期工程，后又在 1992 年落成了两座码头，分别是客运混装码头与原油码头。黄河海港附近水下岸坡较陡，等深线密布，5m 等深线离岸约 1.8km，10m 等深线离岸约 5.5km，外航道较短。现对该区域进行剖面分析，剖面线划分如图 3-89 和表 3-5 所示。1976 ～ 1984 年黄河海港段海岸变迁和剖面冲淤变化见图 3-90 ～图 3-95。

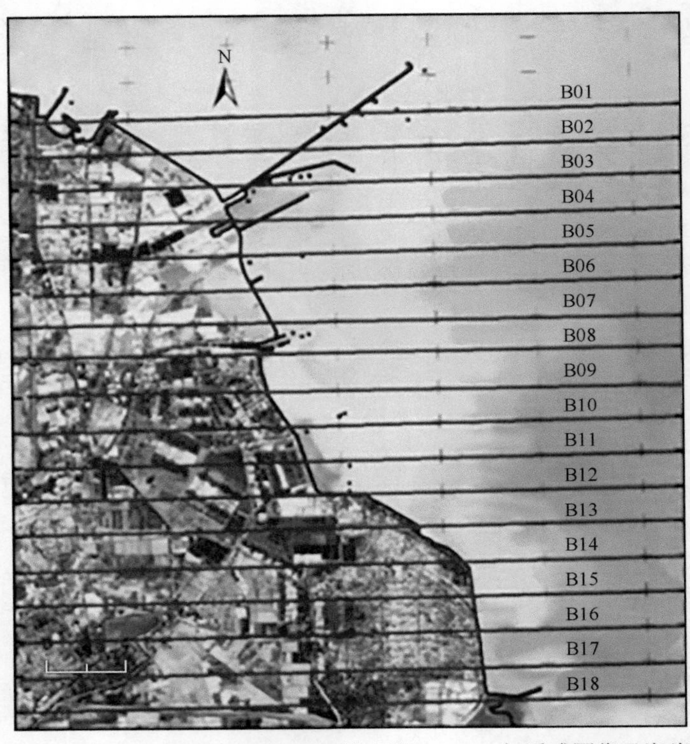

图 3-89　黄河海港段海岸线地形剖面位置图（2013 年遥感图像及海岸线）

表 3-5　黄河海港段剖面线

编号	B01	B02	B03	B04	B05	B06
纬度	38°8.0′N	38°7.0′N	38°6.0′N	38°5.0′N	38°4.0′N	38°3.0′N
编号	B07	B08	B09	B10	B11	B12
纬度	38°2.0′N	38°1.0′N	38°0.0′N	37°59.0′N	37°58.0′N	37°57.0′N
编号	B13	B14	B15	B16	B17	B18
纬度	37°56.0′N	37°55.0′N	37°54.0′N	37°53.0′N	37°52.0′N	37°51.0′N

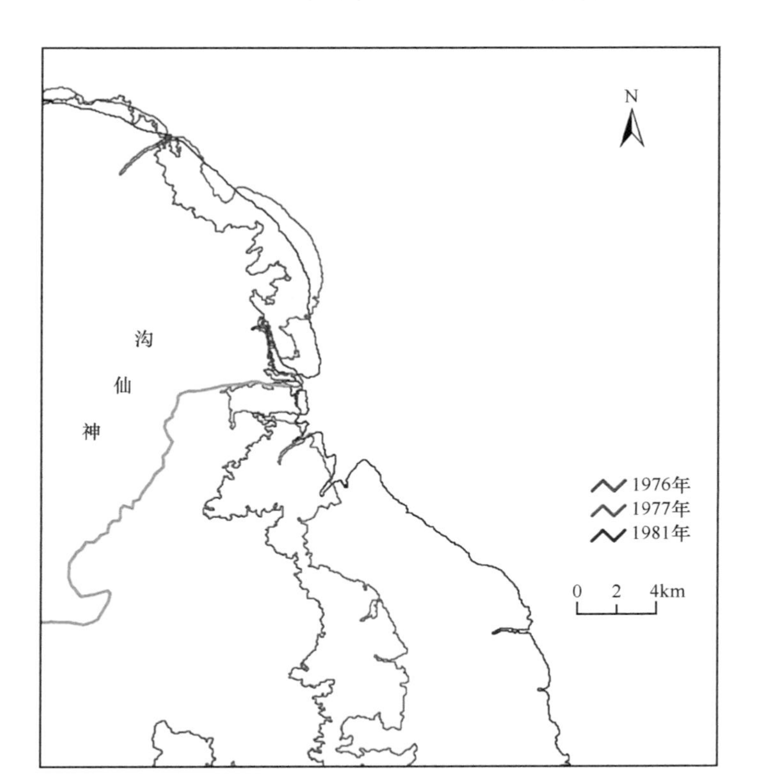

图 3-90　1976～1981 年黄河海港段海岸变迁图

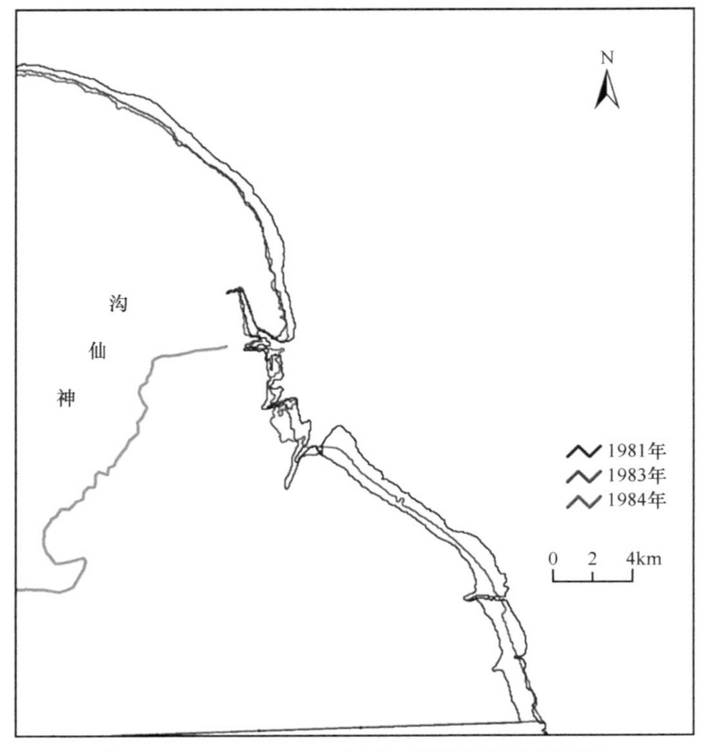

图 3-91　1981～1984 年黄河海港段海岸变迁图

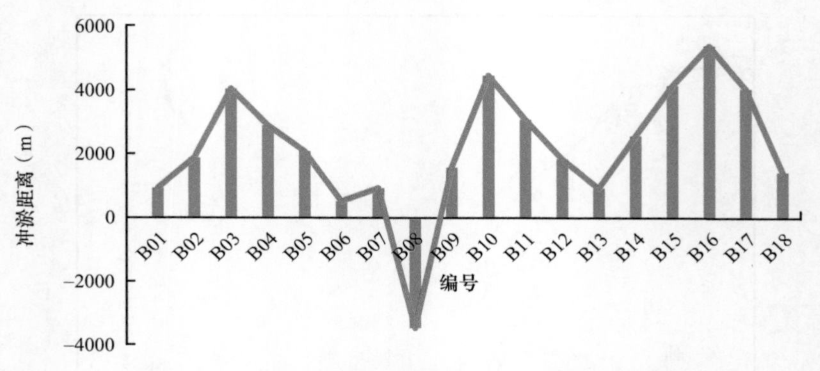

图 3-92　1976 ～ 1977 年黄河海港段剖面冲淤变化图

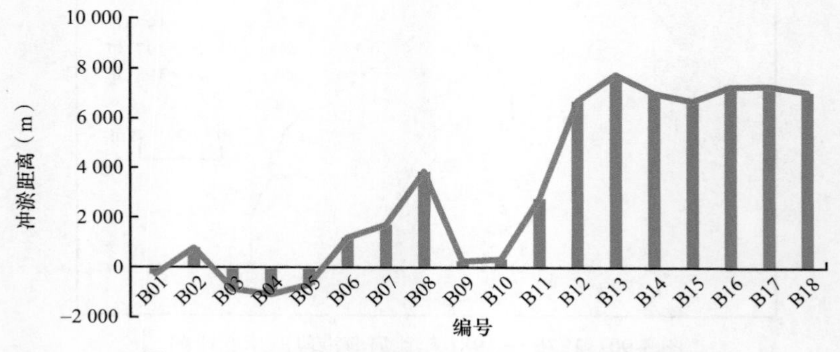

图 3-93　1977 ～ 1981 年黄河海港段剖面冲淤变化图

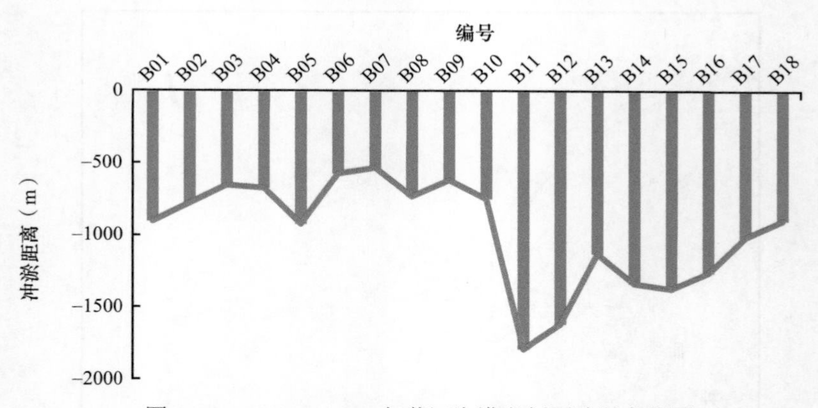

图 3-94　1981 ～ 1983 年黄河海港段剖面冲淤变化图

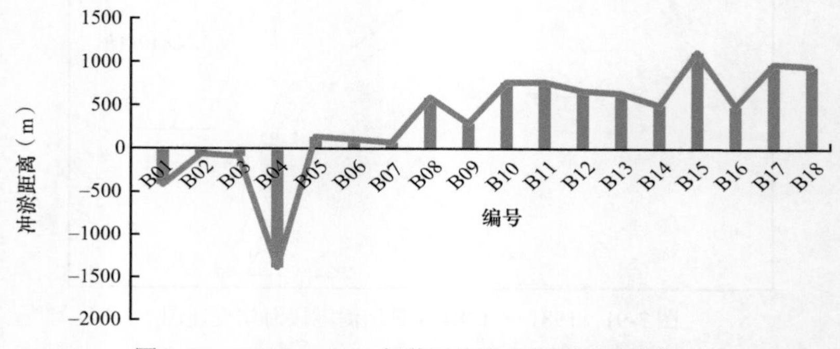

图 3-95　1983 ～ 1984 年黄河海港段剖面冲淤变化图

1976 ～ 1985 年尚未建造黄河海港，在此期间黄河海港段海岸线变化较为明显，受到风暴潮、潮流与海浪的影响，年际变化较大。在 1977 ～ 1981 年，黄河改道清水沟后发生了大面积的淤积，最大淤进距离为 7.7km，发生在 B13 剖面，在黄河入海口北侧区域，B11 至 B18 剖面平均淤进 6.56km。1981 ～ 1983 年海岸线发生后退侵蚀，平均蚀退 0.97km，最大蚀退位置在 B11 剖面，蚀退 1.78km。1983 ～ 1984 年海岸线变化较为稳定，其中 B10 至 B18 剖面平均淤进 0.77km。

1985 年开始建立黄河海港，并且 1984 年在埕岛近岸修建护岸海堤，在油田附近修建防潮堤，埕岛护岸海堤于 1988 年修建完成，减弱了潮流、波浪及风暴潮对该区域的冲刷，保持海岸的稳定，因此在 1988 年之后，海岸线变化较小。

1984 ～ 1995 年黄河海港段海岸变迁见图 3-96 与图 3-97。1984 ～ 1995 年黄河海港段剖面冲淤变化见图 3-98 ～图 3-101。

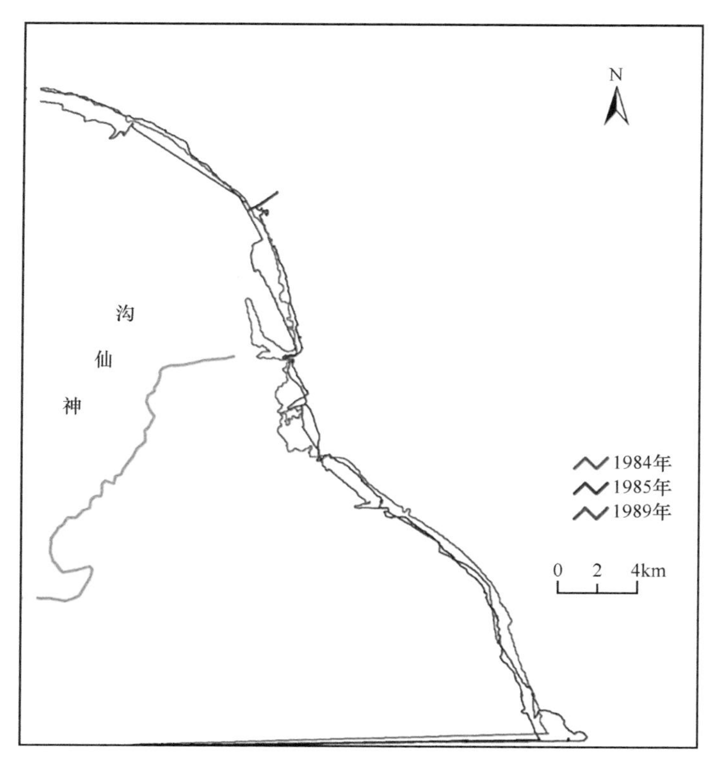

图 3-96　1984 ～ 1989 年黄河海港段海岸变迁图

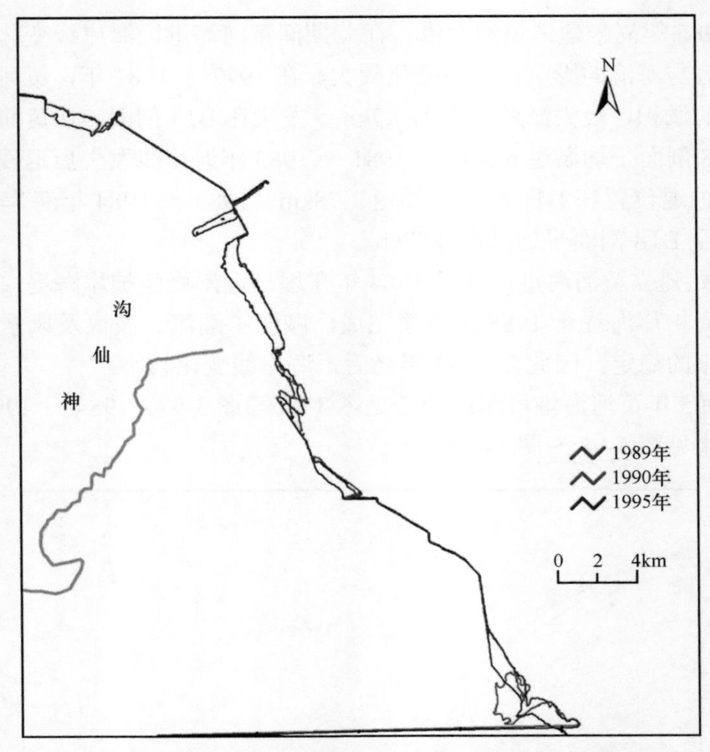

图 3-97　1989 ～ 1995 年黄河海港段海岸变迁图

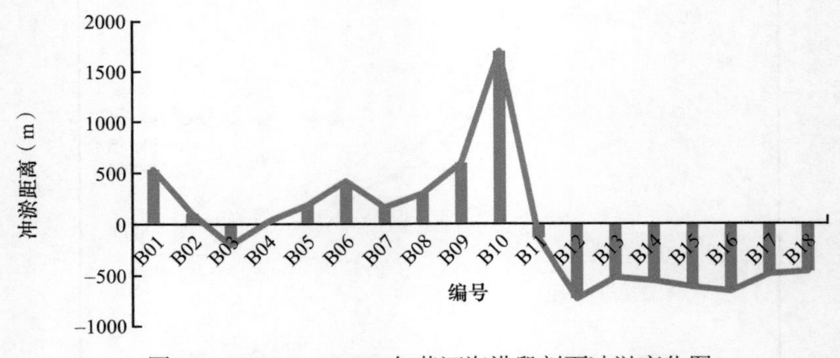

图 3-98　1984 ～ 1985 年黄河海港段剖面冲淤变化图

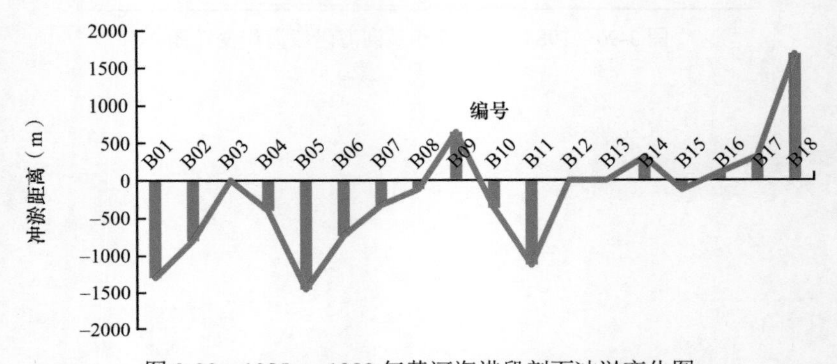

图 3-99　1985 ～ 1989 年黄河海港段剖面冲淤变化图

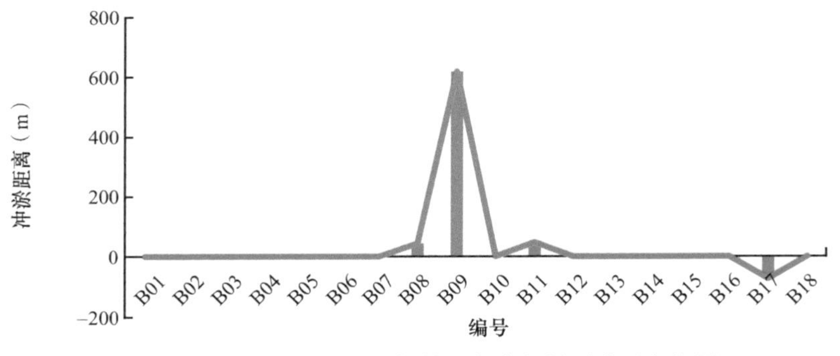

图 3-100　1989 ～ 1990 年黄河海港段剖面冲淤变化图

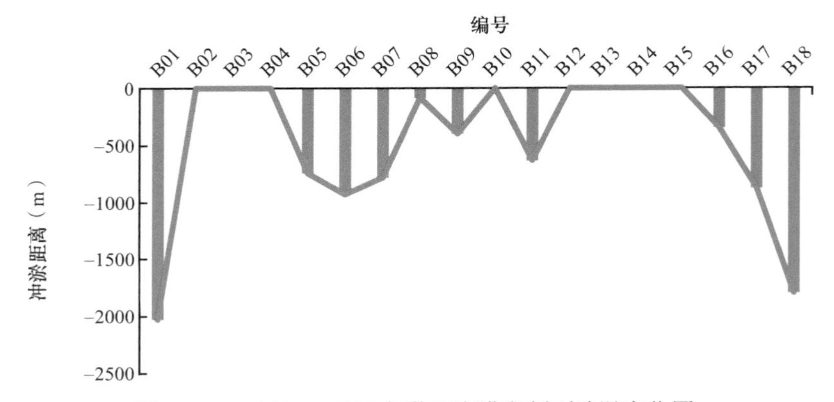

图 3-101　1990 ～ 1995 年黄河海港段剖面冲淤变化图

1984 ～ 1985 年神仙沟外海岸线向外推进，最大淤进 1.60km，在其南侧的区域受波浪与潮流影响，向后平均侵蚀 0.52km；在 1985 ～ 1989 年，修建完防潮堤后，海岸线蚀退至防潮堤堤前，最大蚀退距离为 1.46km，出现在 B05 剖面处，即在修建海港的南侧出现最大侵蚀距离，B01 至 B08 剖面平均蚀退 0.65km；1989 ～ 1990 年海岸线基本不发生变化，保持稳定；1990 ～ 1995 年，港口进行扩建，在未修建海堤处均出现了侵蚀，在港口北侧与南侧均发生侵蚀（图 3-101），B01 剖面侵蚀距离达到 2.0km，B05 至 B07 剖面平均侵蚀 0.82km，孤东区域 B12 至 B15 剖面受防潮堤保护，未出现侵蚀。

1995 ～ 2017 年黄河海港段海岸变迁见图 3-102 ～图 3-107。1995 ～ 2017 年黄河海港段剖面冲淤变化见图 3-108 ～图 3-110。1995 ～ 2001 年，黄河海港南侧出现大面积侵蚀，如图 3-101 ～图 3-108 所示，最大侵蚀距离为 1.13km，平均侵蚀 0.60km，此外 B17 与 B18 剖面也出现了蚀退，最大蚀退 1.3km。此后，黄河海港段岸线基本保持稳定，同时海港在不断扩建与延伸。

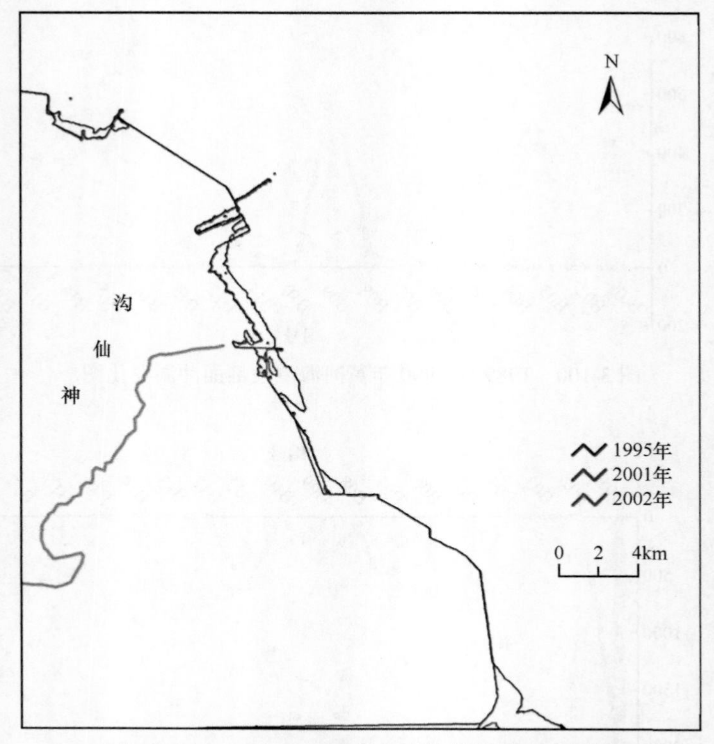

图 3-102　1995 ～ 2002 年黄河海港段海岸变迁图

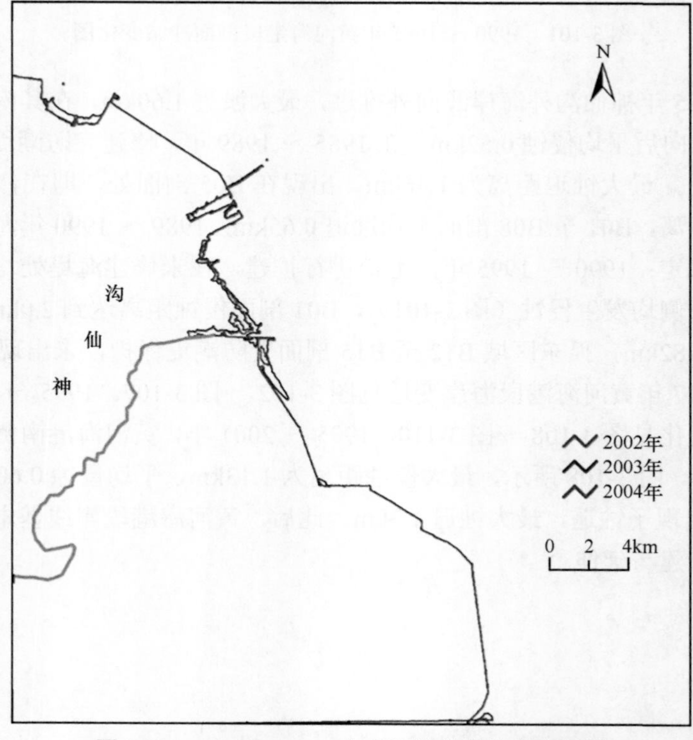

图 3-103　2002 ～ 2004 年黄河海港段海岸变迁图

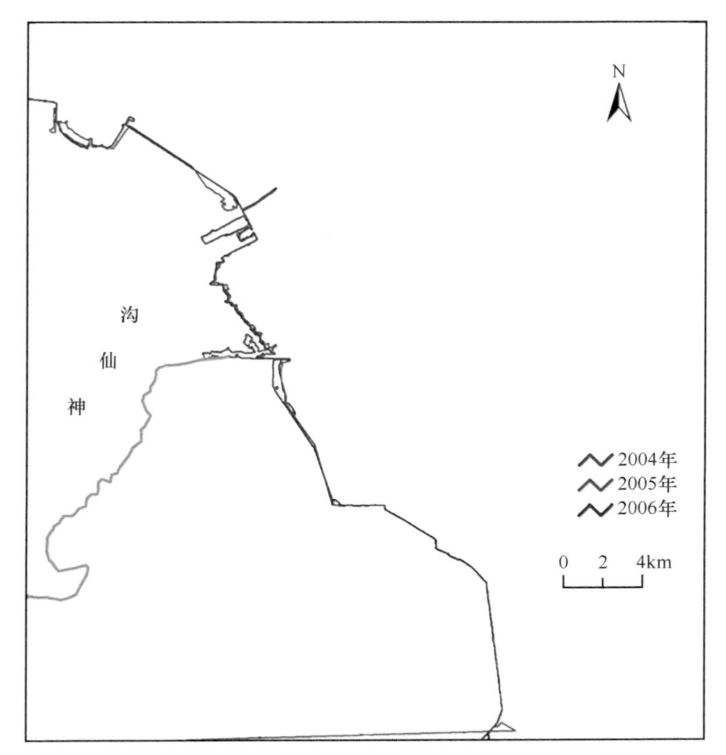

图 3-104　2004 ～ 2006 年黄河海港段海岸变迁图

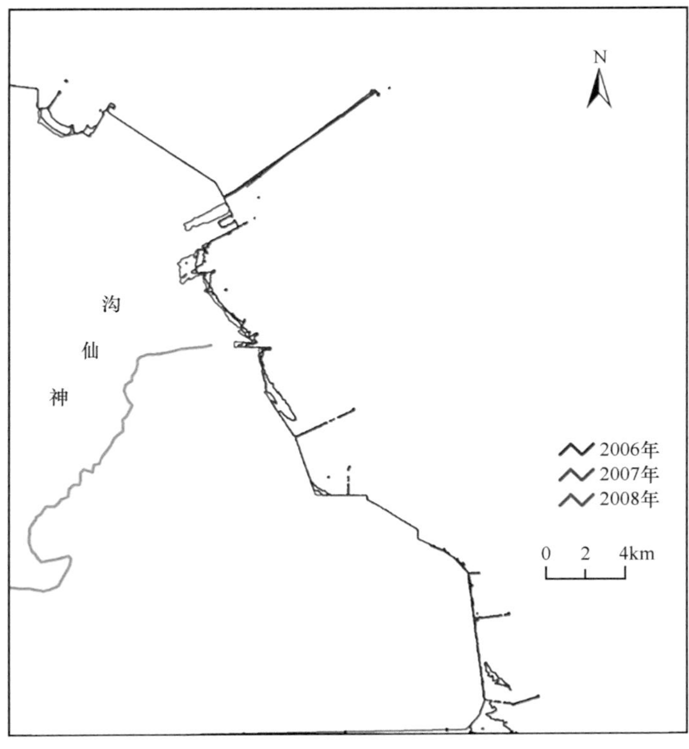

图 3-105　2006 ～ 2008 年黄河海港段海岸变迁图

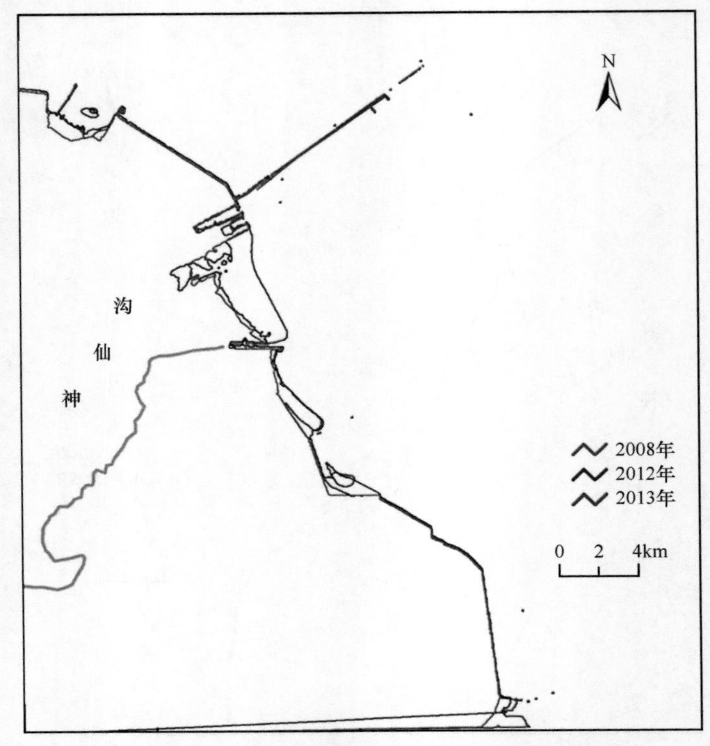

图 3-106　2008 ～ 2013 年黄河海港段海岸变迁图

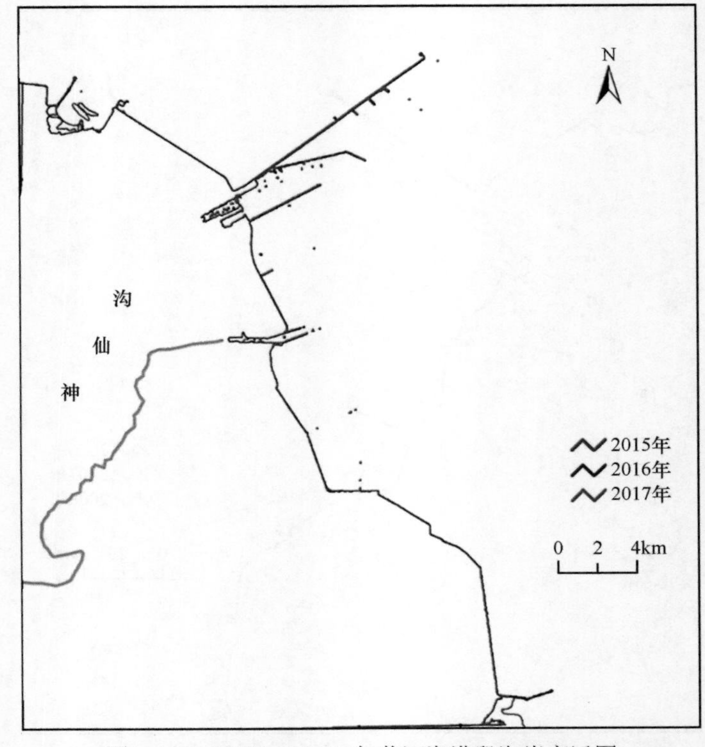

图 3-107　2015 ～ 2017 年黄河海港段海岸变迁图

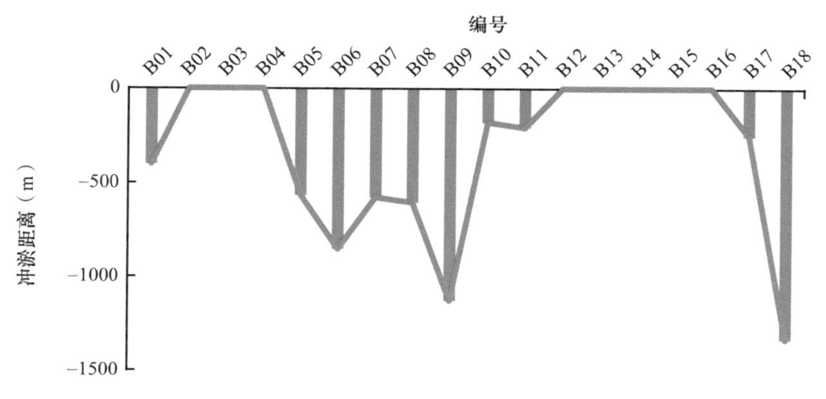

图 3-108　1995 ～ 2001 年黄河海港段剖面冲淤变化图

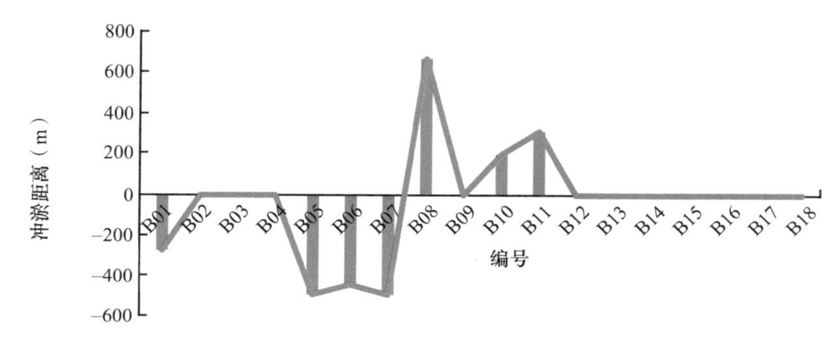

图 3-109　2001 ～ 2008 年黄河海港段剖面冲淤变化图

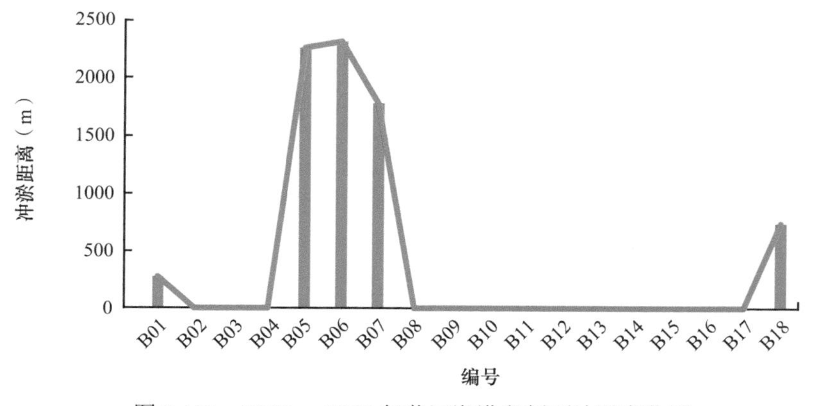

图 3-110　2008 ～ 2017 年黄河海港段剖面冲淤变化图

2006 ～ 2008 年，在黄河海港沿岸修建了大量的丁坝，同时该区域也是波浪与潮流等水动力最为强烈的地带，其原有的潮滩消失。在图 3-109 中，2001 ～ 2008 年侵蚀段主要集中在海港南侧，其潮滩遭到严重侵蚀，为了防止该区域被进一步冲刷，2013 年在海港南侧与神仙沟入海口之间修建了外海围堤，如图 3-106 所示，该围堤距离原防潮堤 2.01km，保护岸线不被侵蚀（图 3-110）。

综上，绘制 1976 ～ 2017 年黄河海港段海岸线变化图（图 3-111）、1976 ～ 2017

年黄河海港段剖面冲淤变化图（图3-112）、1976～2017年黄河海港段海岸线各剖面冲淤变化图（图3-113），并统计黄河海港段各剖面的冲淤变化（表3-6）。1976～2017年黄河海港段海岸线整体变化趋势表现为在黄河海港北侧区域（B01至B09剖面）变化较小，平均淤进0.89km，最大侵蚀发生在B01剖面，达到3.80km；黄河海港南侧区域（B10至B18剖面）最大淤进距离出现在B17剖面，为9.95km，平均淤进7.84km。由图3-113可以看出，黄河海港区域的海岸线变化趋势表现为快速淤进—蚀退—以蚀退为主的波动状态—稳定—人为局部淤积状态。

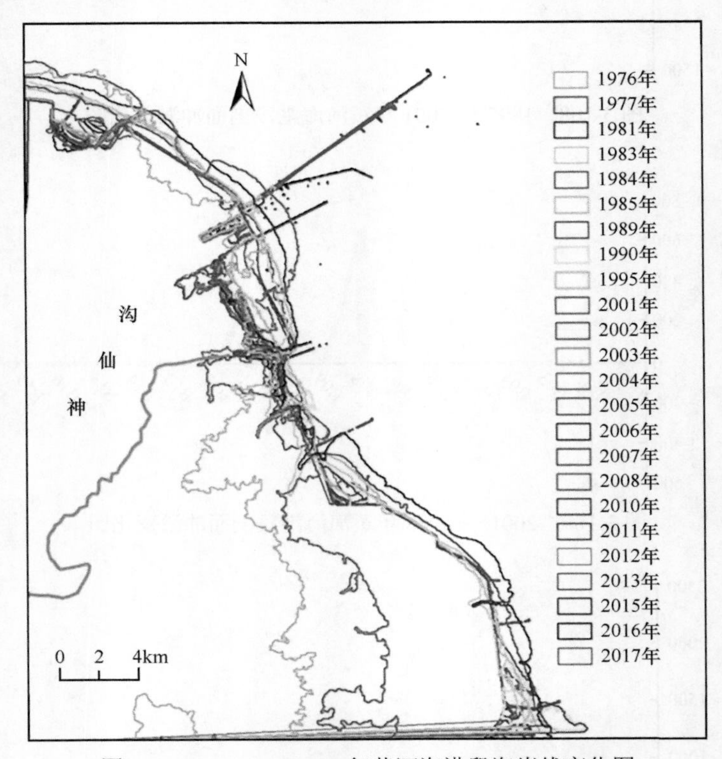

图3-111　1976～2017年黄河海港段海岸线变化图

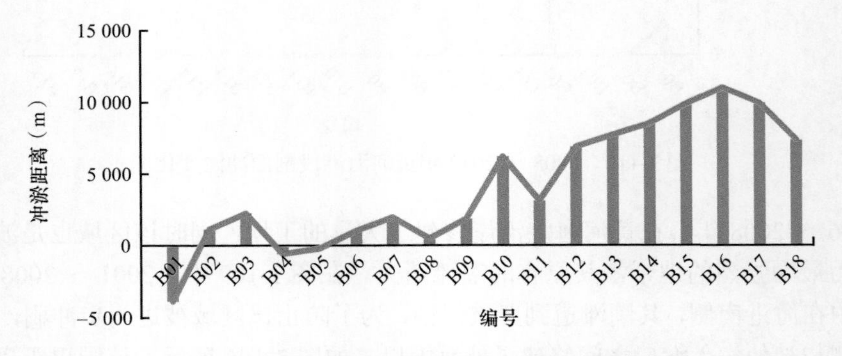

图3-112　1976～2017年黄河海港段剖面冲淤变化图

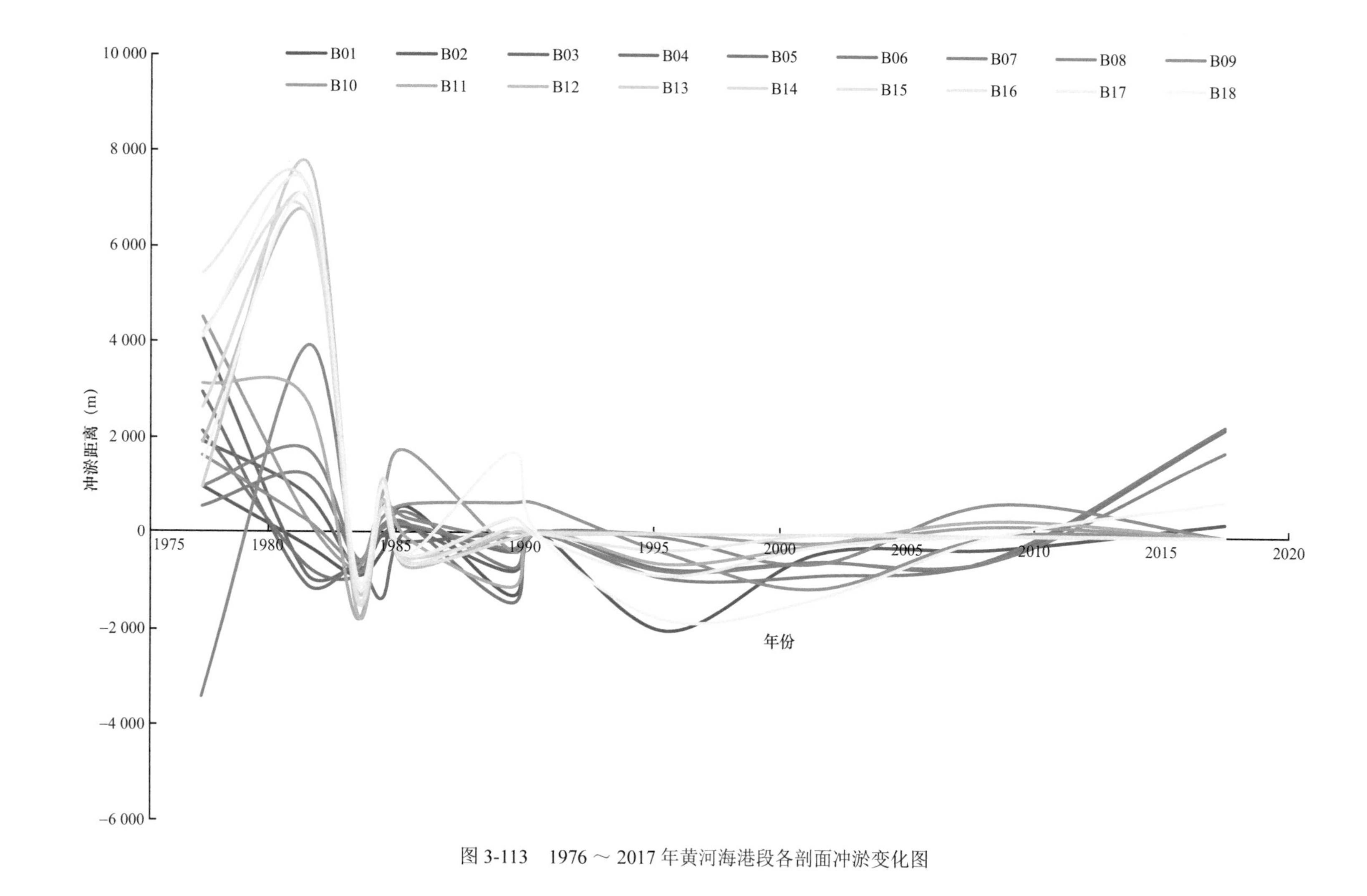

图 3-113　1976～2017 年黄河海港段各剖面冲淤变化图

表 3-6　1976 ~ 2017 年黄河海港段各剖面的冲淤变化

（单位：m）

年份	B01	B02	B03	B04	B05	B06	B07	B08	B09
1977	948.773	1895.111	4067.099	2921.836	2104.284	537.341	949.689	-3441.220	1600.734
1981	-266.514	801.009	-851.108	-1067.160	-682.282	1215.297	1745.127	3877.247	266.514
1983	-904.417	-780.356	-656.554	-676.741	-923.740	-574.571	-533.584	-734.540	-619.988
1984	-412.036	-56.176	-84.265	-1376.320	141.142	113.227	75.86421	599.175	299.328
1985	533.676	103.298	-205.333	26.89214	178.787	416.785	159.549	294.026	596.269
1989	-1305.9	-806.739	0	-403.497	-1461	-739.784	-336.152	-124.857	634.542
1990	0	0	0	0	0	0	0	43.401	618.842
1995	-2031.830	0	0	0	-745.433	-932.016	-784.076	-84.641	-402.603
2001	-401.047	0	0	0	-565.496	-853.304	-578.399	-605.880	-1128.310
2008	-273.652	0	0	0	-491.990	-442.625	-494.025	671.676	0
2017	272.608	0	0	0	2252.060	2306.339	1776.323	0	0

年份	B10	B11	B12	B13	B14	B15	B16	B17	B18
1976	4485.487	3102.104	1868.113	947.7044	2594.264	4171.813	5404.322	4071.043	1453.914
1981	340.0637	2787.967	6687.778	7754.494	7003.095	6688.656	7271.145	7295.365	7053.875
1983	-752.094	-1786.46	-1615.09	-1126.89	-1334.49	-1370.99	-1259.45	-1014.23	-901.582
1984	773.3645	774.8715	674.5264	649.0235	511.3519	1122.549	499.0359	985.3669	960.6678
1985	1696.592	-134.357	-731.339	-520.905	-554.223	-613.235	-655.475	-487.045	-461.853
1989	-374.57	-1133.48	0	0	303.8263	-129.514	96.32016	310.6231	1680.15
1990	0	47.60945	0	0	0	0	0	-75.2772	0
1995	0	-635.81	0	0	0	0	-348.67	-881.93	-1806.74
2001	-178.826	-208.163	0	0	0	0	0	-252.788	-1334.23
2008	202.7427	316.631	0	0	0	0	0	0	0
2017	0	0	0	0	0	0	0	0	741.5729

3.4　河口段海岸线变化

在 1976 年黄河改走清水沟流路后，黄河三角洲河口段的海岸迅速淤积，黄河的来水来沙使得河口段的海岸线发生了巨大的变化，其沉积动力也发生了改变，由原先的以海洋动力为主变成海洋动力与河流动力共同影响。1976 年黄河改道，至 1997 年出汊，再到 2010 年河道向北出汊，可以把河口段海岸线的变迁分为三个阶段：1976 ～ 1997 年、1997 ～ 2010 年、2010 年至今。图 3-114 为 2013 年黄河三角洲河口段海岸线地形剖面位置图。表 3-7 为河口段剖面线信息。

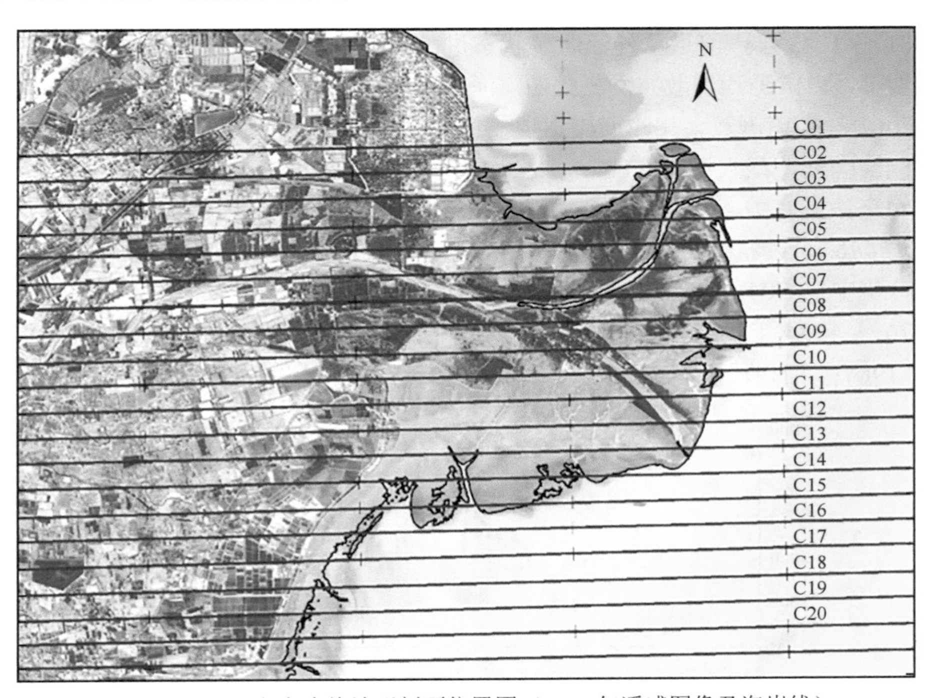

图 3-114　河口段海岸线地形剖面位置图（2013 年遥感图像及海岸线）

表 3-7　河口段剖面线

编号	C01	C02	C03	C04	C05
纬度	37°52.0′N	37°51.0′N	37°50.0′N	37°49.0′N	37°48.0′N
编号	C06	C07	C08	C09	C10
纬度	37°47.0′N	37°46.0′N	37°45.0′N	37°44.0′N	37°43.0′N
编号	C11	C12	C13	C14	C15
纬度	37°42.0′N	37°41.0′N	37°40.0′N	37°39.0′N	37°38.0′N
编号	C16	C17	C18	C19	C20
纬度	37°37.0′N	37°36.0′N	37°35.0′N	37°34.0′N	37°33.0′N

1976 ～ 1977 年，在黄河改道的第一年间，黄河入海的大量泥沙由于受到河口外

的切变锋的阻隔作用在口门外迅速淤积，海岸线迅速向海推进，主要集中在入海口两侧，从 C03 至 C20 剖面平均淤进 2.01km。C01 与 C02 剖面主要用于监测 2010 年后向北淤进的沙嘴的变化情况。在黄河改道的初期，河道尚不稳定，1977 年入海口与 1976 年改道前期相比变化不大，莱州湾西岸（C15 至 C20 剖面）在黄河改道的第一年也迅速向海推进。

1977 ～ 1981 年，清水沟流路呈现多河道入海的漫流游荡状态，入海流路延长，黄河挟带的泥沙在三角洲洼地与海岸处淤积，使得海岸线变得平整，在此 4 年间最大淤进距离可以达到 17.28km，C03 至 C11 剖面平均向海淤进 10.99km，平均每年淤进 2.75km，莱州湾西岸变化较小，处于稳定状态。

1981 ～ 1983 年，河道从漫流游荡状态进入单一河道状态，入海口的南侧与北侧开始形成沙嘴，口门外沙洲散布，在此期间河口段海岸线变化较小，仅在入海口处向外延伸 3.42km，沙嘴南侧及莱州湾西岸出现侵蚀。至 1984 年，主要淤积部分集中在南侧沙嘴与北侧沙嘴处，最大淤进 9.85km，平均淤进 6.07km。黄河入海口两侧及河道延长与当年来水来沙量有关，1983 年来水来沙量分别为 491.54 亿 m^3 与 10.26 亿 t，1984 年来水量高达 446.76 亿 m^3，来沙量为 9.38 亿 t，巨多的来水来沙造成三角洲迅速淤积，且淤积部分集中在 C04 至 C10 剖面处，即河口区附近，说明此时以河流动力为主。

1976 ～ 1984 年河口段剖面冲淤变化见图 3-115 ～图 3-118，1976 ～ 1981 年、1981 ～ 1984 年河口段海岸变迁分别见图 3-119、图 3-120。

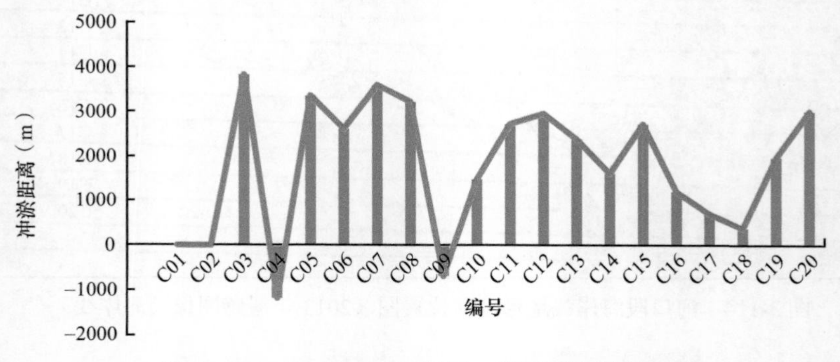

图 3-115 1976 ～ 1977 年河口段剖面冲淤变化图

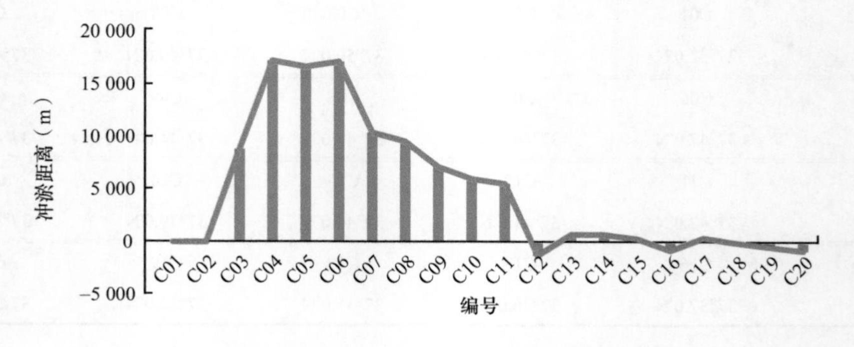

图 3-116 1977 ～ 1981 年河口段剖面冲淤变化图

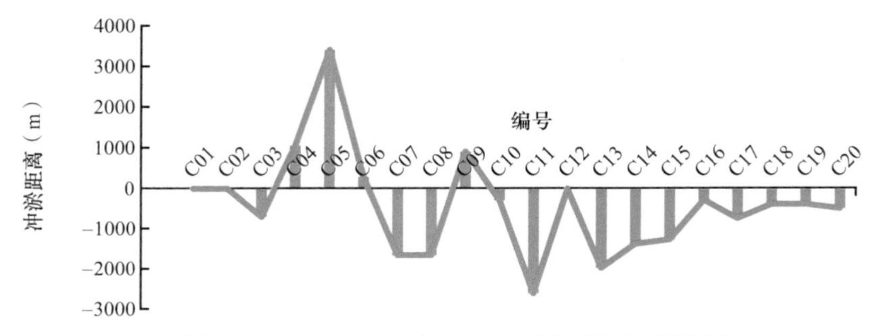

图 3-117　1981 ~ 1983 年河口段剖面冲淤变化图

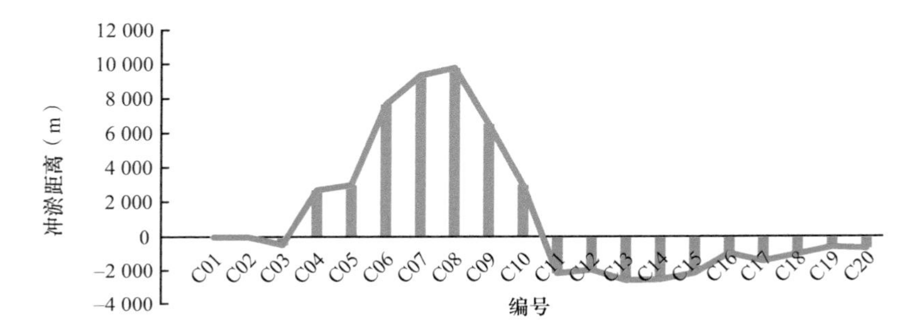

图 3-118　1983 ~ 1984 年河口段剖面冲淤变化图

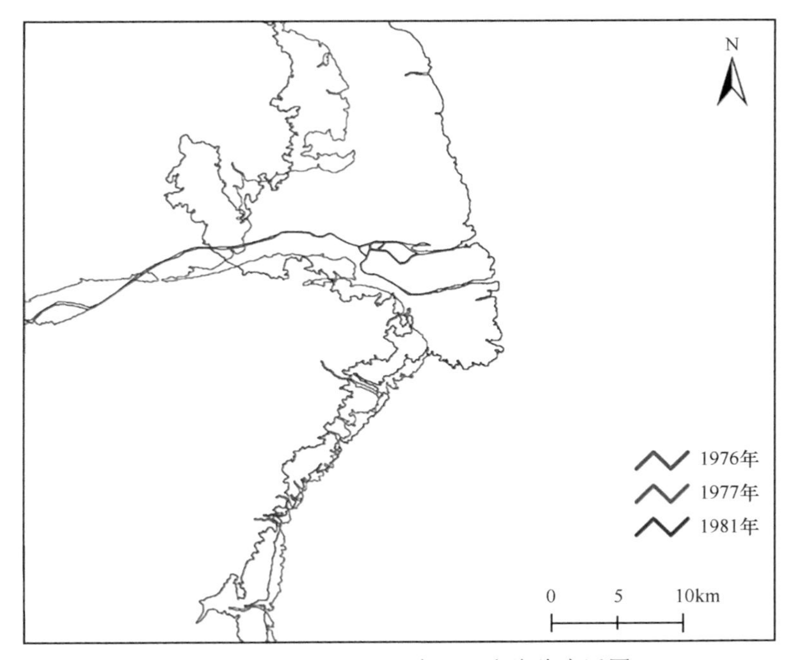

图 3-119　1976 ~ 1981 年河口段海岸变迁图

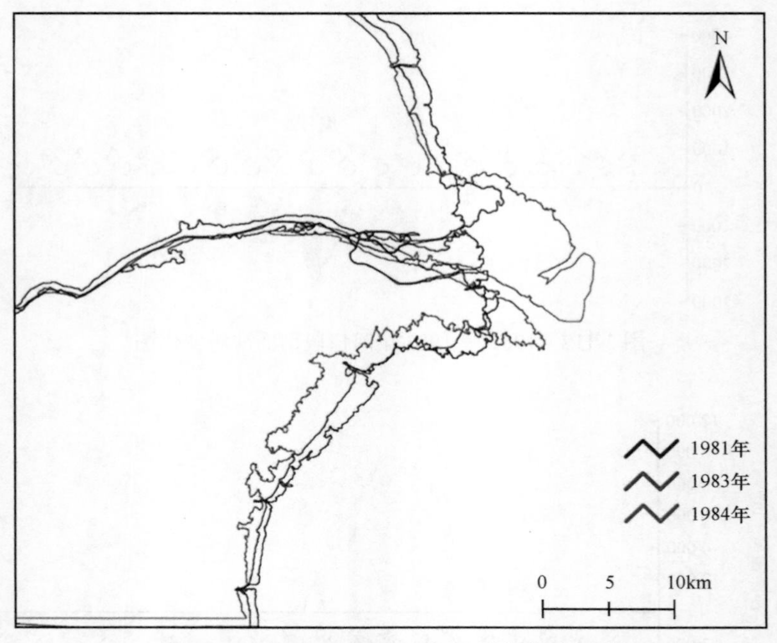

图 3-120　1981 ～ 1984 年河口段海岸变迁图

1984 ～ 1995 年河口段剖面冲淤变化见图 3-121 ～图 3-123，1984 ～ 1989 年、1989 ～ 1995 年河口段海岸变迁分别见图 3-124、图 3-125。1984 ～ 1997 年清 8 出汊前，清水沟流路不断延长，年平均来沙量达到 5.18 亿 t，入海口不断向东南方向偏转，最大淤积剖面位置也在不断变化，从 1984 年 C08 剖面淤进 9.85km，到 1985 年 C11 剖面淤进 6.52km 与 1989 年同样是 C11 剖面淤进 5.49km，再到 1995 年 C14 剖面淤进 8.72km，最大淤积剖面位置不断向南移动。此外，在河口南北两侧均发生侵蚀，如图 3-124 与图 3-125 所示，北侧在 1985 ～ 1989 年平均蚀退 0.95km，最大蚀退 2.11km，南侧主要为莱州湾岸滩侵蚀，变化较小，平均蚀退 0.38km；1989 ～ 1995 年河口南北两侧基本保持稳定，平均蚀退 0.65km。

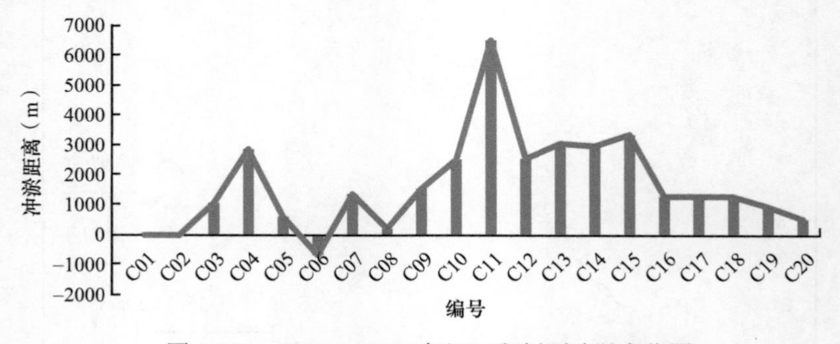

图 3-121　1984 ～ 1985 年河口段剖面冲淤变化图

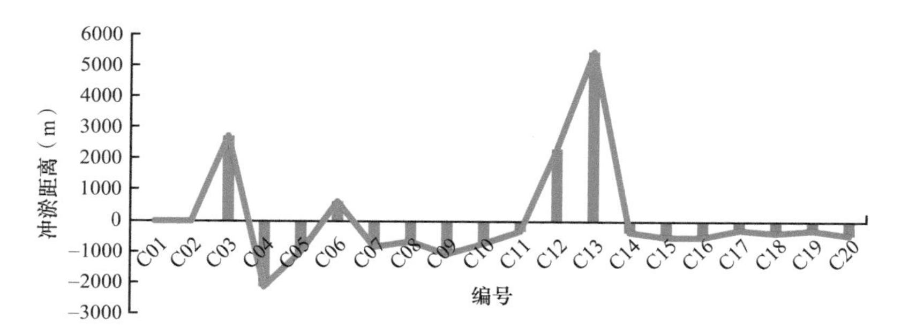

图 3-122　1985 ～ 1989 年河口段剖面冲淤变化图

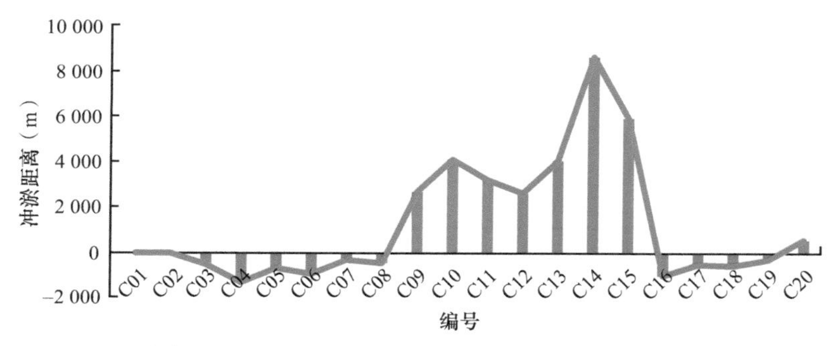

图 3-123　1989 ～ 1995 年河口段剖面冲淤变化图

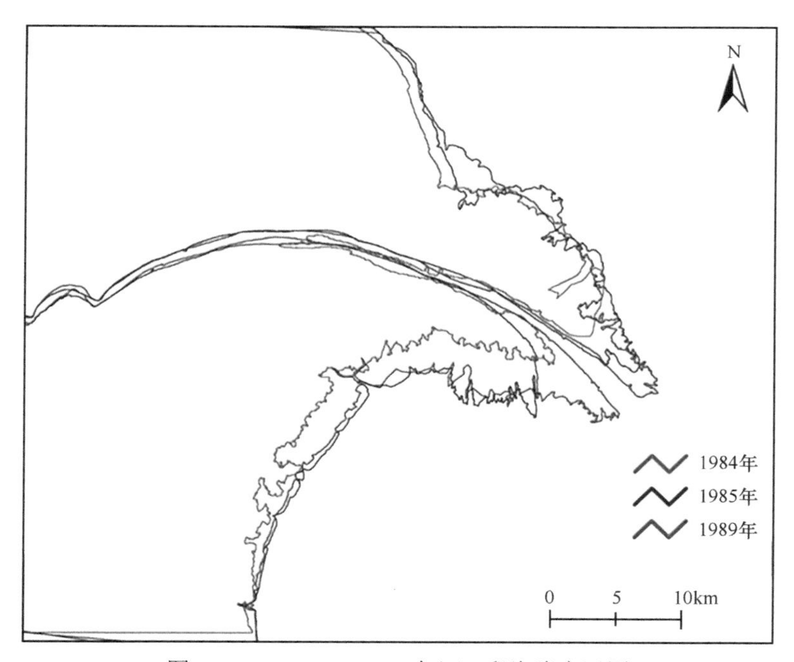

图 3-124　1984 ～ 1989 年河口段海岸变迁图

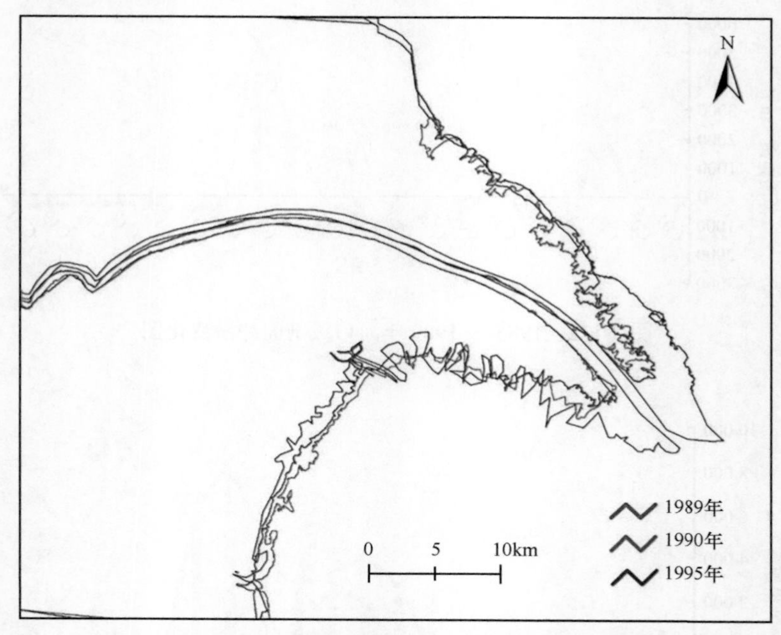

图 3-125　1989 ～ 1995 年河口段海岸变迁图

1995 ～ 2004 年河口段剖面冲淤变化见图 3-126 与图 3-127，1995 ～ 2002 年、2002 ～ 2004 年河口段海岸变迁分别见图 3-128、图 3-129。1997 年人工在清 8 位置处出汊，河口位置改变后，出汊形成的"鸟喙状"小沙嘴向东北方向淤进，集中在 C05 至

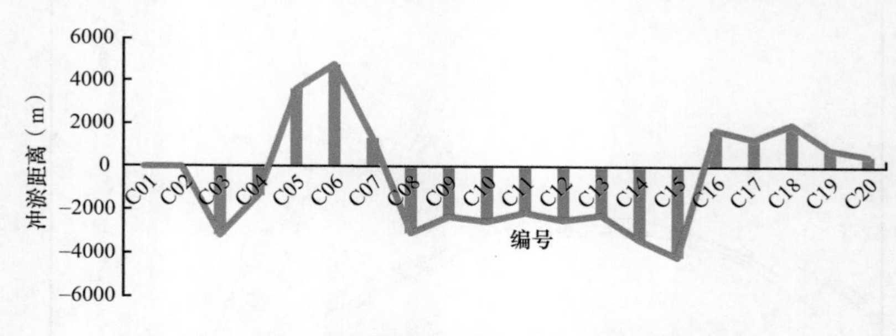

图 3-126　1995 ～ 2002 年河口段剖面冲淤变化图

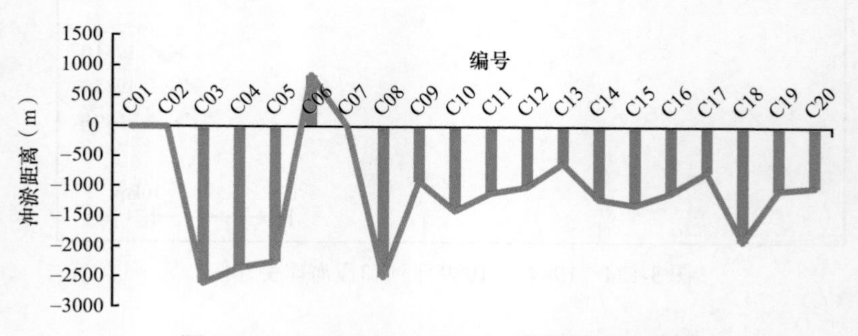

图 3-127　2002 ～ 2004 年河口段剖面冲淤变化图

C07 剖面处，1995 ～ 2002 年最大淤进距离达到 4.79km，平均淤进 3.63km，如图 3-126 所示，在小沙嘴南北两侧发生了普遍侵蚀，如小沙嘴北侧 C03 至 C04 剖面、南侧 C08 至 C15 剖面，北侧侵蚀 2.2km，南侧蚀退 2.8km，莱州湾西岸接收了南侧大沙嘴侵蚀而来的泥沙，从而发生了淤积，最大淤进距离达到 2km，平均淤进 1.29km。

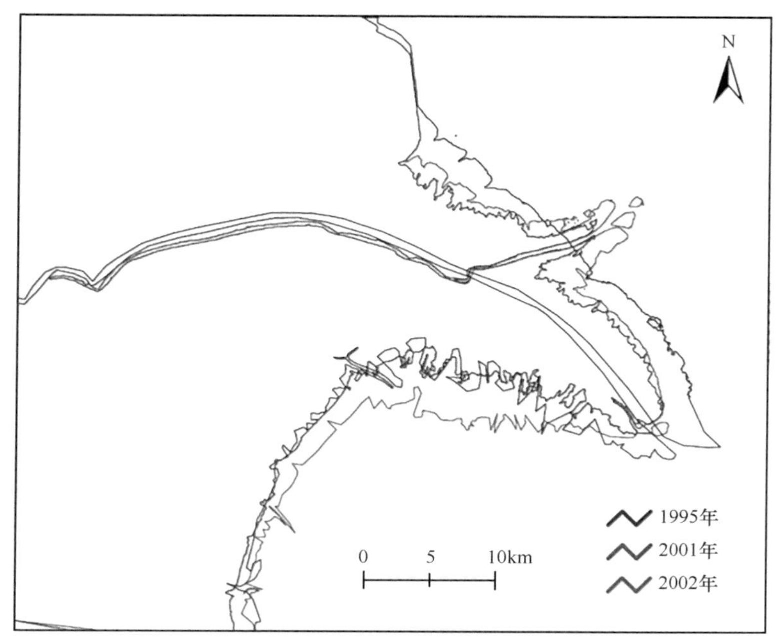

图 3-128　1995 ～ 2002 年河口段海岸变迁图

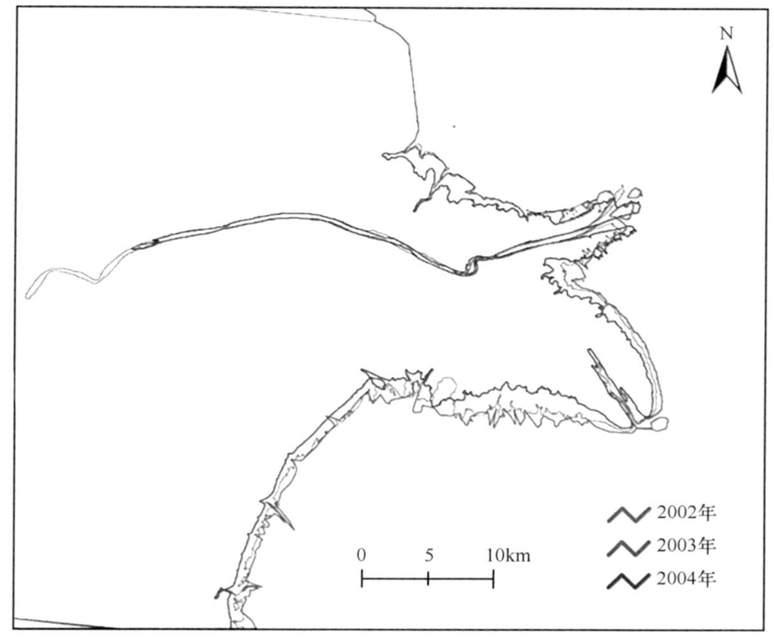

图 3-129　2002 ～ 2004 年河口段海岸变迁图

2002 ～ 2004 年，除“鸟喙状”小沙嘴所在的 C06 剖面发生淤积，继续向北东方向发展外，其余各个剖面均受到海浪侵蚀。1997 ～ 2004 年，南部大沙嘴被海浪冲刷夷平，1995 ～ 2002 年 C15 剖面（原河口）蚀退 4.17km，2002 ～ 2004 年 C15 剖面蚀退 1.3km。2000 ～ 2004 年的来水来沙量平均为 107 亿 m^3 与 1.46 亿 t，其中 2001 年与 2002 年的来水量均小于 50 亿 m^3，来沙量仅为 0.24 亿 t。

2004 ～ 2017 年河口段剖面冲淤变化见图 3-130 ～图 3-135，2004 ～ 2017 年河口段海岸变迁分别见图 3-136 ～图 3-139。2004 ～ 2008 年河口段海岸变迁呈现出动态平衡，2004 ～ 2006 年以淤积为主，2006 ～ 2008 年以侵蚀为主。2004 ～ 2008 年入海沙量持续减少，从 2004 年的 2.58 亿 t 到 2006 年的 1.51 亿 t，再到 2008 年的 0.77 亿 t。2004 ～ 2006 年“鸟喙状”小沙嘴继续向北东方向淤进，到了 2008 年改道，小沙嘴改道向北东北方向淤进，造成除 C04 剖面淤进 1.18km 外，其余各剖面均发生侵蚀，整体侵蚀 0.83km，最大蚀退 2.24km。2008 ～ 2017 年，转向后的小沙嘴两侧开始淤积，如图 3-132 ～图 3-135 所示，在河口两侧分别淤积 4.47km 与 4.71km，原来的“鸟喙状”沙嘴迅速被侵蚀夷平。2008 ～ 2010 年，在 C09 与 C10 剖面上建立了人工坝，使得入海泥沙不能再向南边输移，使得两侧沙嘴不断淤积，2015 ～ 2017 年除河口两侧发生淤积外，河口本体继续向北发展，在 C01 与 C02 剖面形成了河口新沉积区域，淤进 2.5km，莱州湾西岸受到侵蚀。

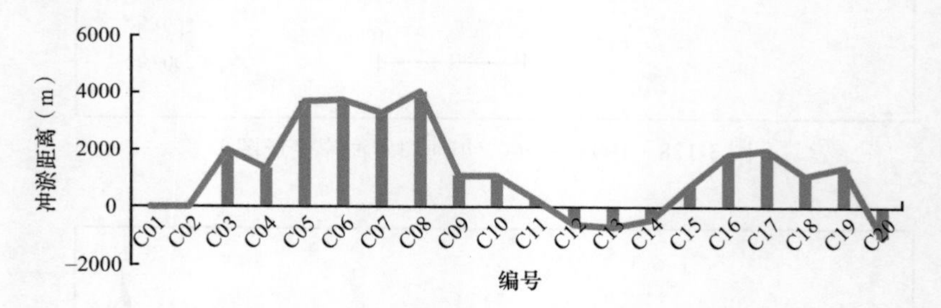

图 3-130　2004 ～ 2006 年河口段剖面冲淤变化图

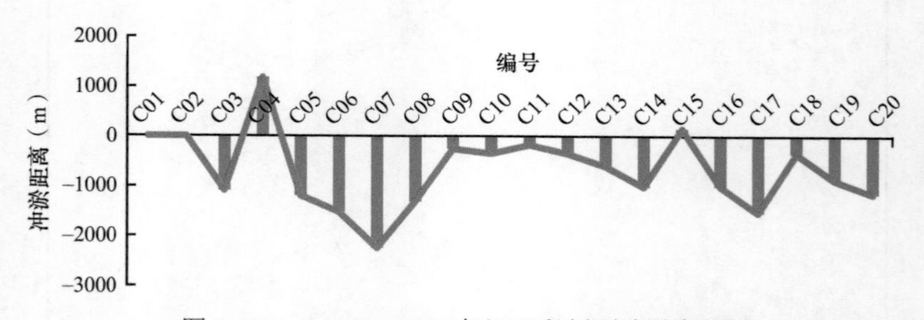

图 3-131　2006 ～ 2008 年河口段剖面冲淤变化图

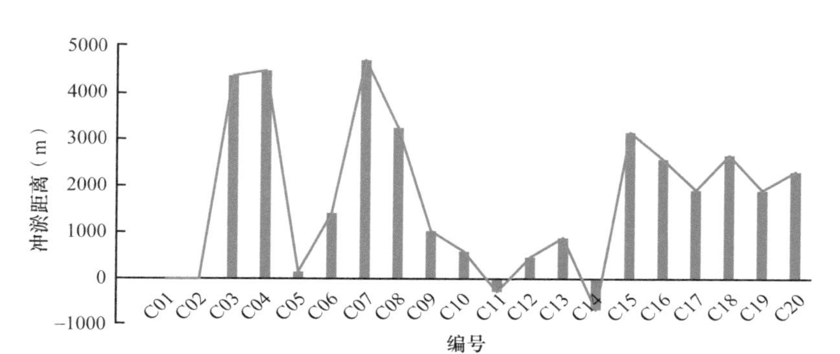

图 3-132　2008 ～ 2011 年河口段剖面冲淤变化图

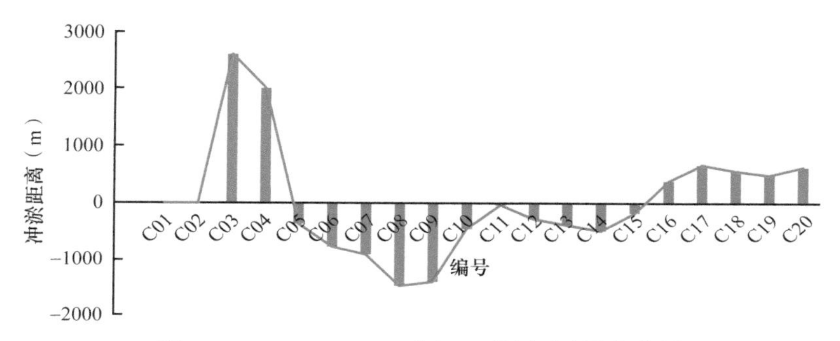

图 3-133　2011 ～ 2013 年河口段剖面冲淤变化图

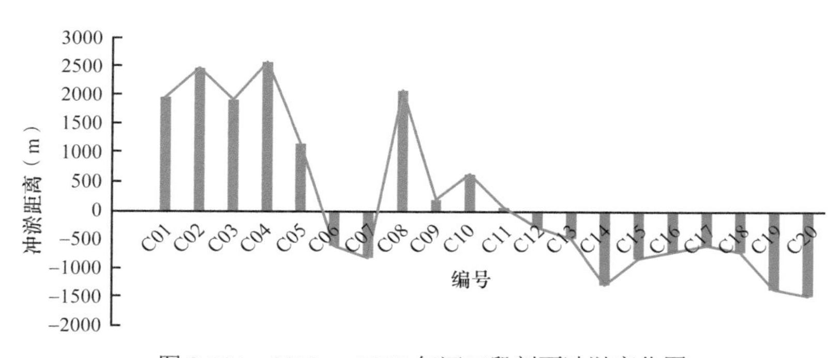

图 3-134　2013 ～ 2017 年河口段剖面冲淤变化图

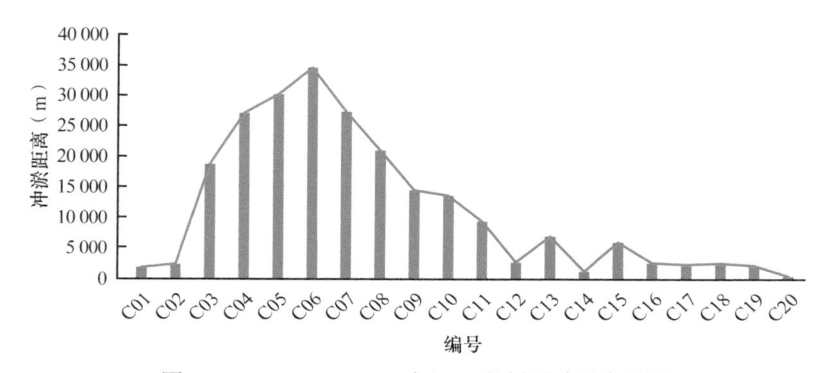

图 3-135　1976 ～ 2017 年河口段剖面冲淤变化图

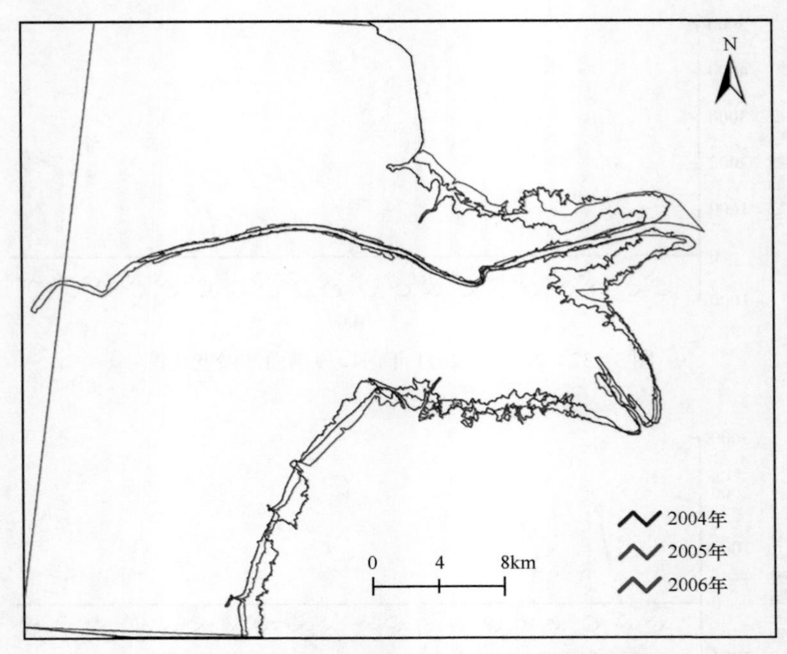

图 3-136　2004 ～ 2006 年河口段海岸线变化图

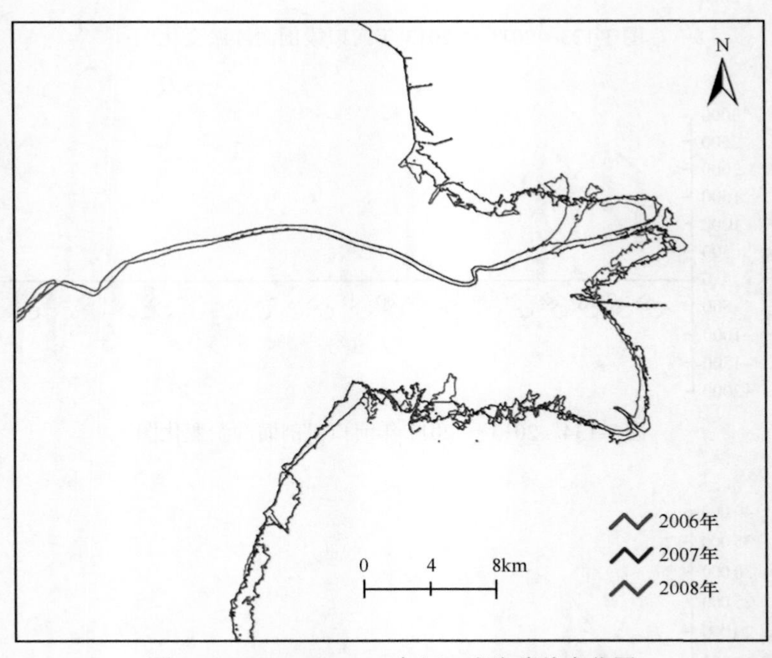

图 3-137　2006 ～ 2008 年河口段海岸线变化图

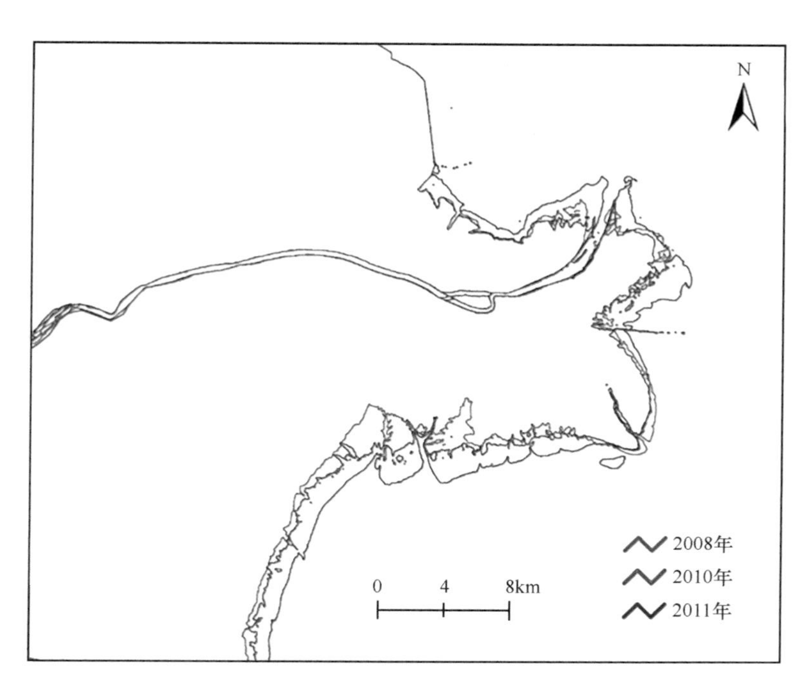

图 3-138　2008 ～ 2011 年河口段海岸线变化图

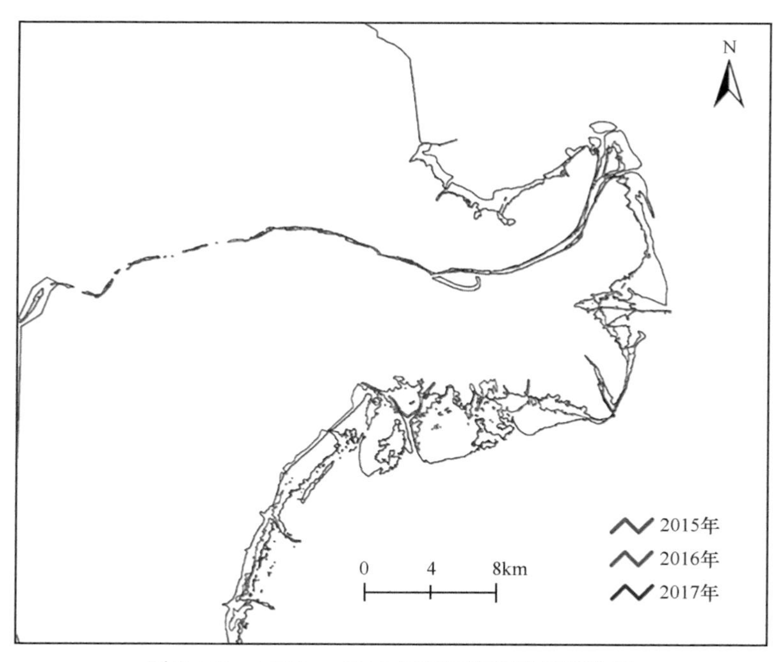

图 3-139　2015 ～ 2017 年河口段海岸线变化图

在 2016 年黄河有两条入海口，一条向东，另一条向北，2017 年遥感影像资料显示，向北的入海口已被淤堵。1976 ～ 2017 年，最大淤进距离达到了 35km，平均淤进 11.5km，C16 至 C20 剖面为莱州湾附近，其变化较小，保持稳定。1976 ～ 2017 年河口段剖面冲淤变化见图 3-140。图 3-141 为 1976 ～ 2017 年河口段各剖面冲淤变化，可以看出，海岸线的变化呈现波动状态，具有一定的规律，各个剖面变化情况不同，C01 至 C09 在 1976 ～ 1985 年淤积速度最快，C11 至 C15 在 1986 ～ 2000 年变化最快，2001 年至今，C01 至 C09 变化幅度较大。

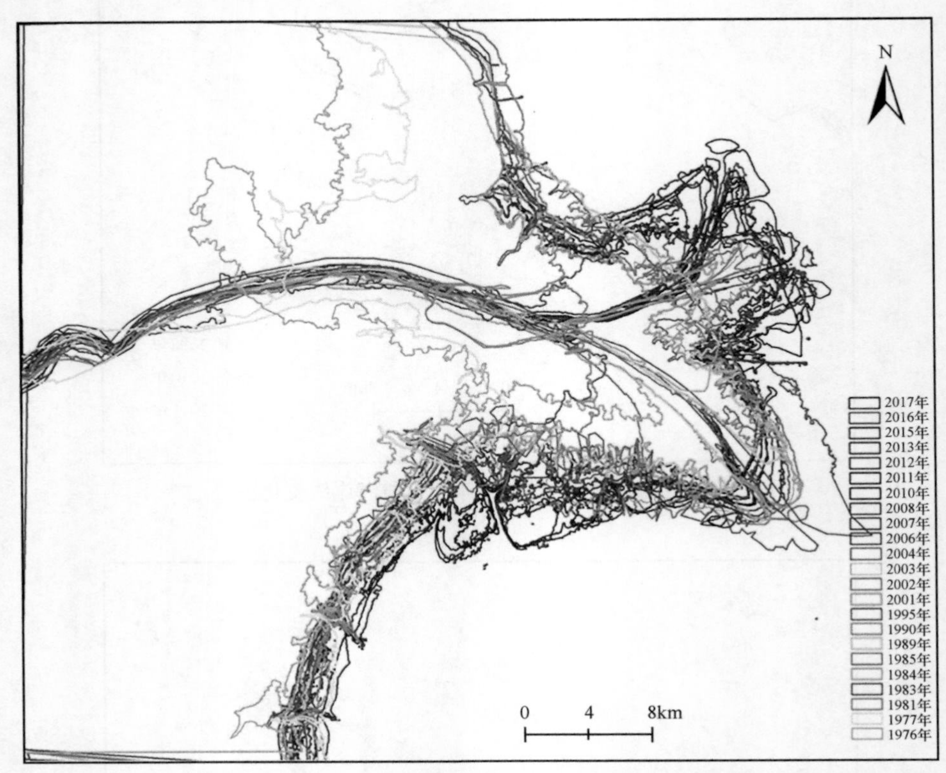

图 3-140　1976 ～ 2017 年河口段剖面冲淤变化图

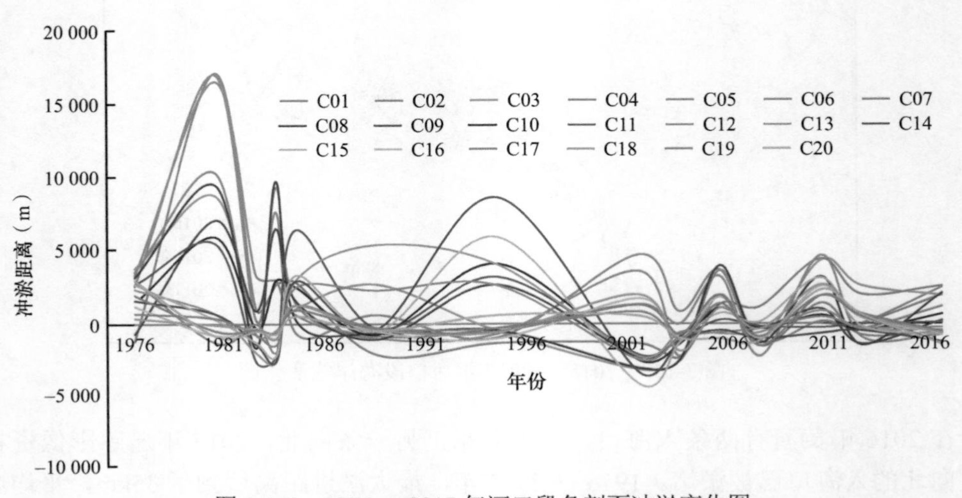

图 3-141　1976 ～ 2017 年河口段各剖面冲淤变化图

3.5 黄河尾闾河道变迁

黄河河道长度及走向的变化对于黄河三角洲的演化方向具有重大影响，因此以黄河下游渔洼附近的黄河胜利浮桥至入海口为河道长度的研究区域。研究显示，1976 年改道前后，河道长度从 89.94km 骤降至 56.97km，河道长度变化曲线的每一次拐点都是一次出汊摆动。以 1973 ～ 2017 年的遥感图像提取出各年的河道，并统计其长度变化。图 3-142 为黄河河道研究区域，图 3-143 为 1973 ～ 2017 年黄河河道长度变化。

图 3-142 黄河河道研究区域

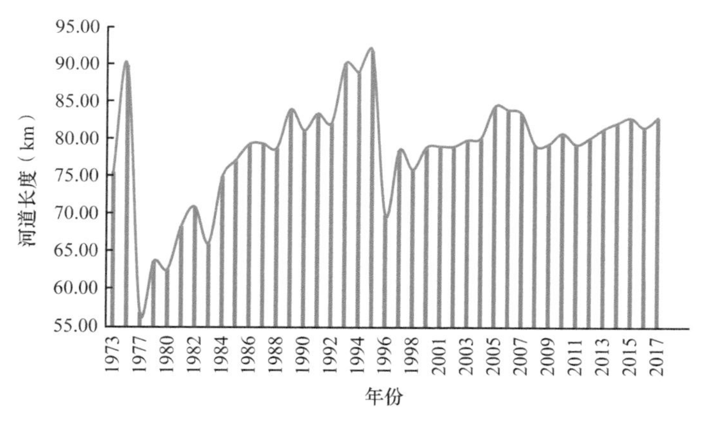

图 3-143 1973 ～ 2017 年黄河河道长度变化（以渔洼附近为起点）

图 3-144 为改道前与改道后初期的黄河河道图，1973 年黄河向东入海，1976 年黄河向北入海。资料显示，1972 ～ 1974 年黄河在刁口河流路中向东入渤海，1974 ～ 1976 年向北入海，并迅速淤积，河道长度从 1973 年的 76.64km 增至 1976 年的 89.94km，增加了 13.30km。在此之后，黄河改走清水沟流路，在改道初期，河道长度为 45.06km，此时河道尚不稳定，至 1977 年（图 3-145）河道长度为 56.97km，向东南方向增加了 11.91km。

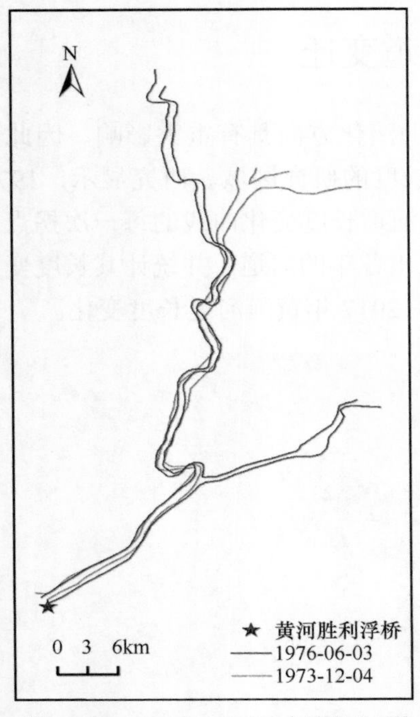

图 3-144　1973 ～ 1976 年黄河河道

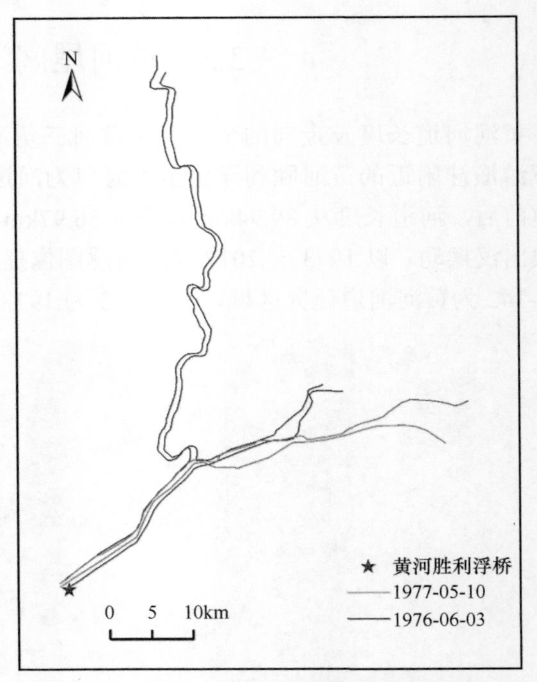

图 3-145　1976 ～ 1977 年黄河河道

从图 3-146 可看出，改道初期河道走清水沟流路，在其外侧受到滩地阻挡而向北流入海，从图 3-147 可看出，1977 年 5 月河道在改道处分成多股水流，河道内存在多个沙坝，后又汇集至单一河道，至入海口处分成多支入海，水流散漫，滩地受到切割呈现破碎状态，此时出现较为明显的河流主河道。

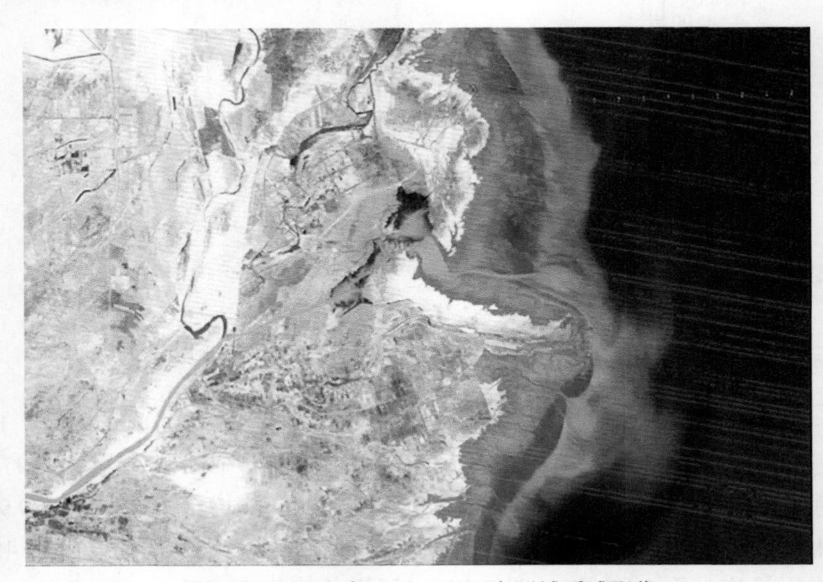

图 3-146　1976 年 6 月 3 日研究区域遥感影像

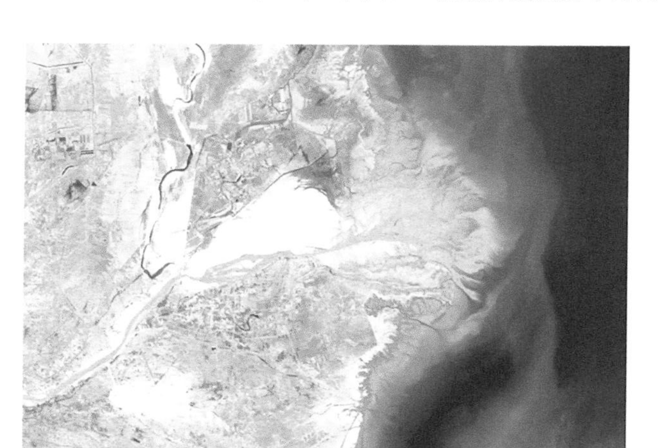

图 3-147　1977 年 5 月 10 日研究区域遥感影像

1977 ～ 1980 年黄河河道先在改道口处向北摆动（图 3-148，图 3-149），如图 3-150 所示，其入海口宽达 16.8km，向北移动 11.6km，在改道口处形成了多个较大的沙坝，其是在 1977 年的基础上发展而来的。至 1980 年河道向南摆动 14.14km，河道单一，在改道口处形成连续弯道，河道由 1977 年的 56.97km 增至 1979 年的 63.69km，1980 年长度为 62.64km，河道南摆后开始迅速淤积延长。

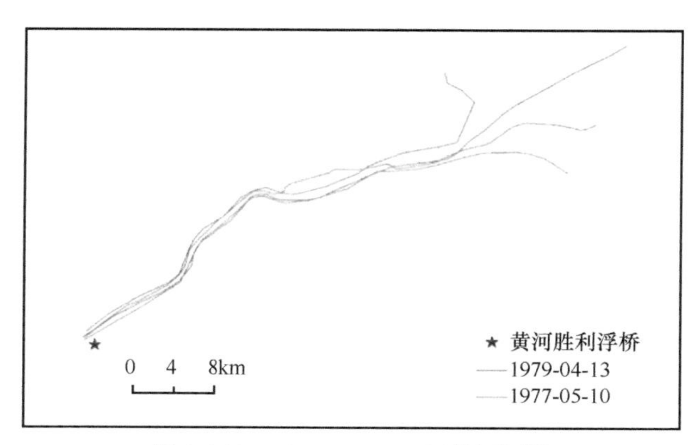

图 3-148　1977 ～ 1979 年黄河河道

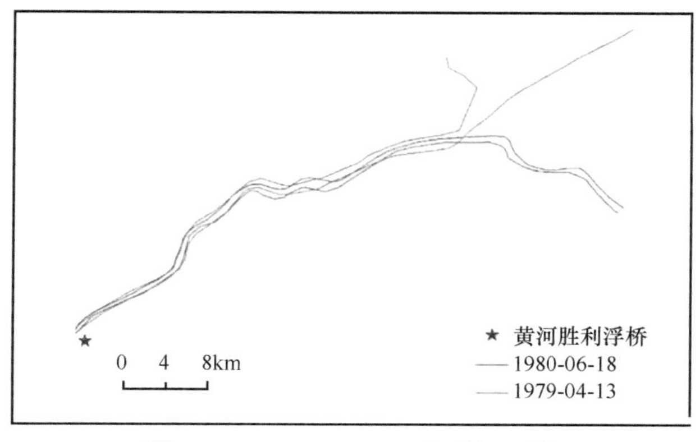

图 3-149　1979 ～ 1980 年黄河河道

图 3-150　1979 年 4 月 13 日研究区域遥感影像

1980 ～ 1981 年河道长度增至 68.41km，1982 年增至 71.01km，除河道长度增加外，河道也经历了向北摆动分汊再归顺单一的过程，1980 年后在改道口处形成的连续“S”形弯道保持稳定，但在 1981 年入海口处向北迁移 4.5km，并且呈现两支入海，至 1982 年河道在此回到单一河道，在入海口处河道中心有沙洲存在，造成局部变宽。1983 年河道在原沙洲处入海，沙洲消失，入海口呈现扩张形态，口门外沙洲散布，河道长度减为 66.15km。

1983 ～ 1986 年，黄河河道经历了迅速延伸及多分汊入海的过程。1983 年河道长度为 66.15km，1984 年为 75.04km，1985 年为 77.23km，1986 年为 79.44km。1983 年口门外散乱分布的沙洲在 1984 年消失，并且河道延长 8.89km，河道延伸部分的南北两侧泥沙淤积扩宽，沙嘴开始形成并逐渐增大；1985 年口门外出现一个较大的沙洲，使得水流分成两股分南北两支入海；至 1986 年，该沙洲溯源发展使得原来的两支入海变成了以北支为主，南支遭受泥沙淤积而逐渐衰弱消失，同时河道南侧的滩地不断淤积，面积不断增大。

1980 ～ 1986 年黄河河道变迁见图 3-151 ～图 3-156；1980 ～ 1986 年黄河河道影像资料见图 3-157 ～图 3-162。

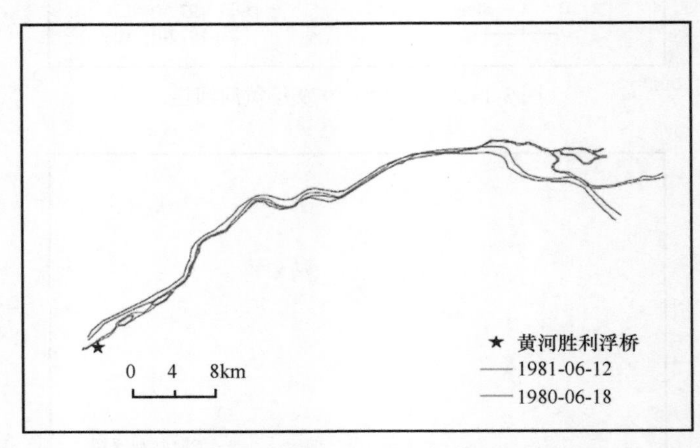

图 3-151　1980 ～ 1981 年黄河河道

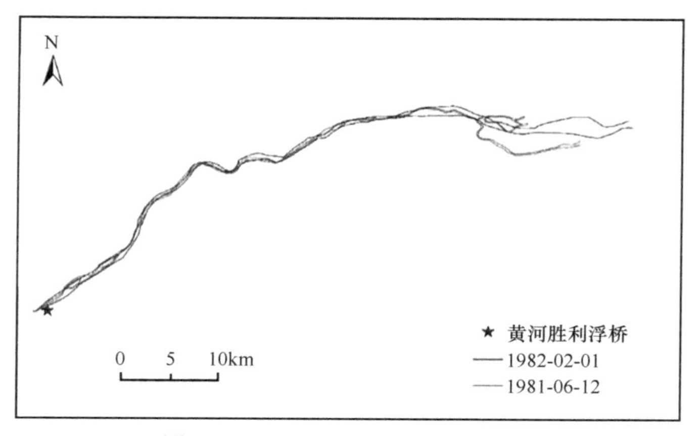

图 3-152　1981 ～ 1982 年黄河河道

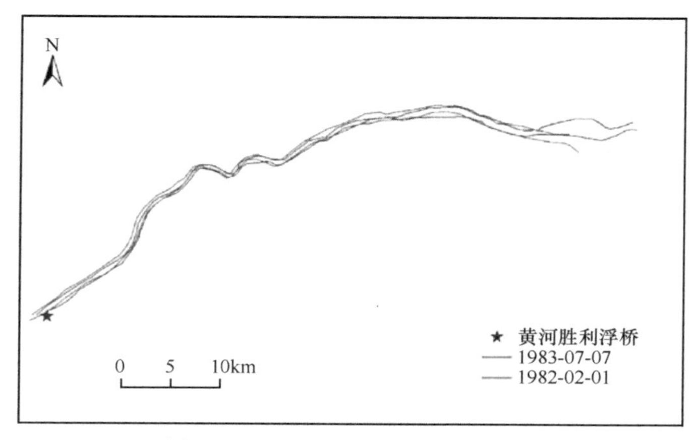

图 3-153　1982 ～ 1983 年黄河河道

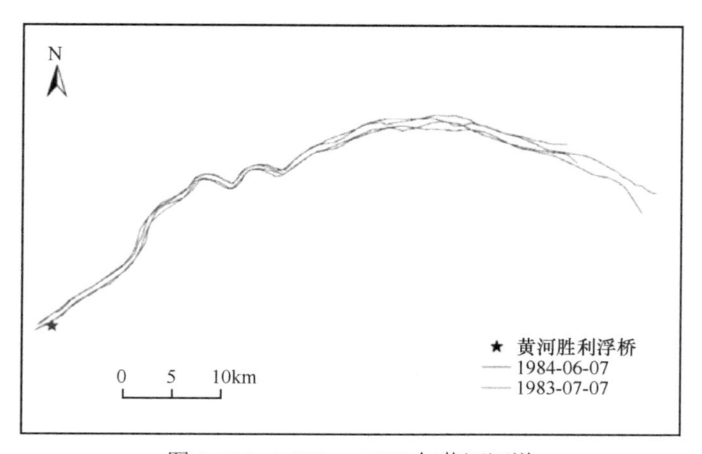

图 3-154　1983 ～ 1984 年黄河河道

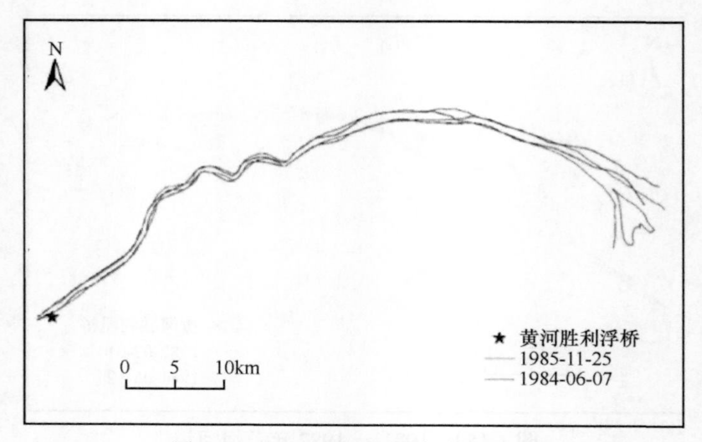

图 3-155 1984 ～ 1985 年黄河河道

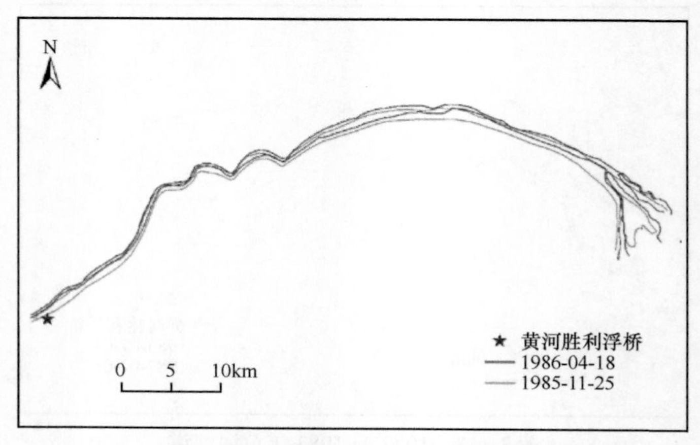

图 3-156 1985 ～ 1986 年黄河河道

图 3-157 1981 年 6 月 12 日黄河河道影像资料

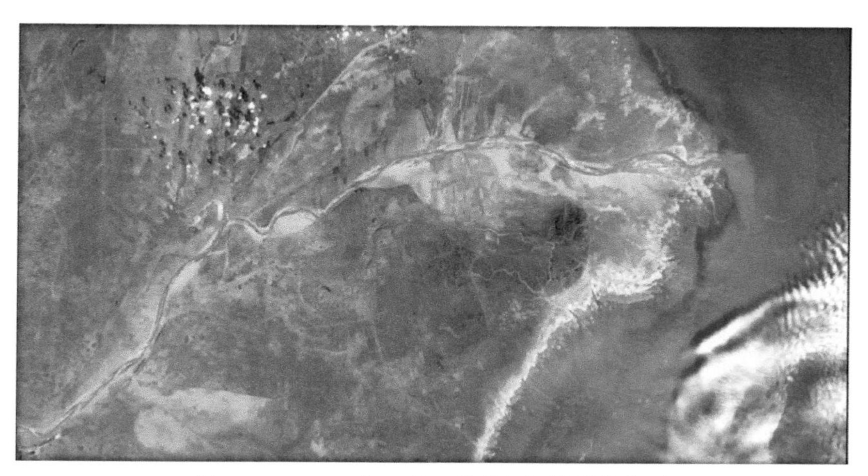

图3-158　1982年2月1日黄河河道影像资料

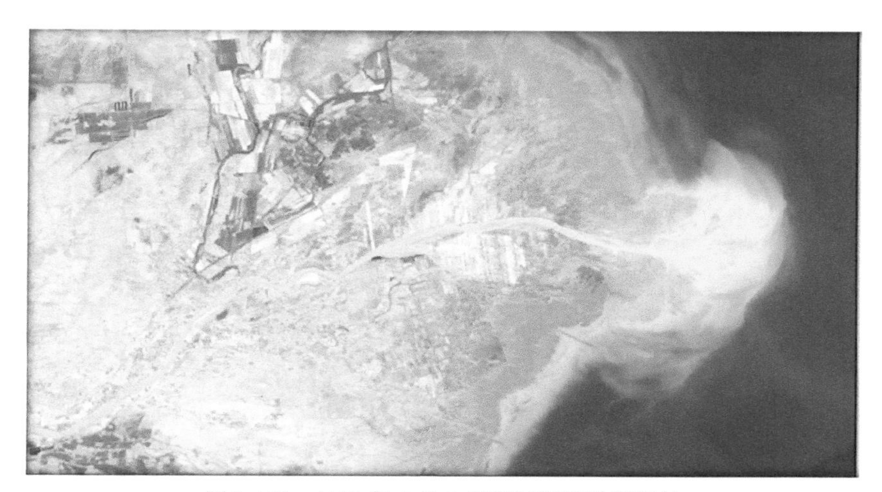

图3-159　1983年7月7日黄河河道影像资料

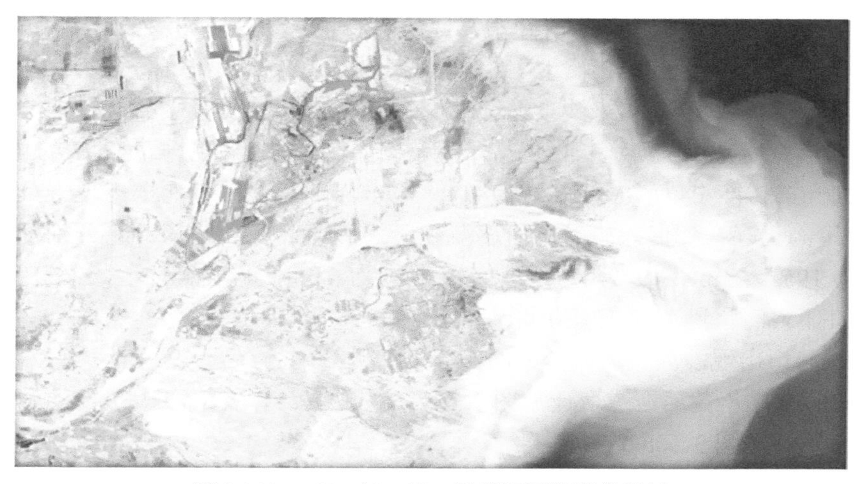

图3-160　1984年6月7日黄河河道影像资料

图 3-161　1985 年 11 月 25 日黄河河道影像资料

图 3-162　1986 年 4 月 18 日黄河河道影像资料

1986 年修建了导流大堤，河道开始保持稳定，不再发生摆动。当年来沙量仅为 1.75 亿 t，来水量为 159.9 亿 m^3，相比于 1985 年（来沙量为 7.58 亿 t，来水量为 390.8 亿 m^3）来水来沙量骤减，在 1987 年来沙量继续减少，为 0.97 亿 t，来水量仅为 108.4 亿 m^3，使得此时期河道宽度减小，河道长度保持不变。例如，1986 年河道长度为 79.44km，1987 年为 79.49km，1988 年为 78.89km。1987 ～ 1988 年河道在沙嘴北部出现一个串沟，至 1989 年该串沟仍存在，但入口受堵而逐渐衰退。1988 年的来水来沙量分别逐渐恢复至 8.17 亿 t 与 195.9 亿 m^3，1989 年来水来沙量分别为 6.08 亿 t 与 243.1 亿 m^3，在丰富的来水来沙条件下，河道迅速向东南方向淤积延伸，1989 年河道长度为 84.11km，河道宽度变大，同时河口出现沙洲将水流分为两支，以北侧为主。

1986 ～ 1989 年黄河河道变迁见图 3-163 ～图 3-165；1986 ～ 1989 年黄河河道影像资料见图 3-166 ～图 3-168。

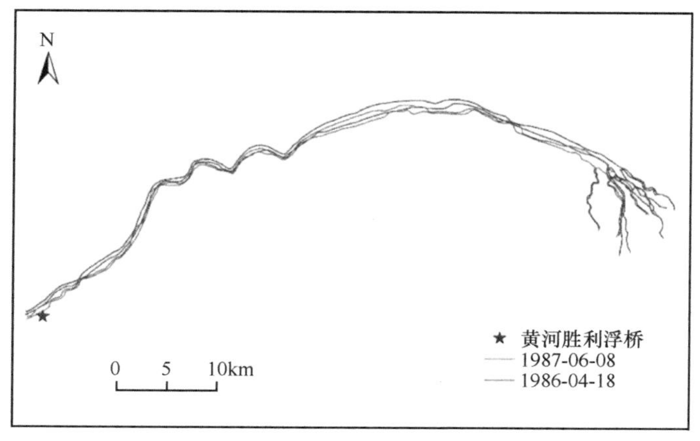

图 3-163　1986 ～ 1987 年黄河河道

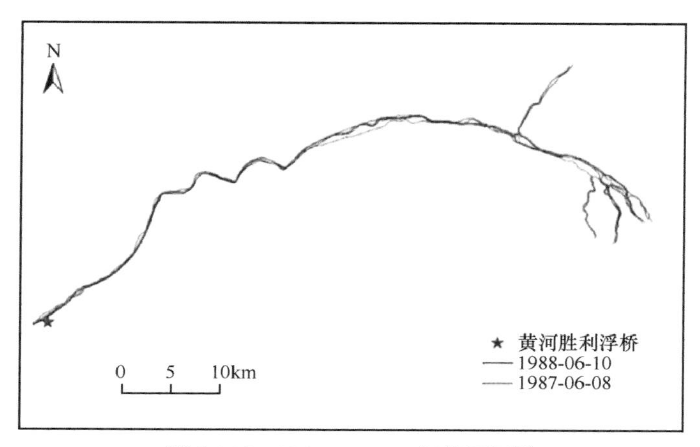

图 3-164　1987 ～ 1988 年黄河河道

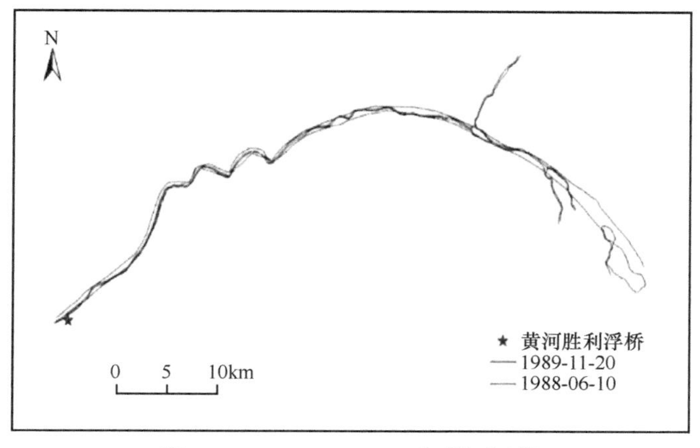

图 3-165　1988 ～ 1989 年黄河河道

图 3-166　1987 年 6 月 8 日黄河河道影像资料

图 3-167　1988 年 6 月 10 日黄河河道影像资料

图 3-168　1989 年 11 月 20 日黄河河道影像资料

1989～1993 年河道进入稳定延伸状态，河道长度整体呈增加趋势，1990 年河道长度为 81.29km，1991 年河道长度为 83.54km，1992 年河道长度为 82.30km，1993 年增加至 90.18km，河道发展方向从向东南延伸发展至 1993 年的向南迅速延伸。

1993～1996 年，河道在 1994 年尾闾河段向北摆动，入海口向北移动 7.1km。1994 年河道长度为 89.07km，1995 年则增至 91.94km，比 1976 年改道前的刁口河流路 89.94km 长 2km，1996 年人工清 8 出汊，造成原河道长度减少至 88.59km，同时出汊河道长度为 69.97km。由此可见，清 8 出汊后原河道迅速侵蚀衰退，造成原沙嘴因来水来沙不足而遭受侵蚀，新形成的小沙嘴迅速淤积。

1989～1996 年黄河河道变迁见图 3-169～图 3-175；1989～1996 年黄河河道影像资料见图 3-176～图 3-181。

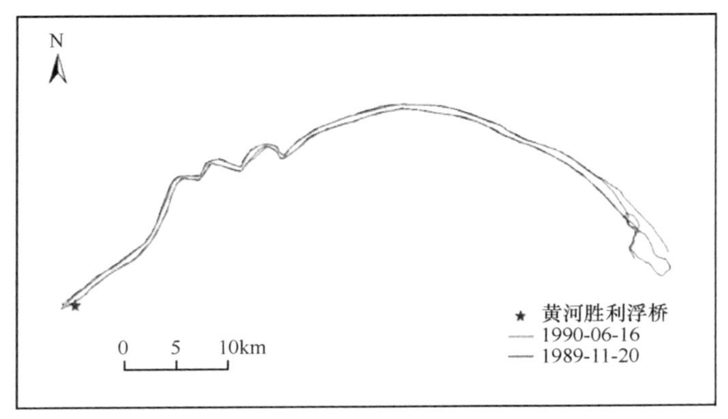

图 3-169　1989～1990 年黄河河道

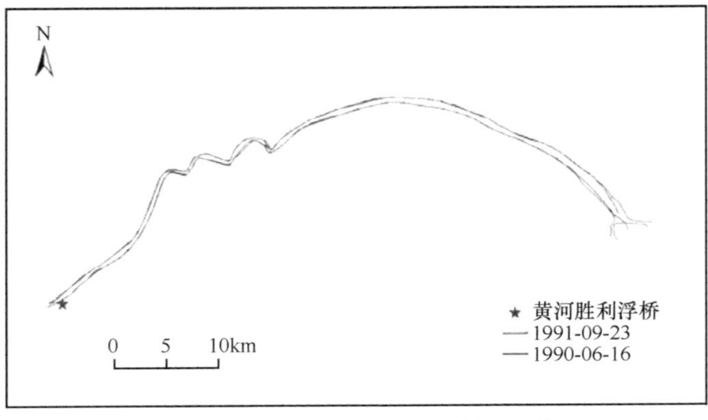

图 3-170　1990～1991 年黄河河道

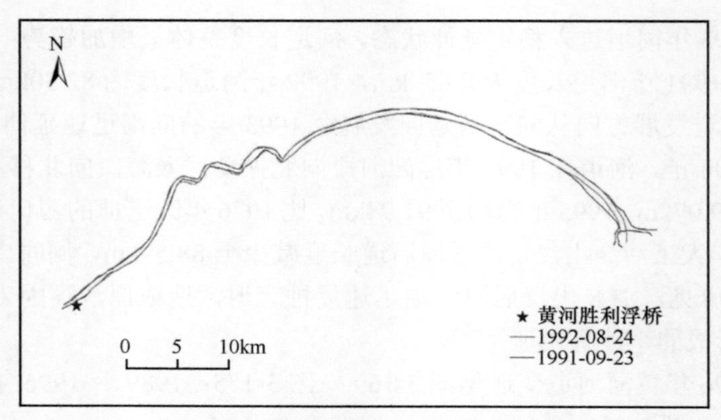

图 3-171 1991 ～ 1992 年黄河河道

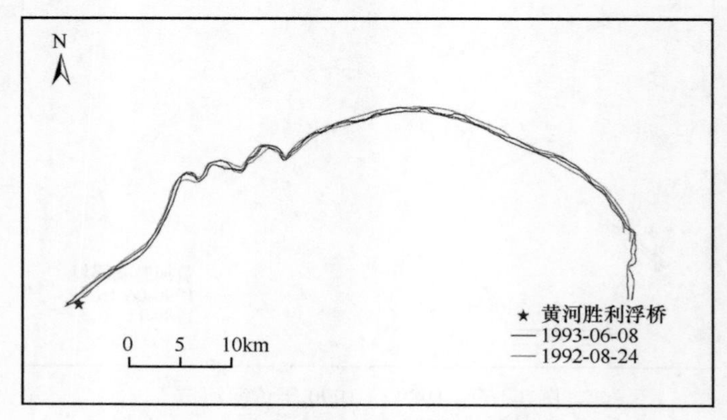

图 3-172 1992 ～ 1993 年黄河河道

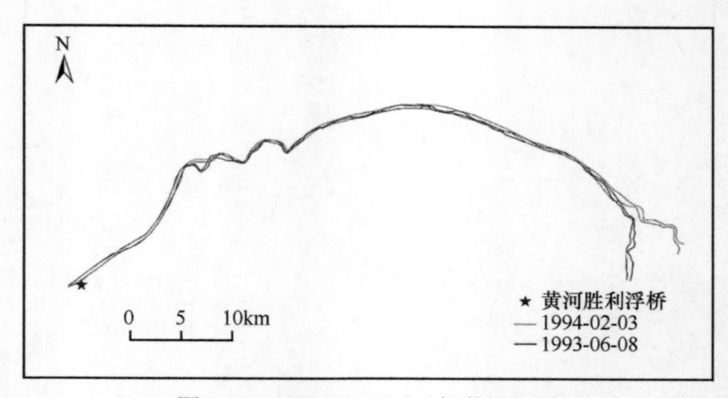

图 3-173 1993 ～ 1994 年黄河河道

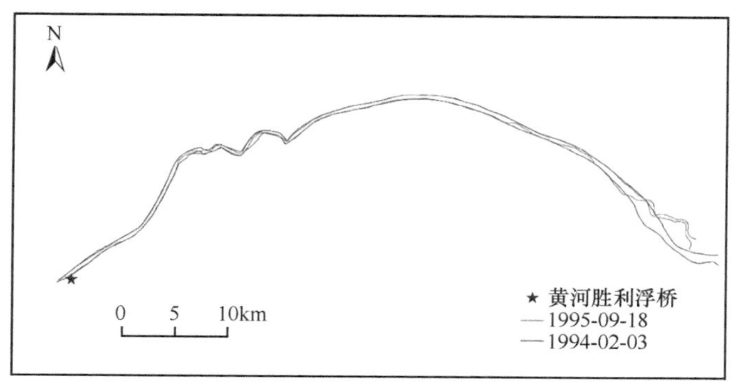

图 3-174　1994 ～ 1995 年黄河河道

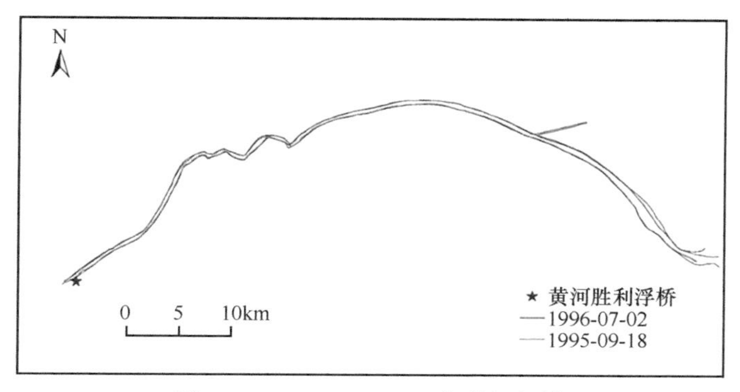

图 3-175　1995 ～ 1996 年黄河河道

图 3-176　1990 年 6 月 16 日黄河河道影像资料

图 3-177　1991 年 9 月 23 日黄河河道影像资料

图 3-178　1992 年 8 月 24 日黄河河道影像资料

图 3-179　1993 年 6 月 8 日黄河河道影像资料

图 3-180　1994 年 2 月 3 日黄河河道影像资料

图 3-181　1995 年 9 月 18 日黄河河道影像资料

1996 ～ 2002 年黄河河道变迁见图 3-182 ～图 3-185；1996 ～ 2002 年黄河河道影像资料见图 3-186 ～图 3-192。

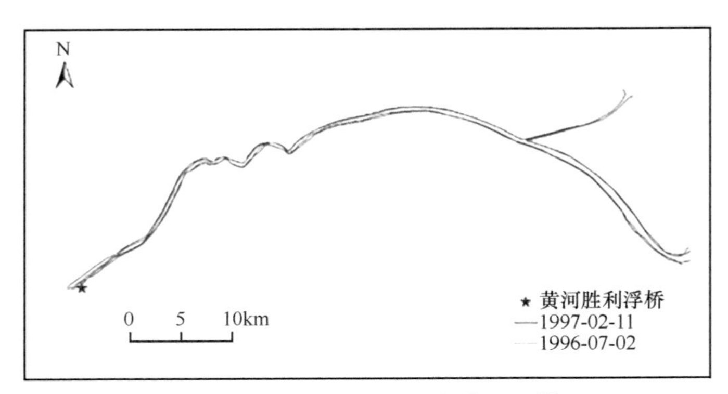

图 3-182　1996 ～ 1997 年黄河河道

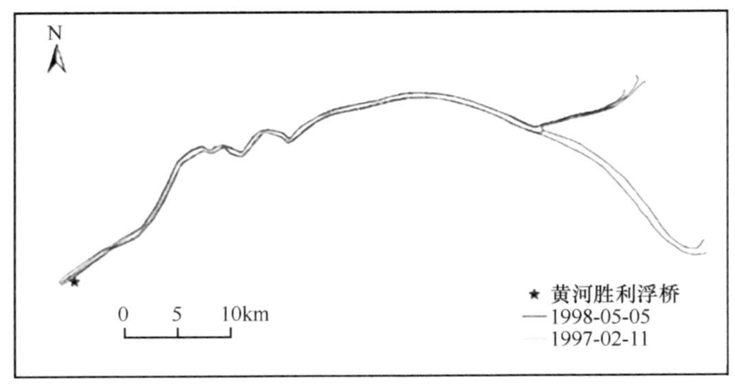

图 3-183　1997 ～ 1998 年黄河河道

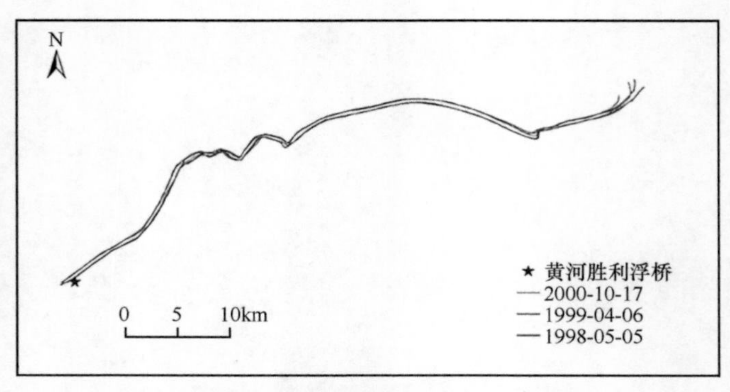

图 3-184 1998 ～ 2000 年黄河河道

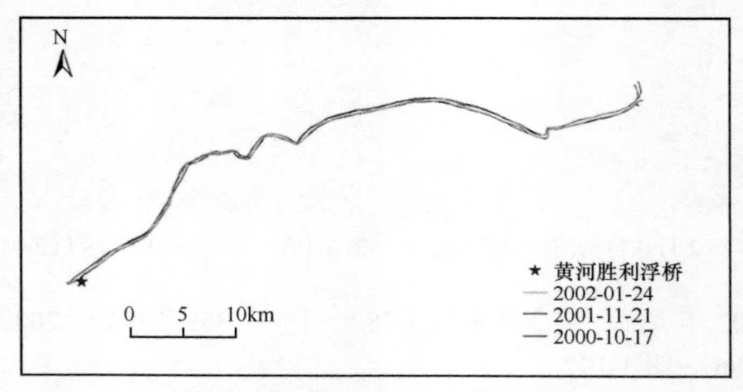

图 3-185 2000 ～ 2002 年黄河河道

图 3-186 1996 年 7 月 2 日黄河河道影像资料

图 3-187 1997 年 2 月 11 日黄河河道影像资料

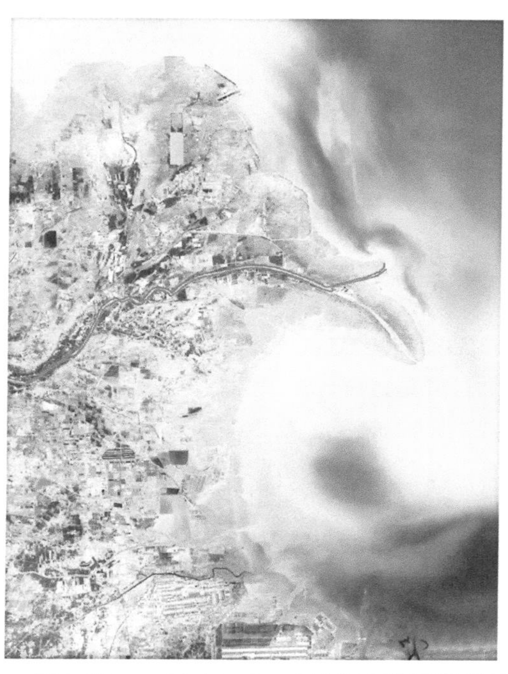

图 3-188　1998 年 5 月 5 日黄河河道影像资料

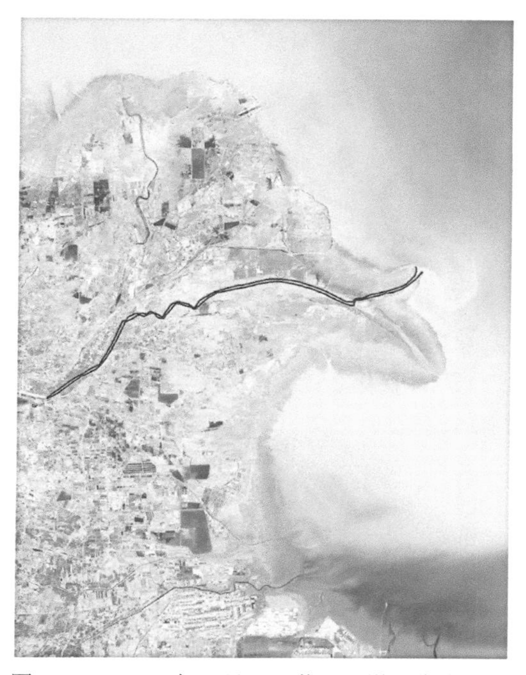

图 3-189　1999 年 4 月 6 日黄河河道影像资料

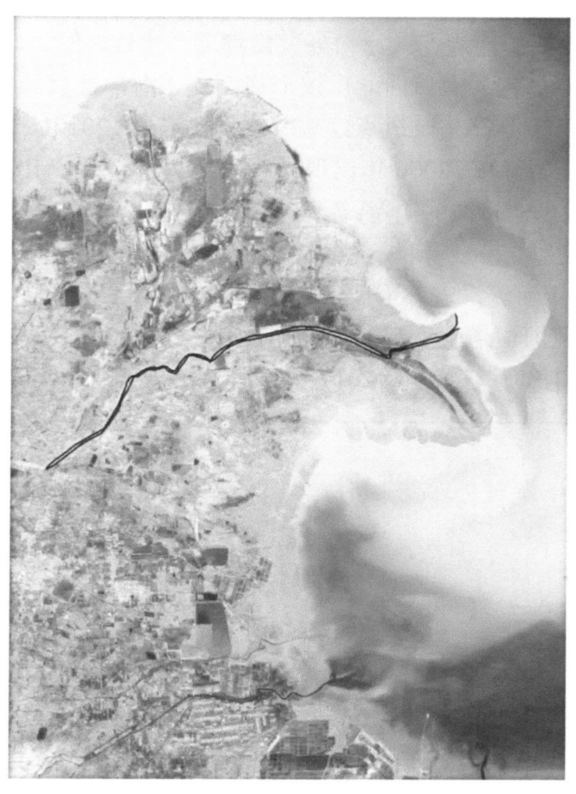

图 3-190　2000 年 10 月 17 日黄河河道影像资料图

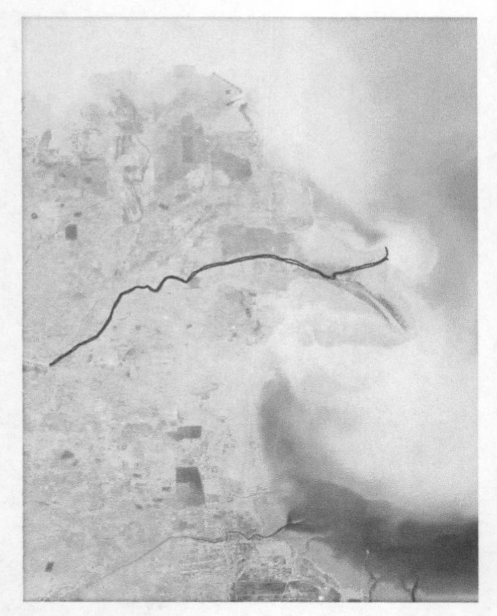

图 3-191　2001 年 11 月 21 日黄河河道影像资料

图 3-192　2002 年 1 月 24 日黄河河道影像资料

在清 8 出汊后，河道开始进入新一轮的淤积延伸，新改道的河道在出汊点经“S”形弯道后入海，河道长度在 1998 年为 76.0km，到 2006 年河道长度为 84.1km，平均每年约延伸 1.0km，新出汊的河道在入海口处发生摆动与出汊。例如，2003 ～ 2004 年入海口向南摆，2005 ～ 2006 年入海口向北出汊形成两支入海，此后该区域一直发生变化。

从改道至 2010 年河道都在改道点经过“S”形弯道，2010 ～ 2011 年该“S”形弯道被人工裁弯取直。入海口在 2006 年出现分汊后，2007 年沿新出汊的河道继续延伸，2008 年又向东北方向出汊，2009 年沿着新出汊方向行河，河道在 2006 ～ 2009 年入海口出汊 3 次，河道长度从 2005 年的 84.5km 降至 2009 年的 79.4km，每次出汊都导致河道长度减小，同时次年河流沿着新形成的出汊河道行水。

2003 ～ 2017 年黄河河道变迁见图 3-193 ～图 3-200；2003 ～ 2017 年黄河河道影像资料见图 3-201 ～图 3-215；1973 ～ 2017 年黄河河道总变迁对比见图 3-216。

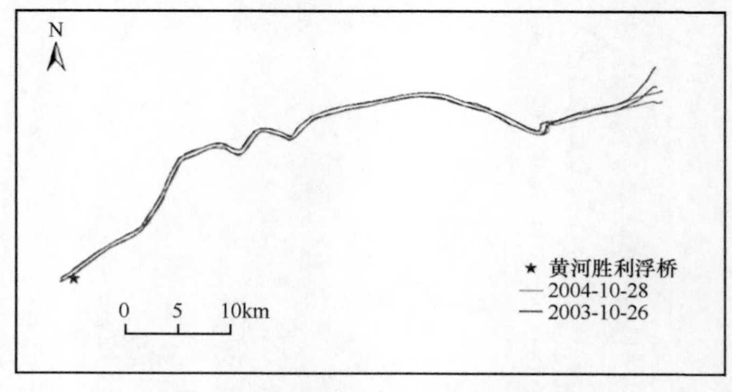

图 3-193　2003 ～ 2004 年黄河河道

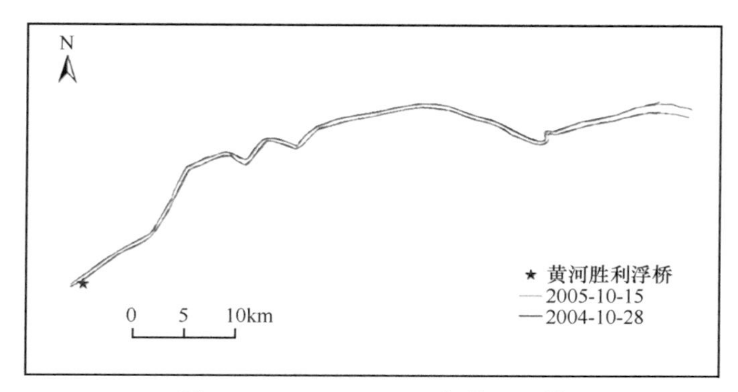

图 3-194　2004 ～ 2005 年黄河河道

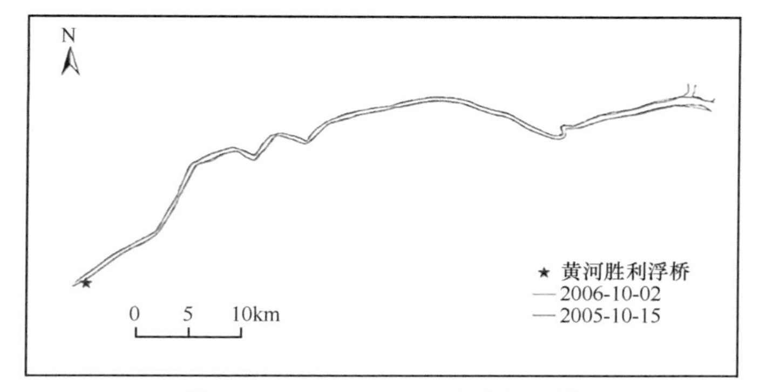

图 3-195　2005 ～ 2006 年黄河河道

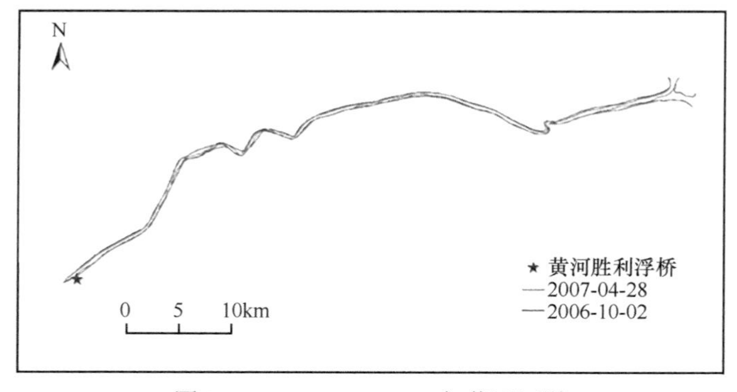

图 3-196　2006 ～ 2007 年黄河河道

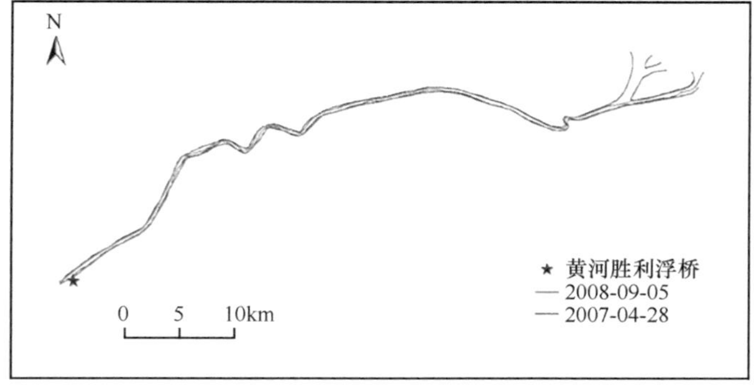

图 3-197　2007 ～ 2008 年黄河河道

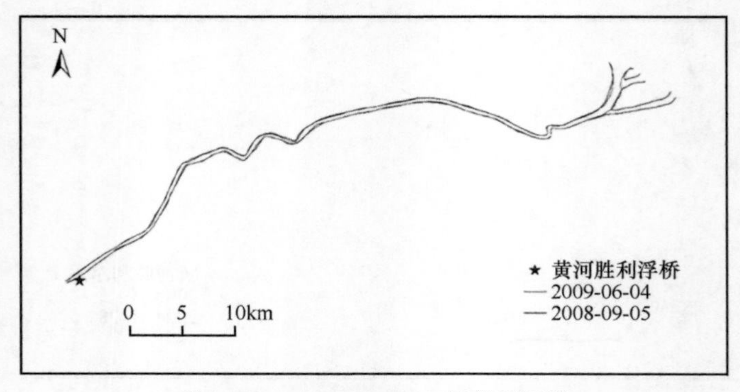

图 3-198　2008～2009 年黄河河道

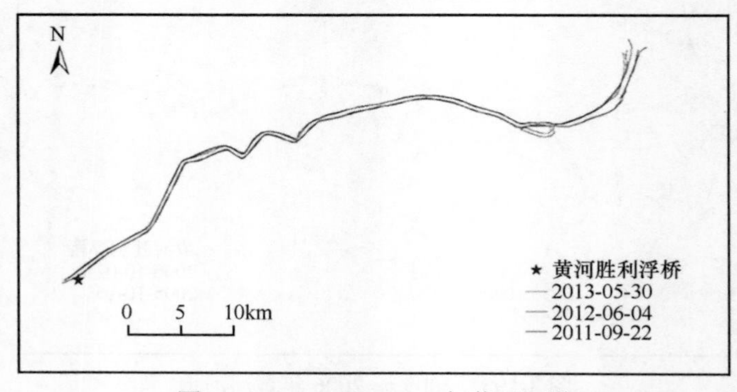

图 3-199　2011～2013 年黄河河道

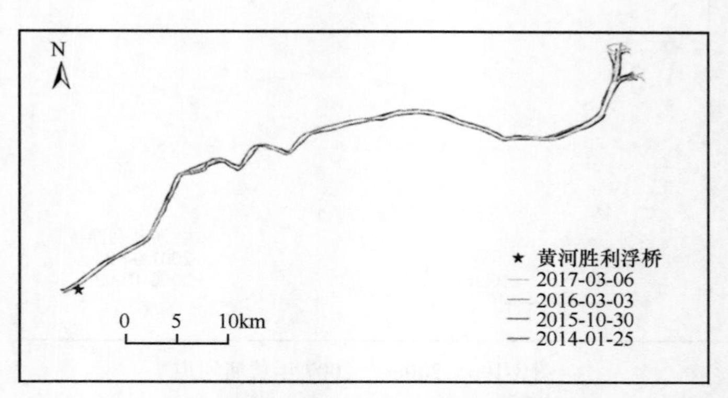

图 3-200　2014～2017 年黄河河道

图 3-201　2003 年 10 月 26 日黄河河道影像资料

图 3-202　2004 年 10 月 28 日黄河河道影像资料

图 3-203　2005 年 10 月 15 日黄河河道影像资料

图 3-204　2006 年 10 月 2 日黄河河道影像资料

图 3-205　2007 年 4 月 28 日黄河河道影像资料

图 3-206　2008 年 9 月 5 日黄河河道影像资料

图 3-207　2009 年 6 月 4 日黄河河道影像资料

图 3-208　2010 年 9 月 11 日黄河河道影像资料

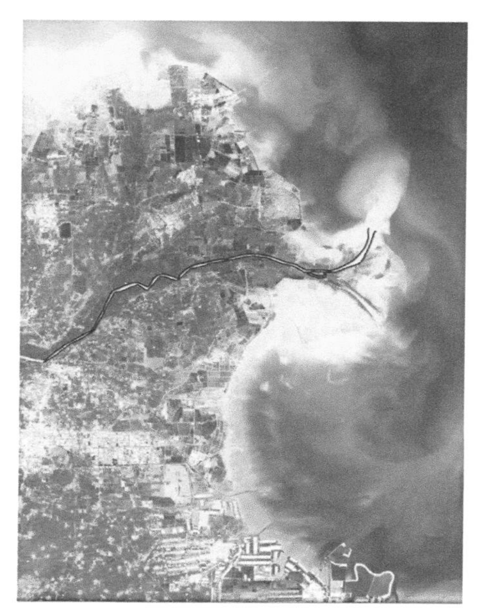
图 3-209　2011 年 9 月 22 日黄河河道影像资料

图 3-210　2012 年 6 月 4 日黄河河道影像资料

图 3-211　2013 年 5 月 30 日黄河河道影像资料

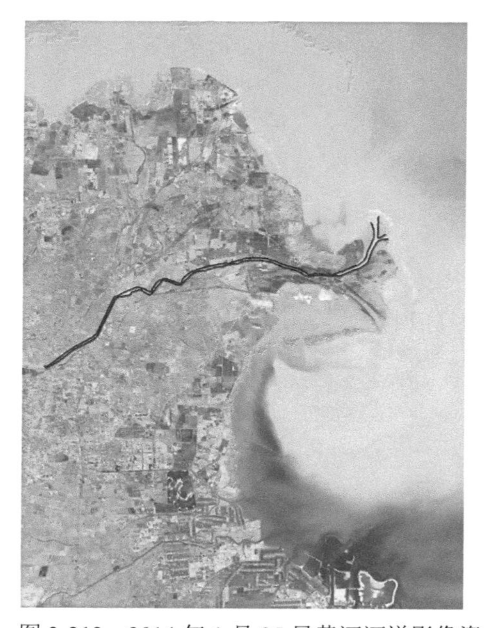
图 3-212　2014 年 1 月 25 日黄河河道影像资料

图 3-213　2015 年 10 月 30 日黄河河道影像资料

图 3-214　2016 年 3 月 3 日黄河河道影像资料

图 3-215　2017 年 3 月 6 日黄河河道影像资料

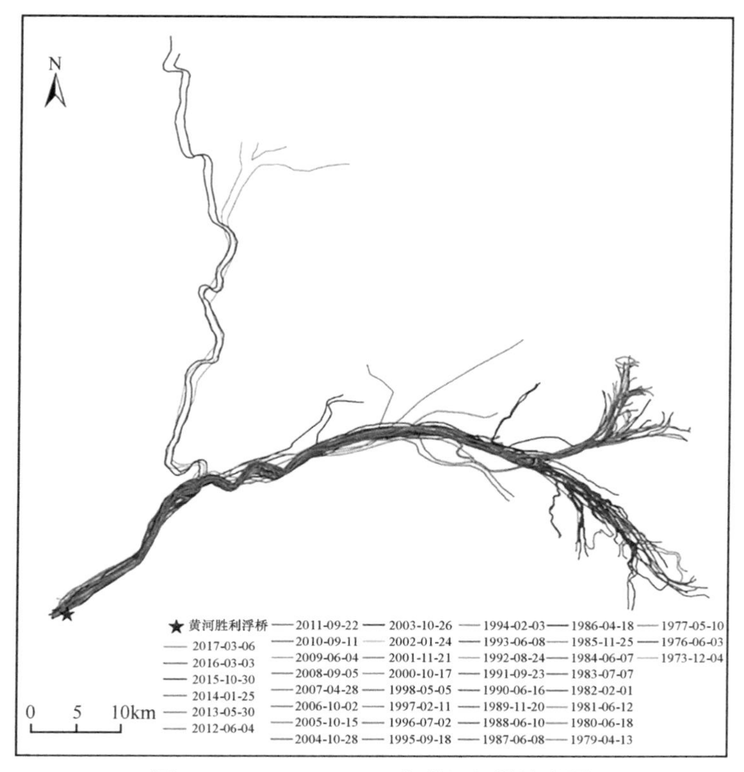

图 3-216　1973 ～ 2017 年黄河河道演变图

参考文献

白玉川，温志超，徐海珏 . 2019. 围海造陆条件下排海高温浓盐水对渤海湾温盐场分布影响模拟及预测 . 海洋学报 (中文版), 41(3): 61-74.

白玉川，谢琦，徐海珏 . 2018. 黄河口高流速区近 50 年演变过程 . 海洋地质前沿，34(10): 1-11.

白玉川，谢琦，徐海珏 . 2019. 黄河口近 60 年来潮流特征演化过程 . 海洋通报，38(2): 141-149.

白玉川，杨艳静，王靖雯 . 2011. 渤海湾海岸古气候环境及其对海岸变迁的影响 . 水利水运工程学报，(4): 18-26.

邓书斌 . 2010. ENVI 遥感图像处理方法 . 北京：科学出版社 .

李安龙，李广雪，曹立华，等 . 2004. 黄河三角洲废弃叶瓣海岸侵蚀与岸线演化 . 地理学报，59(5): 731-737.

梁顺林 . 2009. 定量遥感 . 北京：科学出版社 .

刘凤岳 . 1987. 风暴潮对黄河三角洲的影响及其一般规律 . 海岸工程，6(1): 79-83.

罗小桥 . 2013. 黄河三角洲的海岸变迁与控制因素研究 . 中国海洋大学硕士学位论文 .

涂晶，白玉川，徐海珏，等 . 2017. 渤海湾围垦工程引起的岸线及潮流变化 . 港工技术，54(4): 1-4.

张晓龙，李培英，刘月良 . 2006. 黄河三角洲风暴潮灾害及其对滨海湿地的影响 . 自然灾害学报，15(2): 10-13.

张哲源，徐海珏，白玉川，等 . 2017. 基于卫星遥感技术的赣江尾闾河势演变分析 . 水利水电技术，48(7): 20-27.

周长江，申宪忠 . 2001. 黄河海港海洋环境 . 北京：海洋出版社 .

第 4 章　黄河口及附近海域表层悬浮泥沙时空分布

4.1　黄河口及莱州湾表层悬浮泥沙浓度时空分布特点研究

西太平洋潮波经过黄海后进入渤海，由于渤海南部区域特殊地形的影响，在经过渤海海峡后，半日旋转潮波分为两支，一支向北传向辽东湾，另一支向南进入渤海湾，在秦皇岛沿海及黄河口外形成无潮点，在黄河口附近的无潮点因黄河三角洲特殊的岸线及水下三角洲的影响而靠近陆地，其 M_2 分潮无潮点位置大致位于 38°09′N、119°04′E，其潮波类型大致分为两类，分别是在神仙沟附近的全日潮及不正规半日潮，M_2 潮流椭圆在黄河口附近呈现扁平状，其长轴大致与岸线平行，具有往复流的特性，流速在 0.5 ～ 1.0m/s，涨潮流大于落潮流，涨潮时由北向南流动，落潮时由南向北流动，涨落潮历时大致为涨五落七（涨潮历时 5h，落潮历时 7h），神仙沟附近涨落潮历时大致相等。此外，在黄河三角洲附近大致分布有两个高流速区，一个在神仙沟口无潮点附近，最大流速可以达到 1.60m/s，另一个在黄河口门处，流速可以达到 1.85m/s。

除上述潮流影响外，黄河口海区亦存在余流的影响，潮流受到黄河三角洲形成的沙嘴的海岬地形阻隔，形成了欧拉余流（岬角余流），因此在黄河口沙嘴的南北两侧生成了两个旋转方向相反的涡旋，南顺北逆，越靠近岸边流速越大，最大余流速度可以达到 20cm/s，平均为 5cm/s。

黄河口外尚存在切变锋，1991 年 5 ～ 6 月李广雪等在黄河口沉积动力学调查中，发现活动三角洲前缘区存在流场切变带，切变带是指在黄河口实测流场剖面（垂直等深线）存在一个两侧流速流向相反、中间流速较低的区域，切变带的形成与潮流场历时不均匀有关，潮流场历时不均匀受到河口沙嘴的影响，在其北侧涨潮流历时大于落潮流历时，南侧落潮流历时大于涨潮流历时，故切变锋是潮流场变形的产物，而河口区的射流及其惯性力又加剧了切变锋的作用，在涨落潮间，形成了内涨外落型切变锋与内落外涨型切变锋，历时约 2h，切变锋对河口悬沙具有富集作用，在切变带垂线含沙量可达 15kg/m^3 以上，向海侧则迅速降低至 0.5kg/m^3 以下。在切变锋附近，悬沙大量淤积，剩余部分则随着潮流与余流等向外海运移。图 4-1 为 1984 年 7 月 17 日黄河口的河口切变峰现象。

选择 1989 ～ 2017 年的多年多时相遥感卫星图像，参考赵倩（2016）提出的基于 Landsat 卫星的黄河口表层悬浮泥沙浓度分布（SSSC）反演公式，对黄河口及其外海区域进行表层悬浮泥沙浓度反演。对于 Landsat 5 TM 数据，选用 $Rrs(b_4)/Rrs(b_1)$ 作为泥沙遥感参数 X，选用 $SSSC=1603.194X^3-2677.011X^2+2569.904X-368.906$ 作为三次关系模型；对于 Landsat 7 ETM+ 卫星数据，选用 $Rrs(b_4)/Rrs(b_1)$ 作为泥沙遥感参数 X，选用 $SSSC=1502.239X^3-2529.413X^2+2490.969X-358.319$ 作为三次关系模型；对于 Landsat 8 OLI 卫星数据，选用 $Rrs(b_5)/Rrs(b_2)$ 作为泥沙遥感参数 X，选用 $SSSC=1406.405X^3-$

1824.106X^2+2323.982−268.034 作为三次关系模型。数据处理过程同第 3 章，在 ENVI 波段计算中输入上述公式，将结果导入至 ArcMAP 中，可得到如图 4-2 ～图 4-57 所示的数据。

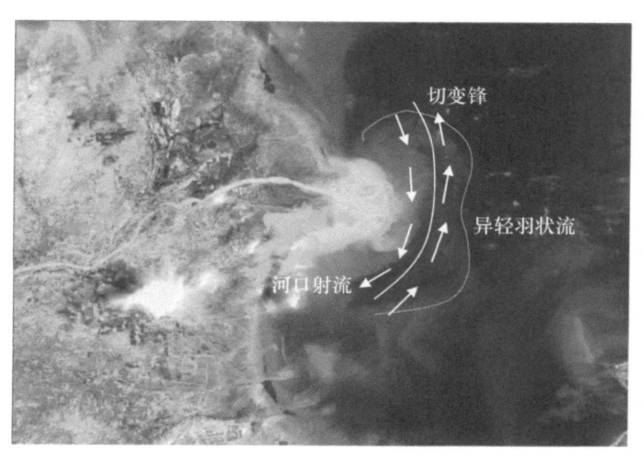

图 4-1　卫星图像与河口切变锋（参照李广雪和成国栋，1994；1984 年 7 月 17 日，外落内涨型切变锋，利津站流量为 1980m^3/s）

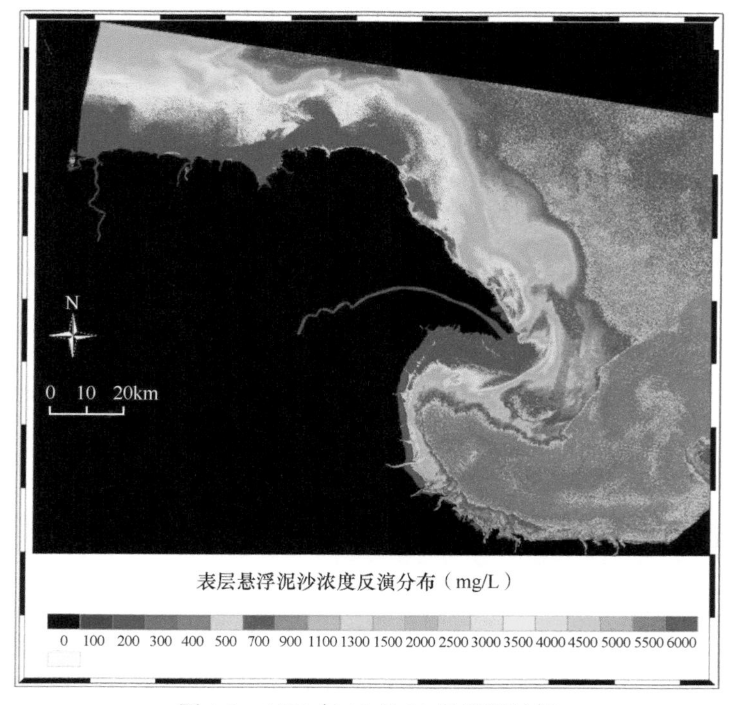

图 4-2　1989 年 11 月 20 日涨潮时刻

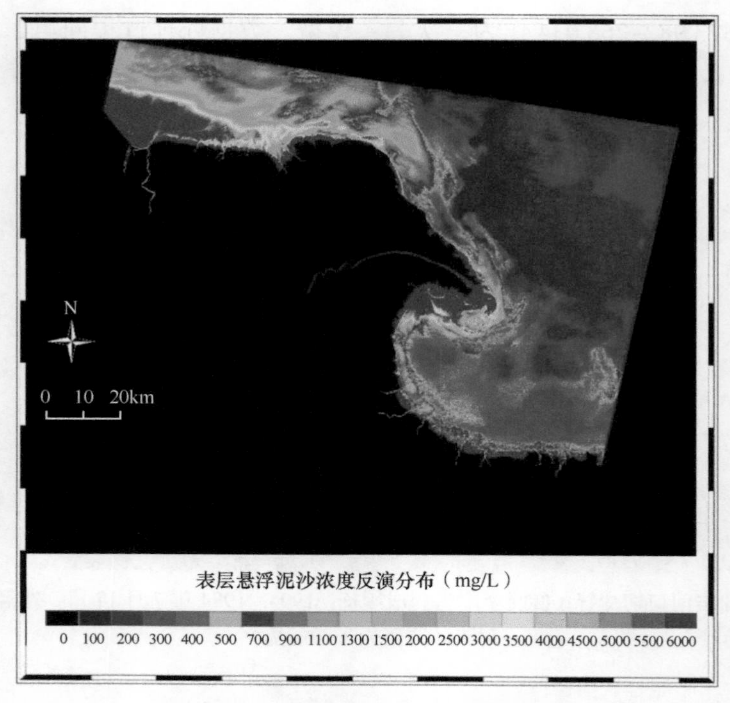

图 4-3 1990 年 3 月 12 日涨潮时刻

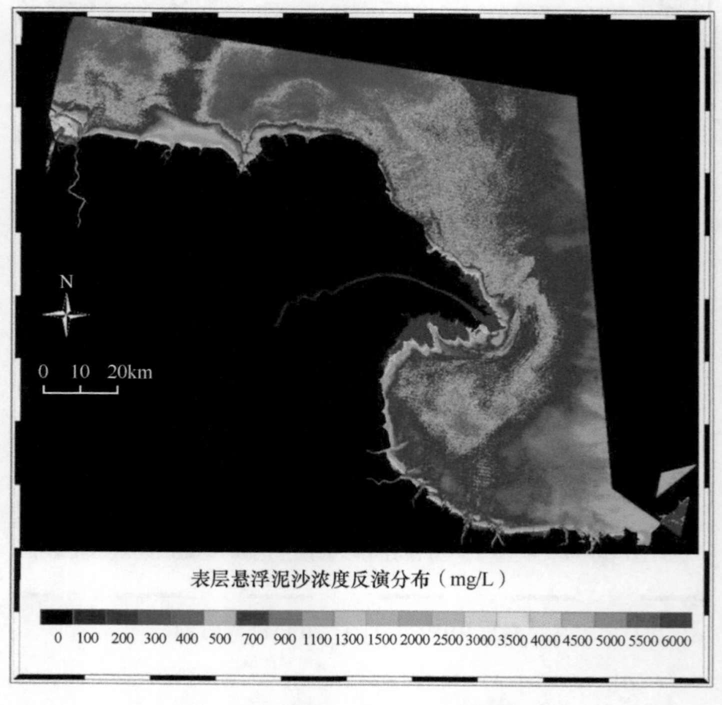

图 4-4 1990 年 6 月 16 日落潮时刻

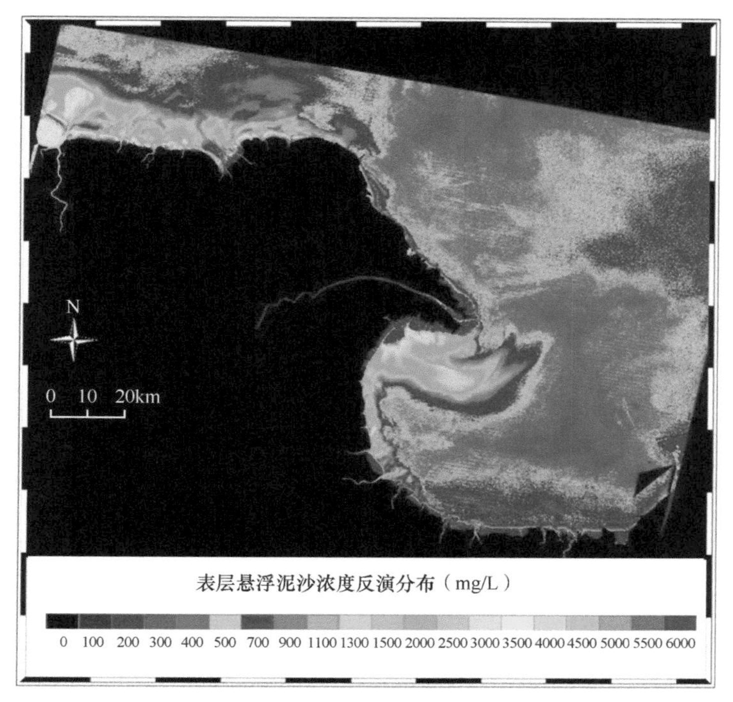

图 4-5　1991 年 4 月 16 日落潮时刻

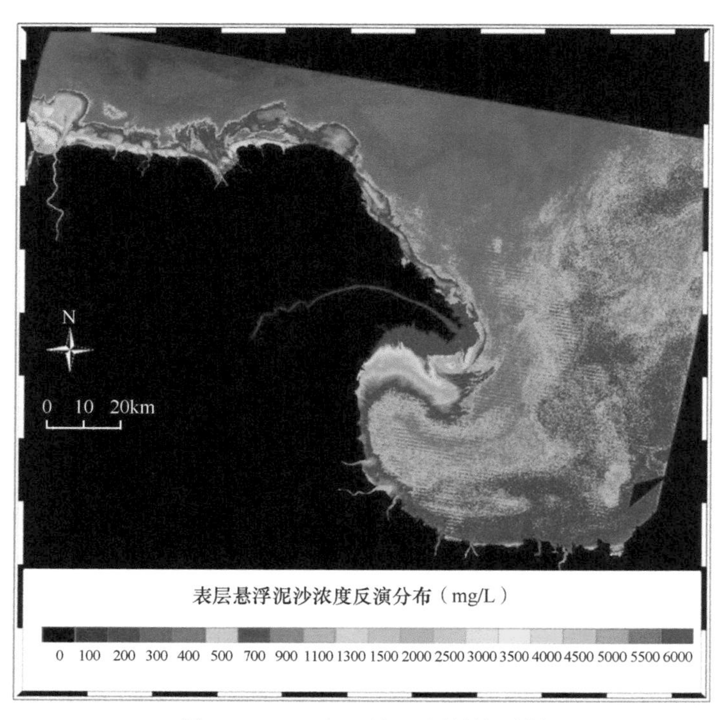

图 4-6　1991 年 9 月 23 日涨潮时刻

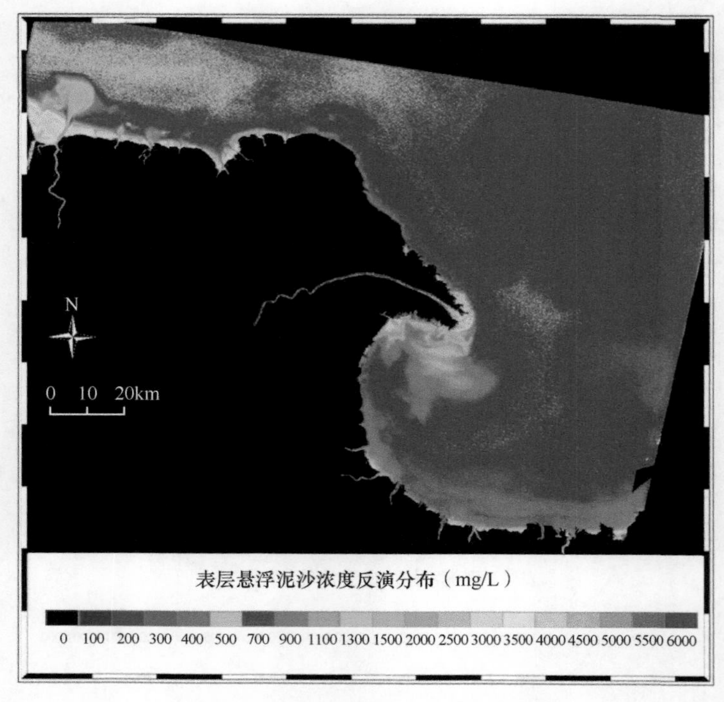

图 4-7　1992 年 4 月 2 日落潮时刻

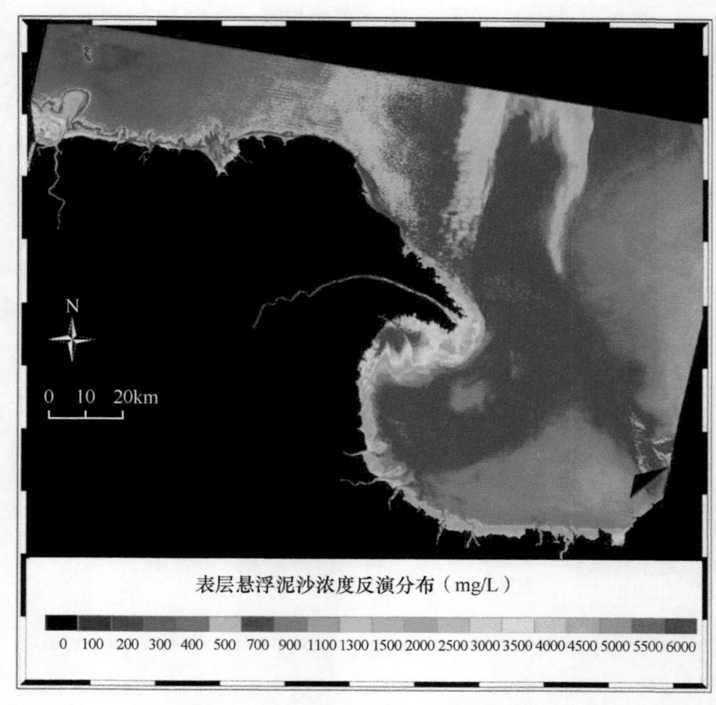

图 4-8　1993 年 4 月 2 日涨潮时刻

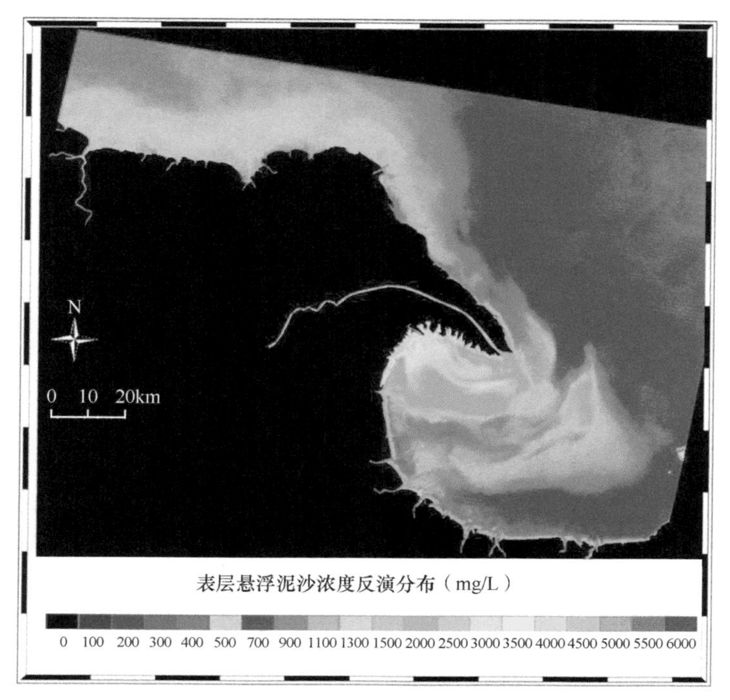

图 4-9　1995 年 2 月 22 日涨潮时刻

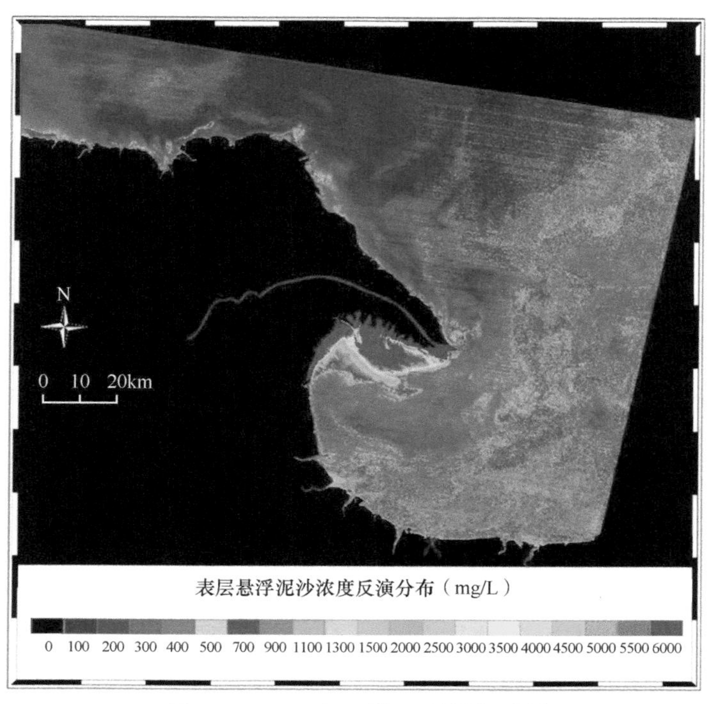

图 4-10　1995 年 9 月 18 日涨潮时刻

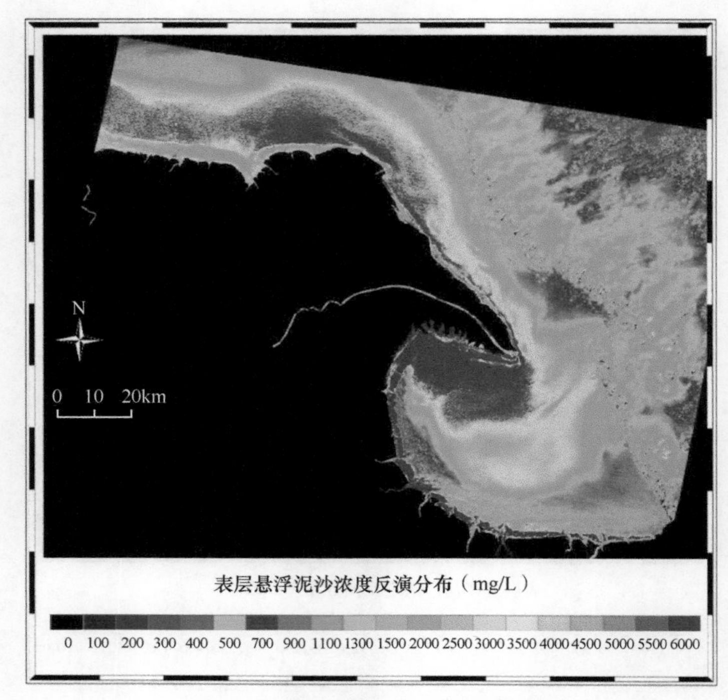

图 4-11　1996 年 2 月 9 日涨潮时刻

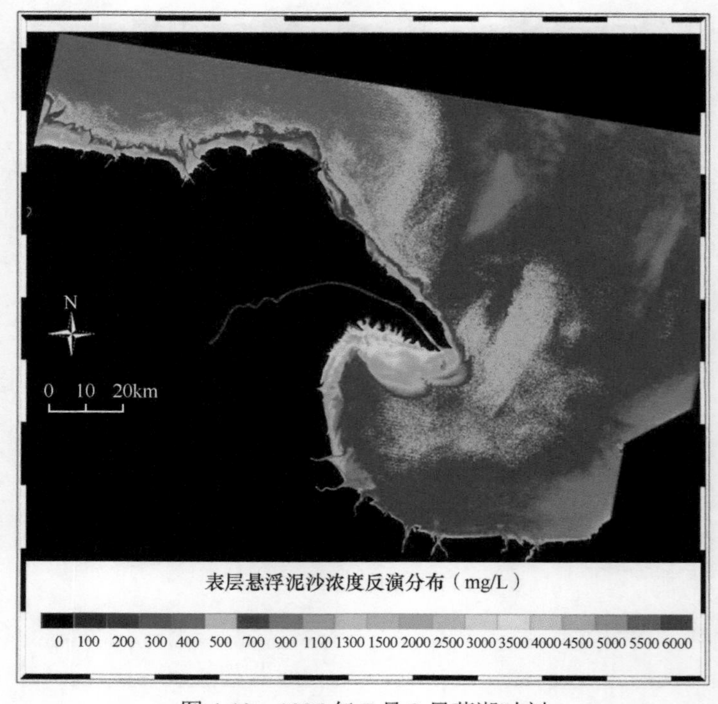

图 4-12　1996 年 7 月 2 日落潮时刻

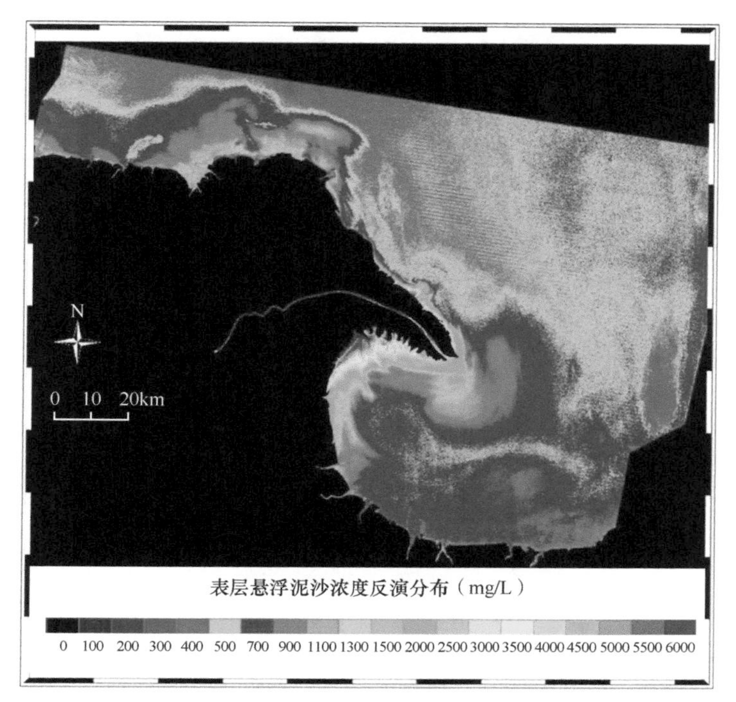

图 4-13　1998 年 5 月 5 日涨潮时刻

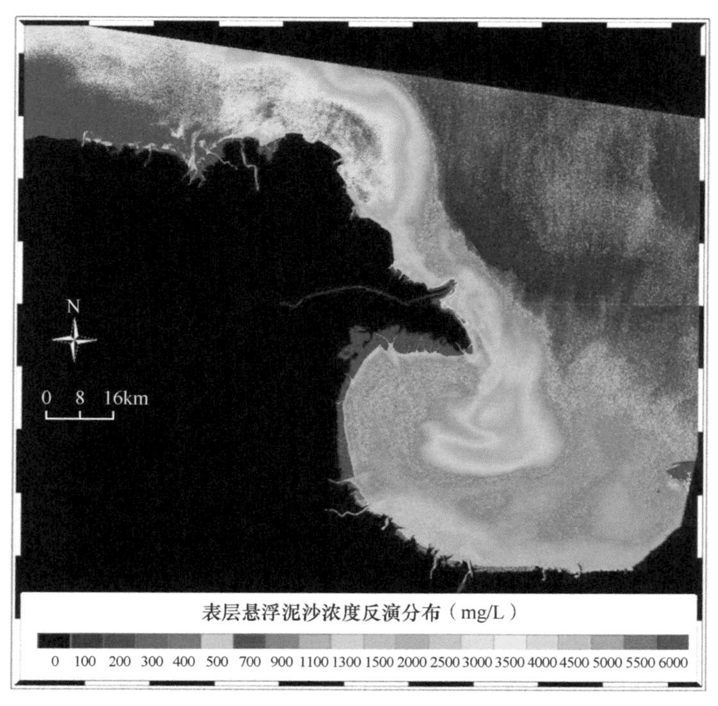

图 4-14　1999 年 12 月 10 日涨潮时刻

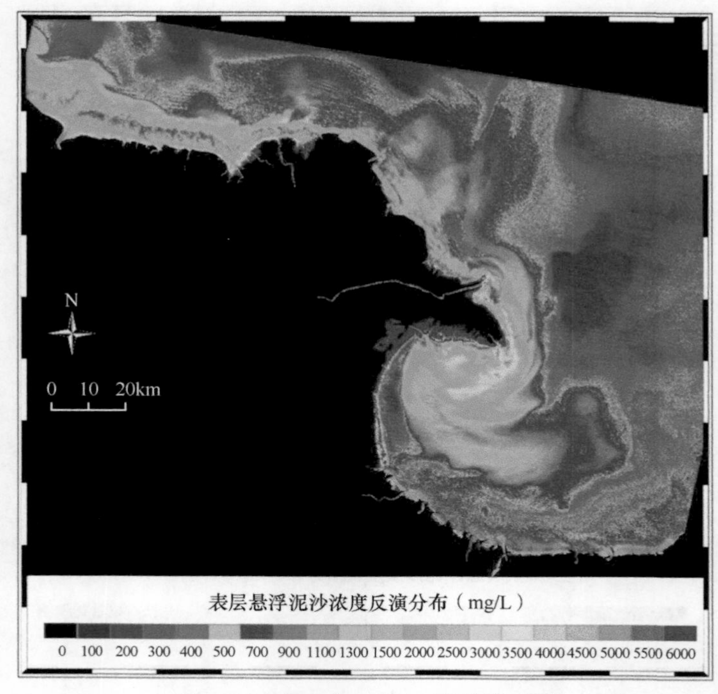

图 4-15　2000 年 2 月 20 日涨潮时刻

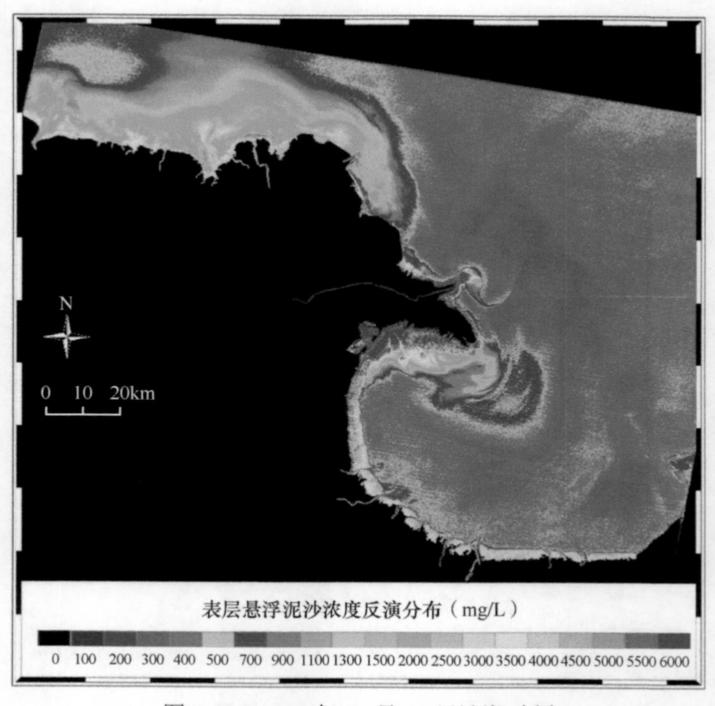

图 4-16　2000 年 10 月 17 日涨潮时刻

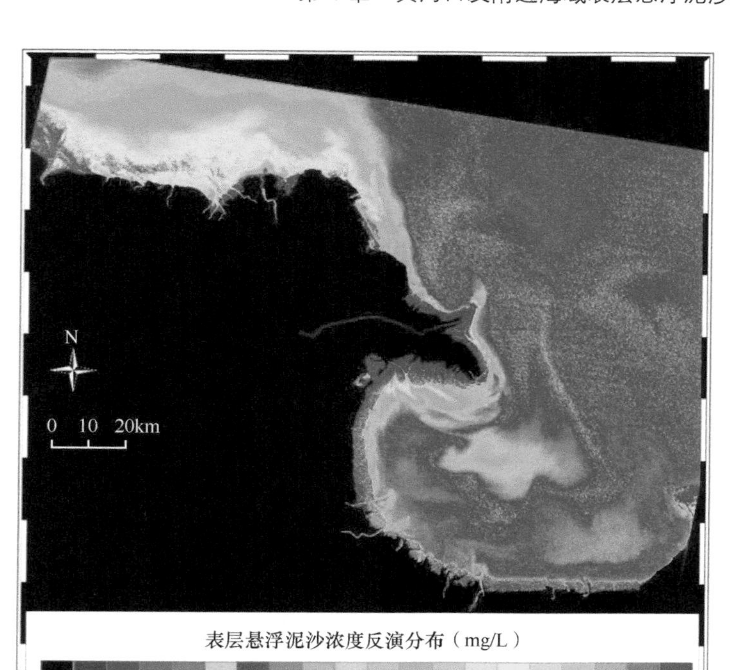

图 4-17　2000 年 12 月 4 日涨潮时刻

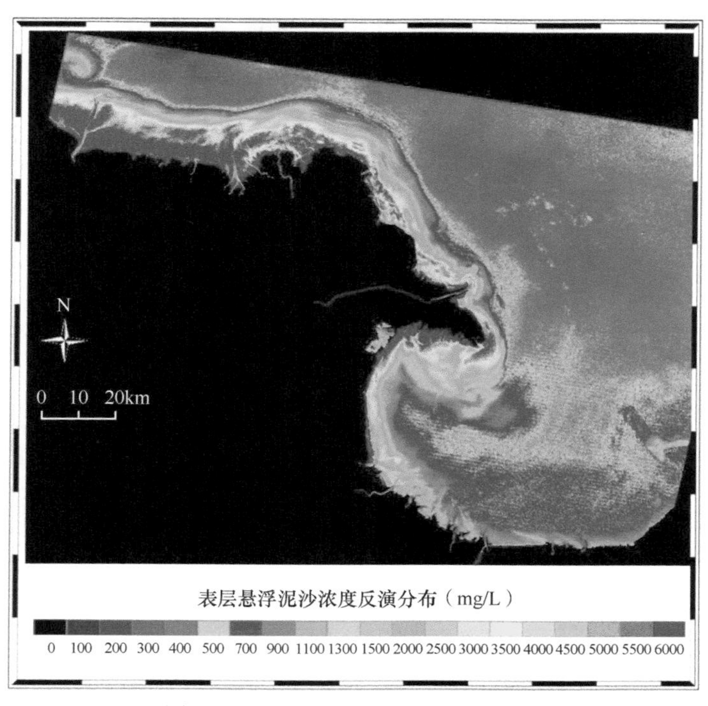

图 4-18　2001 年 9 月 18 日涨潮时刻

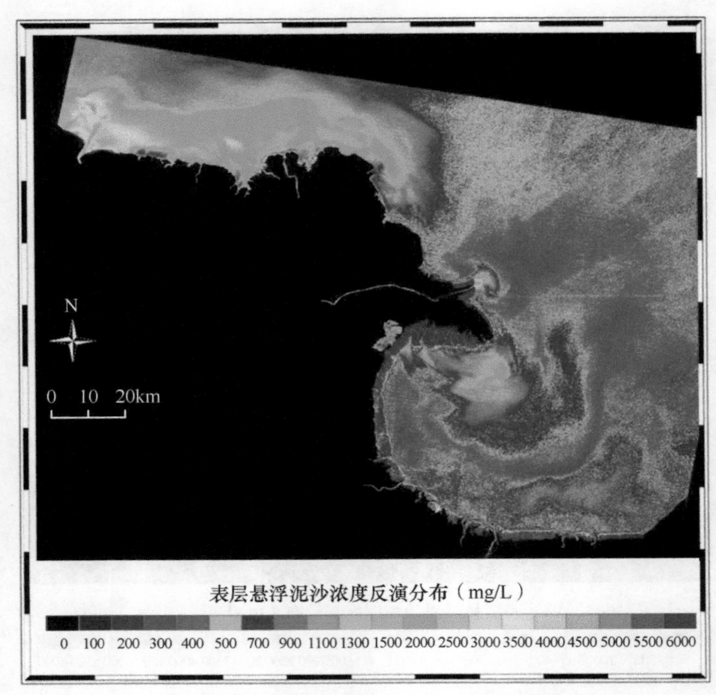

图 4-19　2001 年 11 月 21 日涨潮时刻

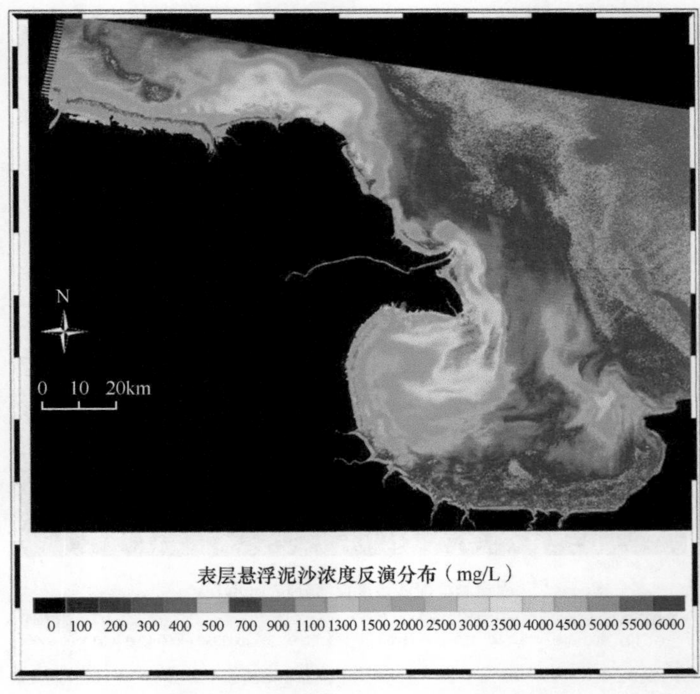

图 4-20　2003 年 2 月 12 日涨潮时刻

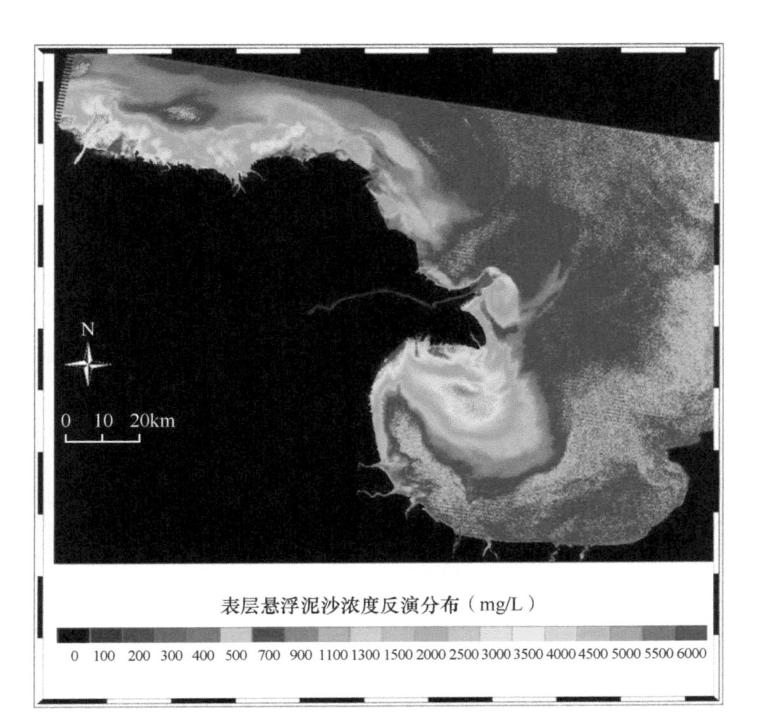

图 4-21　2003 年 10 月 26 日落潮时刻

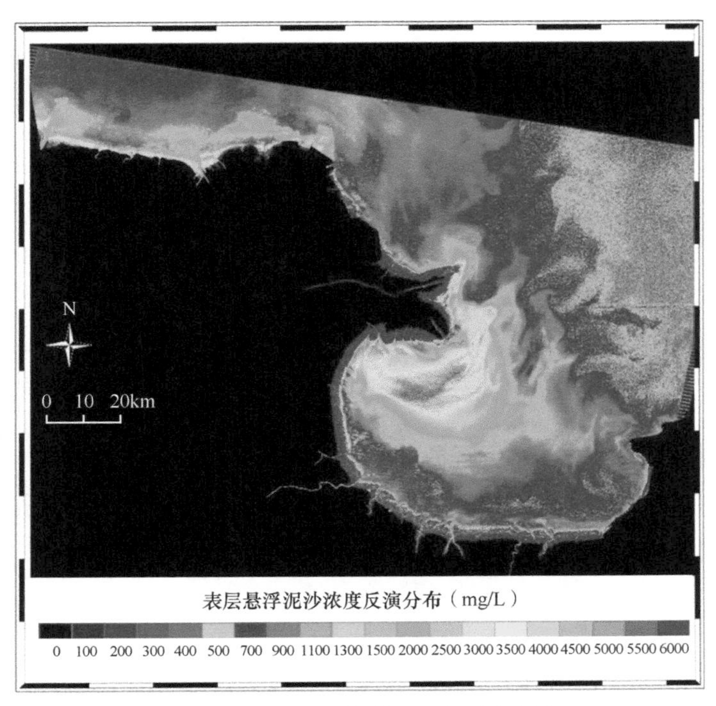

图 4-22　2004 年 2 月 15 日落潮时刻

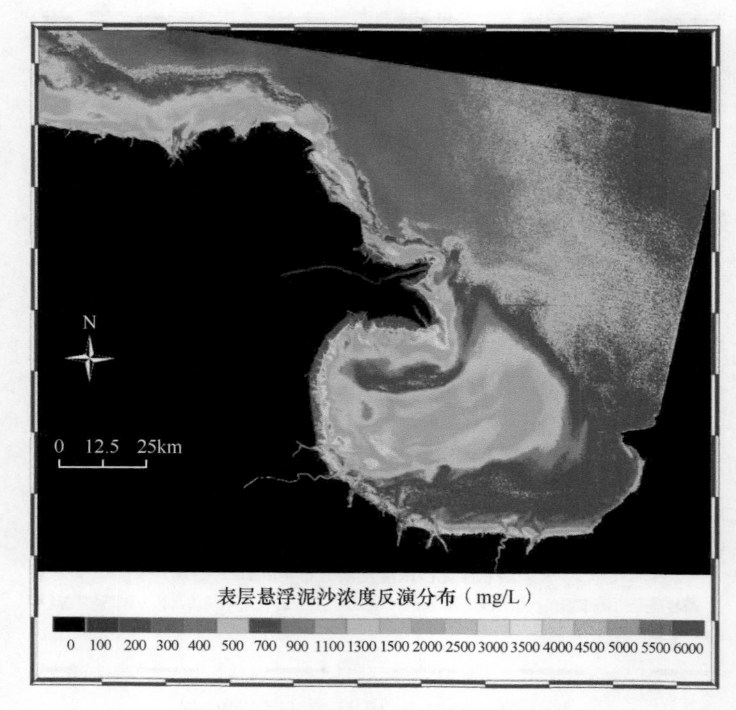

图 4-23　2004 年 4 月 27 日落潮时刻

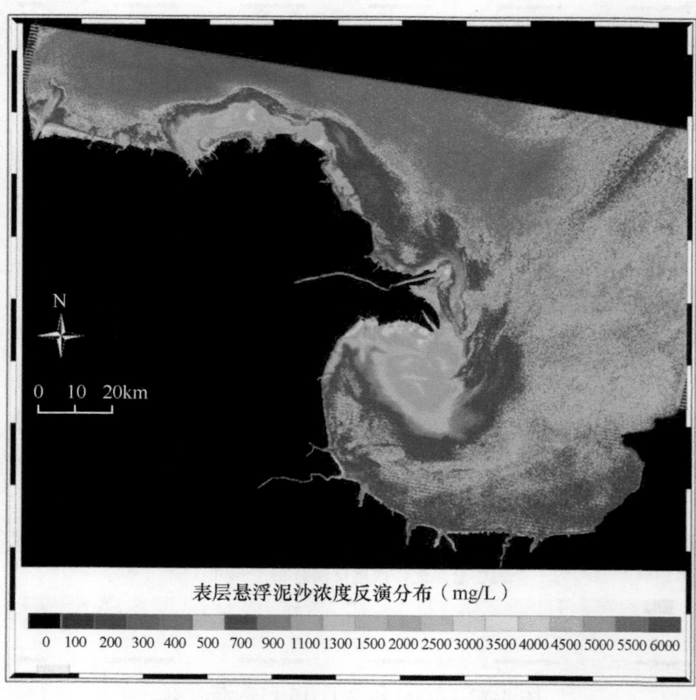

图 4-24　2004 年 10 月 28 日涨潮时刻

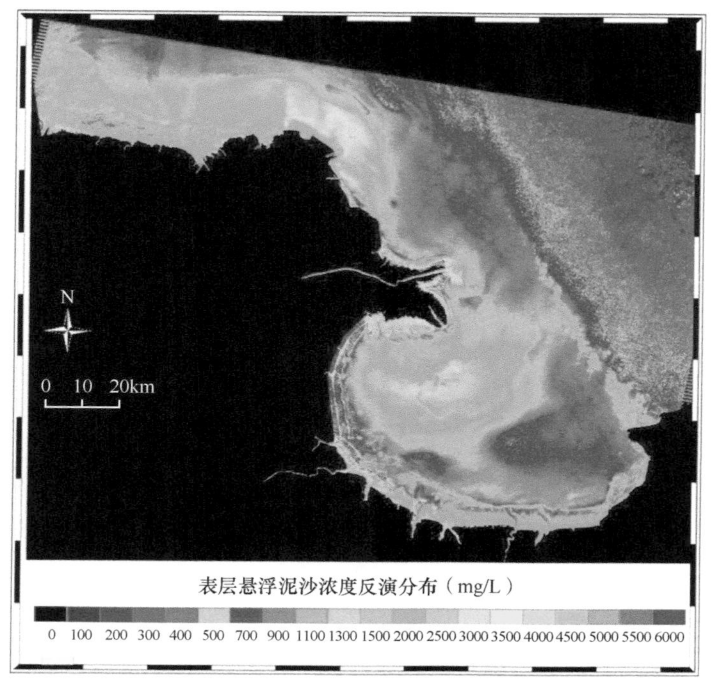

图 4-25　2005 年 1 月 16 日涨潮时刻

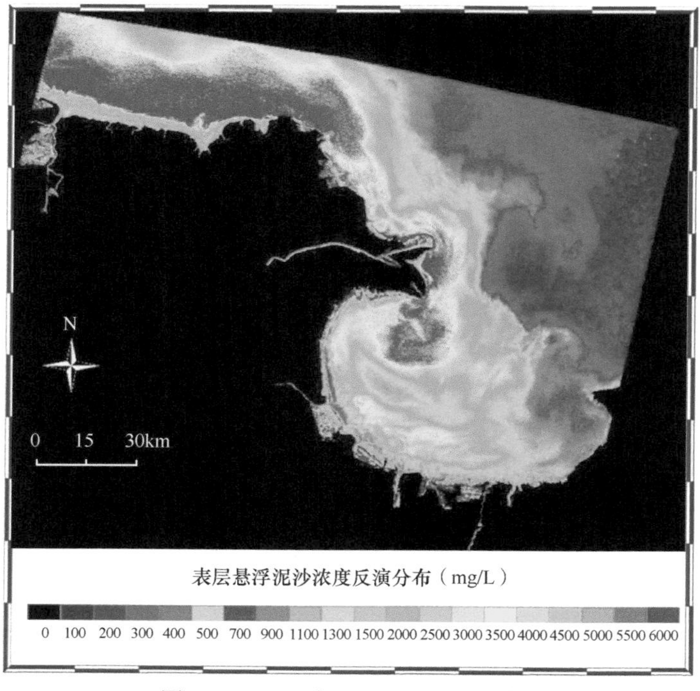

图 4-26　2005 年 2 月 25 日涨潮时刻

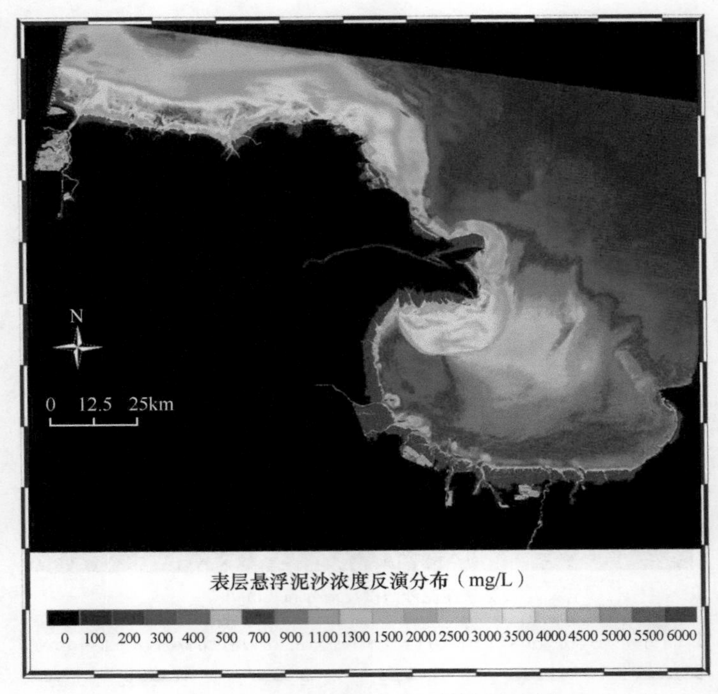

图 4-27　2005 年 3 月 29 日涨潮时刻

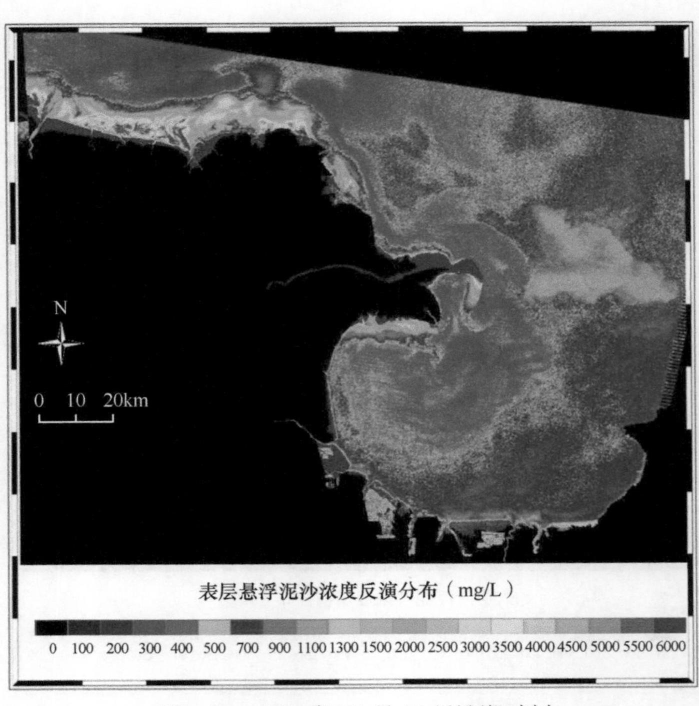

图 4-28　2005 年 10 月 15 日涨潮时刻

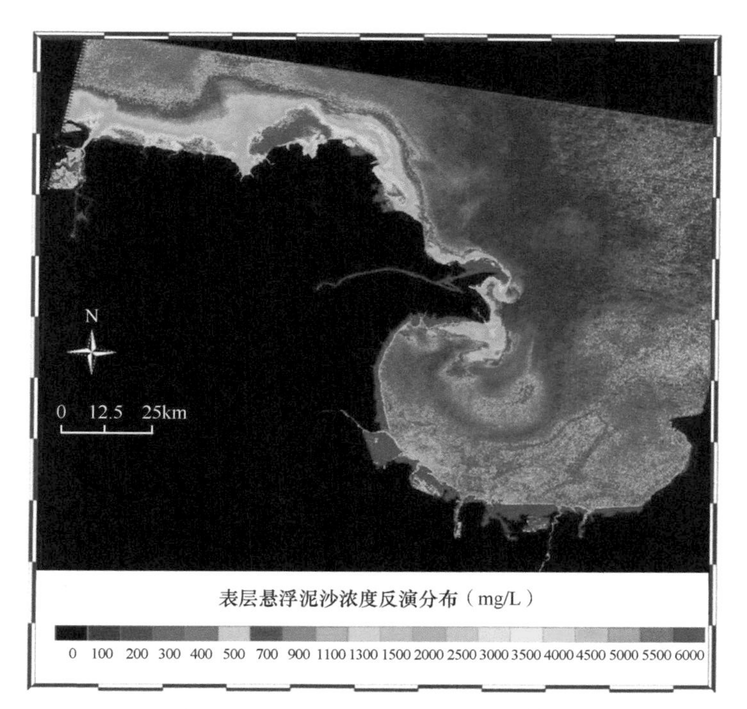

图 4-29　2005 年 11 月 8 日涨潮时刻

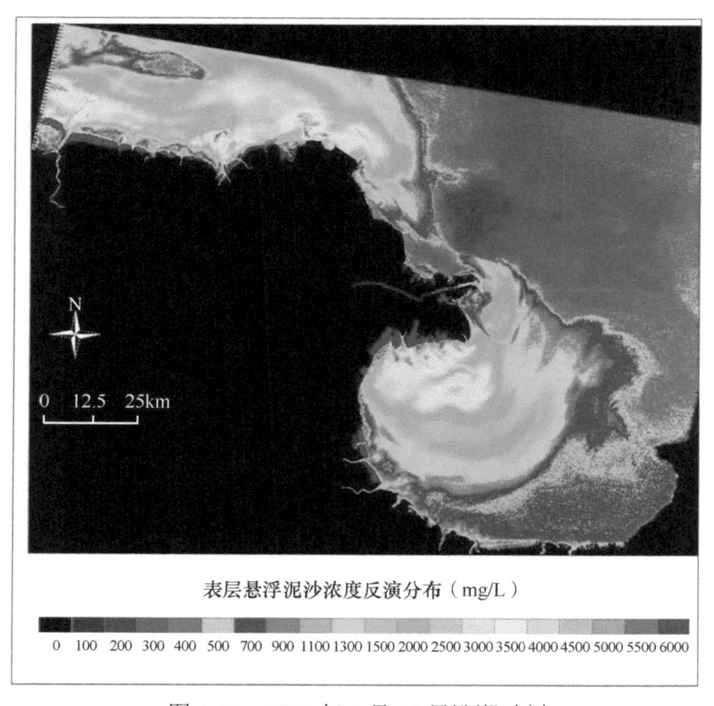

图 4-30　2006 年 3 月 16 日涨潮时刻

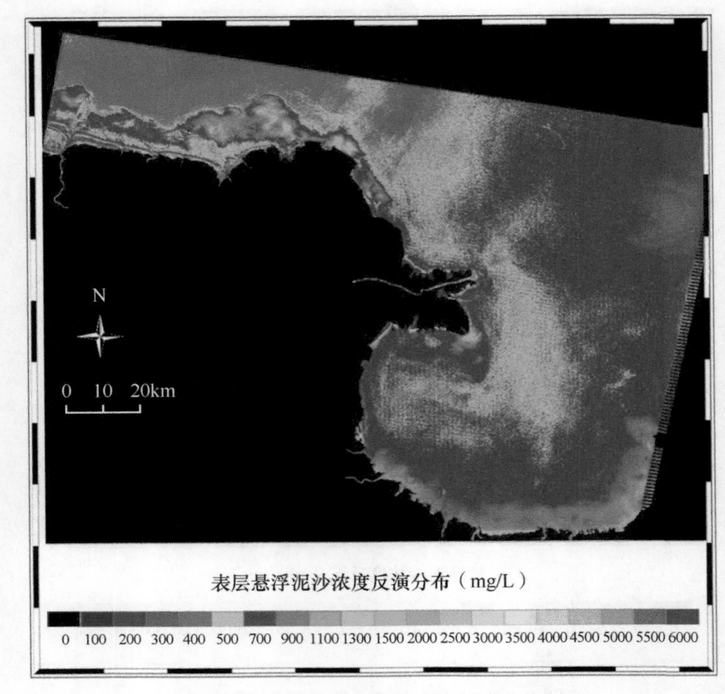

图 4-31　2007 年 4 月 28 日涨潮时刻

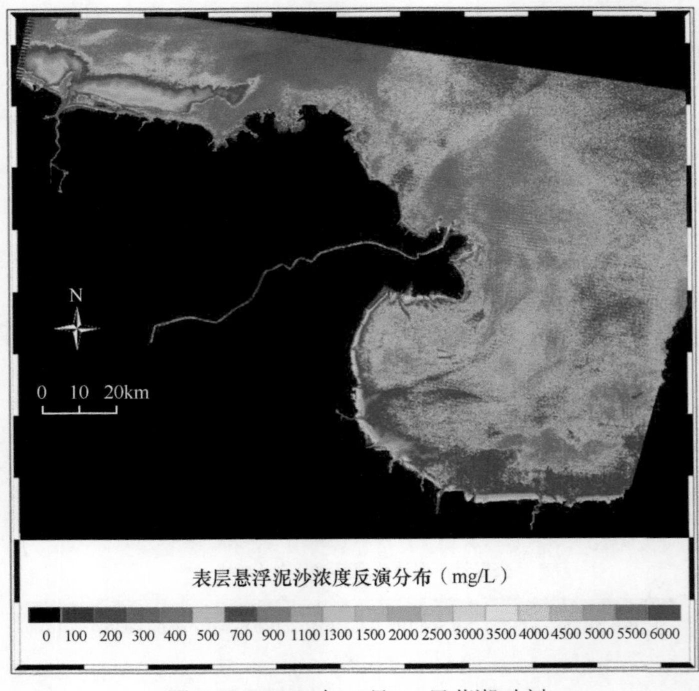

图 4-32　2008 年 4 月 14 日落潮时刻

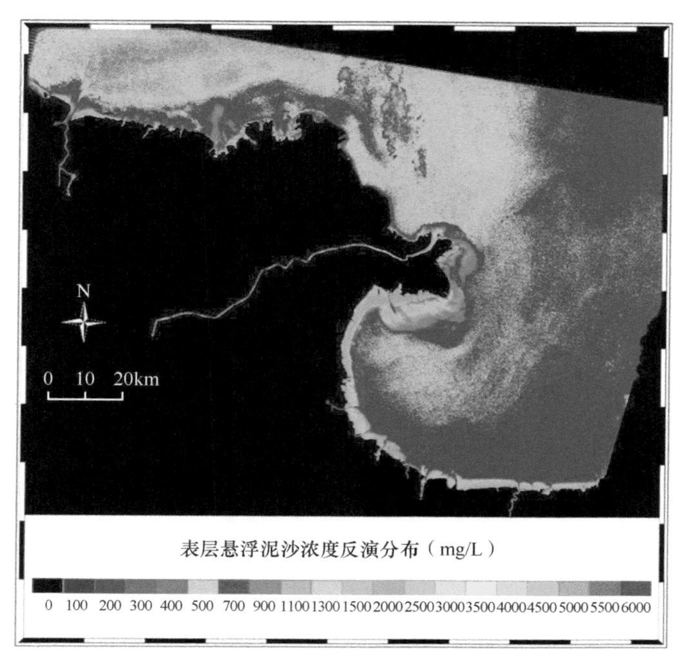

图 4-33　2008 年 9 月 5 日涨潮时刻

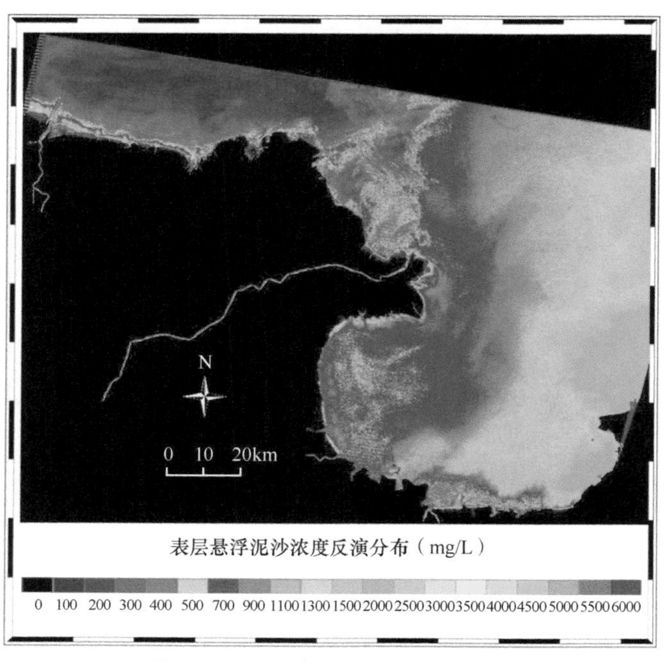

图 4-34　2009 年 6 月 4 日涨潮时刻

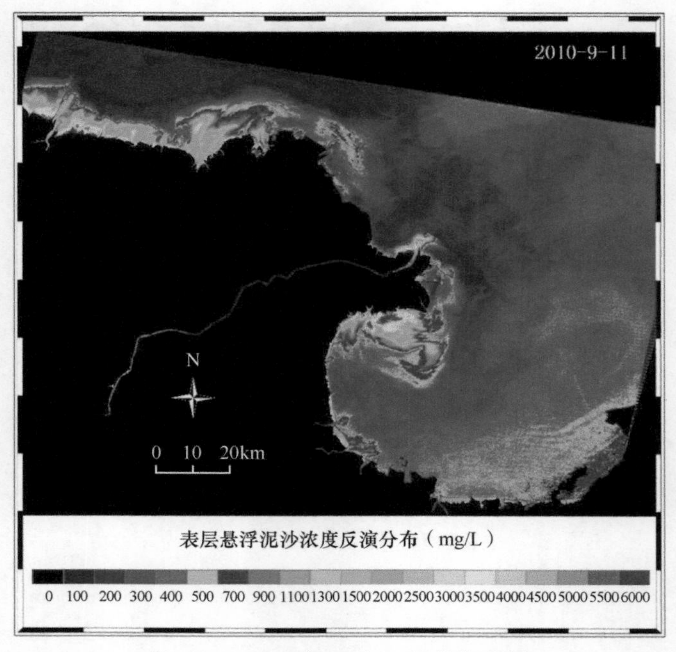

图 4-35　2010 年 9 月 11 日落潮时刻

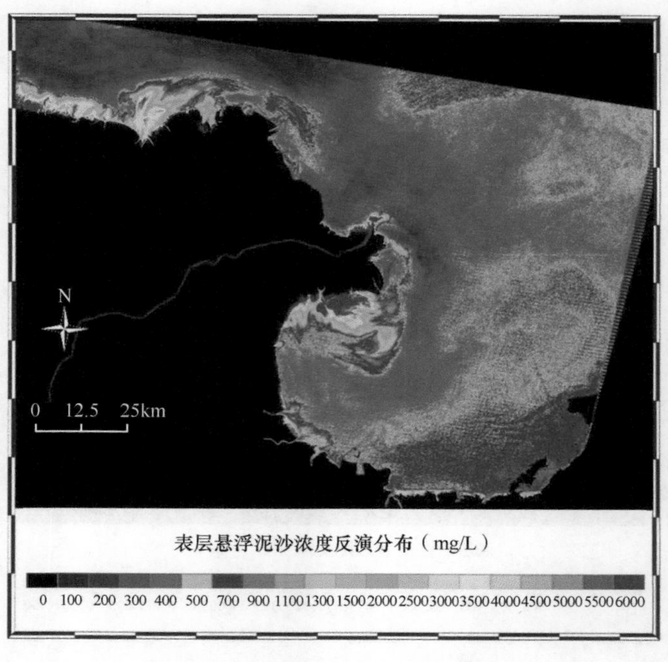

图 4-36　2010 年 9 月 19 日涨潮时刻

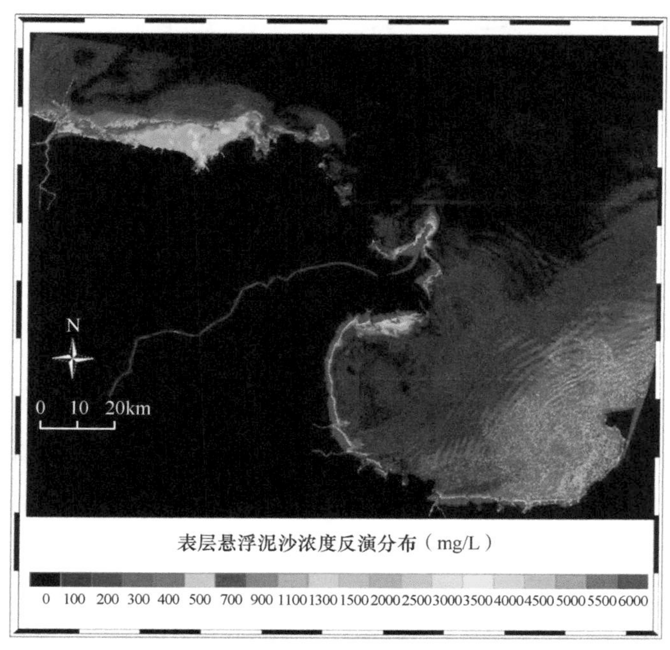

图 4-37　2011 年 9 月 22 日涨潮时刻

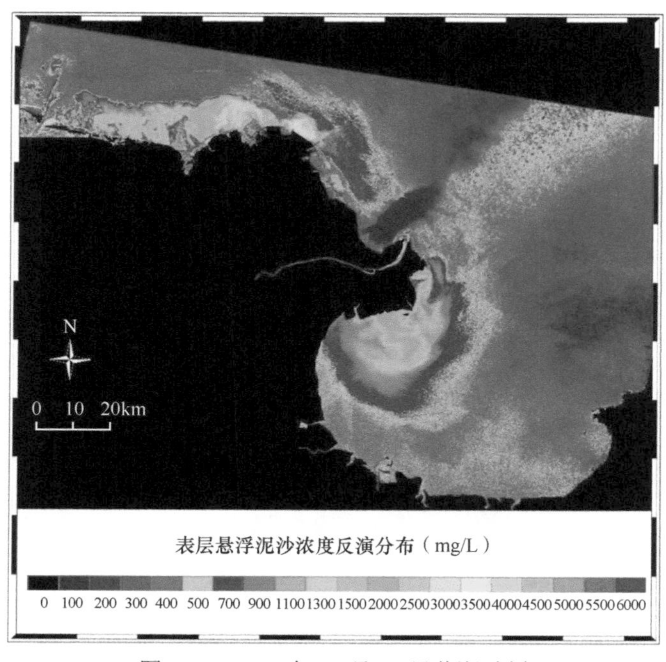

图 4-38　2011 年 11 月 25 日落潮时刻

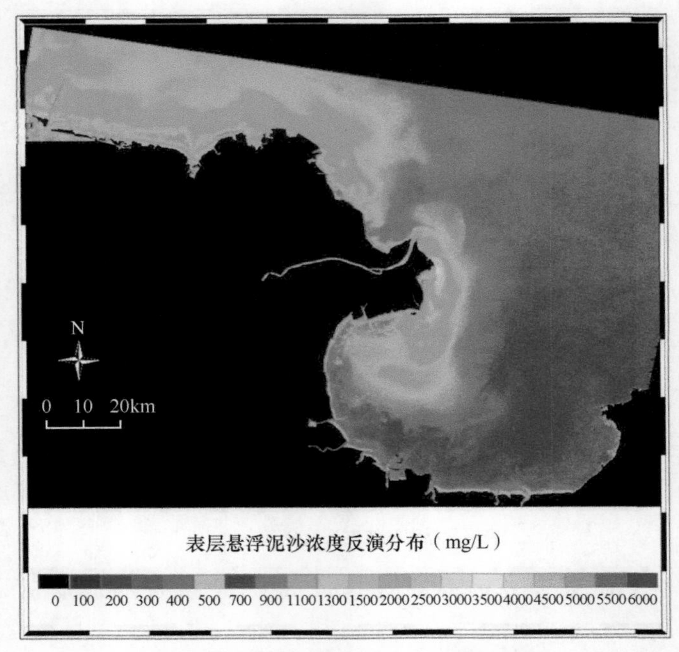

图 4-39 2012 年 1 月 12 日涨潮时刻

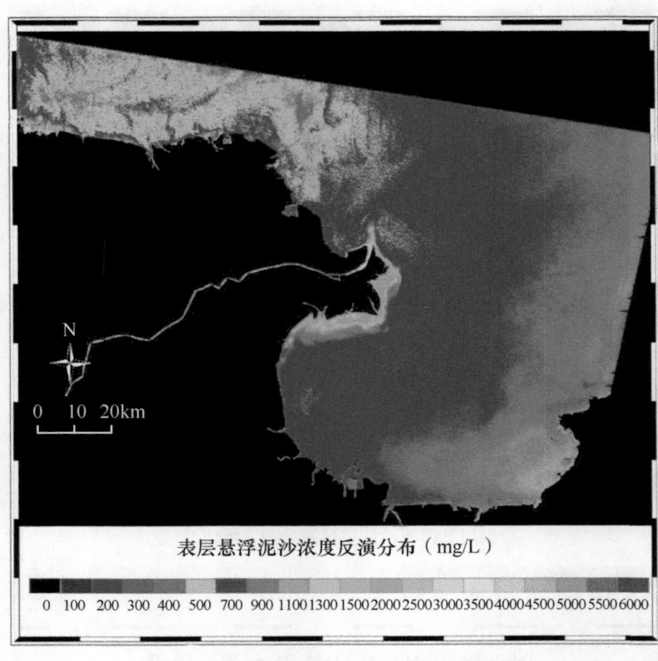

图 4-40 2012 年 6 月 4 日涨潮时刻

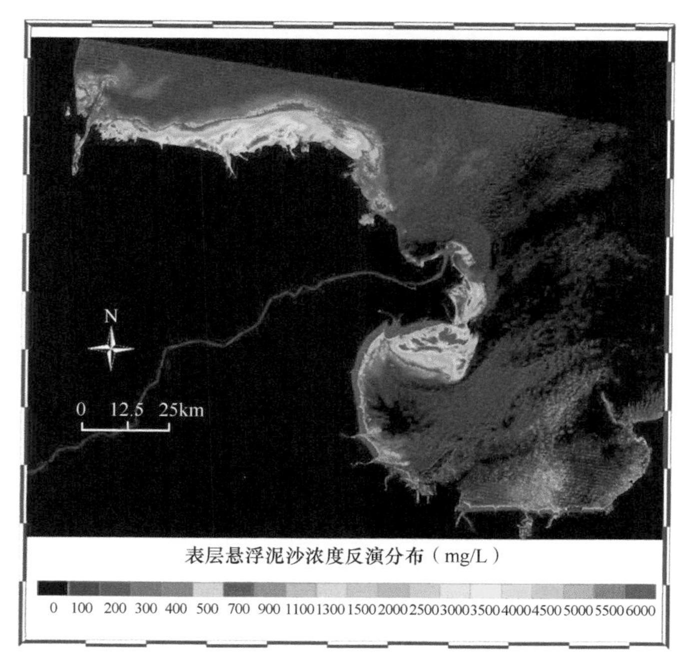

图 4-41　2012 年 8 月 23 日涨潮时刻

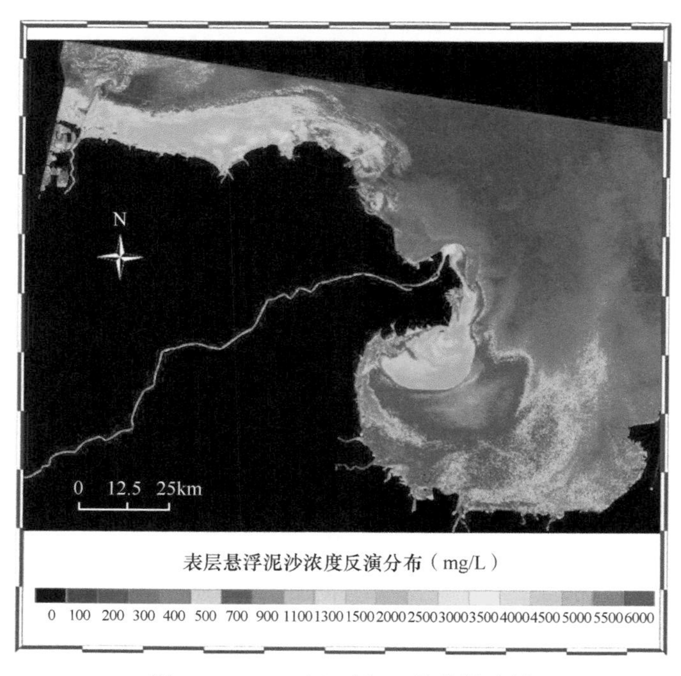

图 4-42　2013 年 2 月 15 日落潮时刻

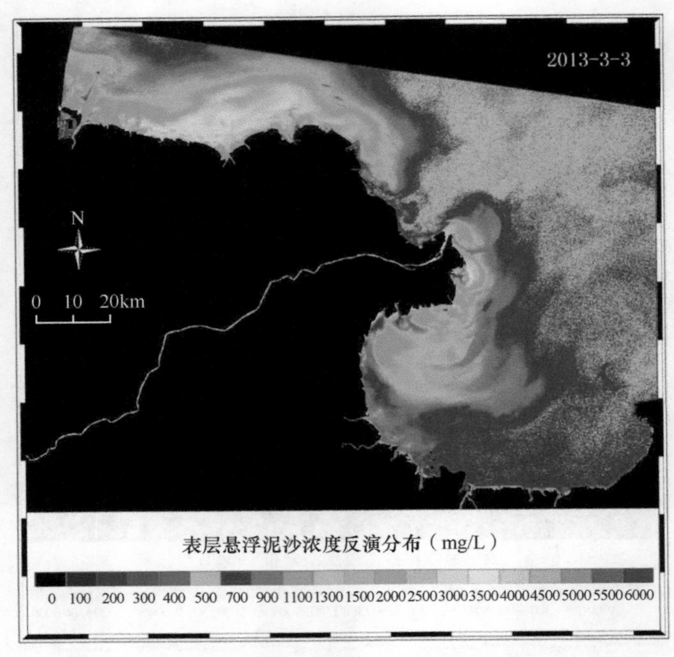

图 4-43　2013 年 3 月 3 日落潮时刻

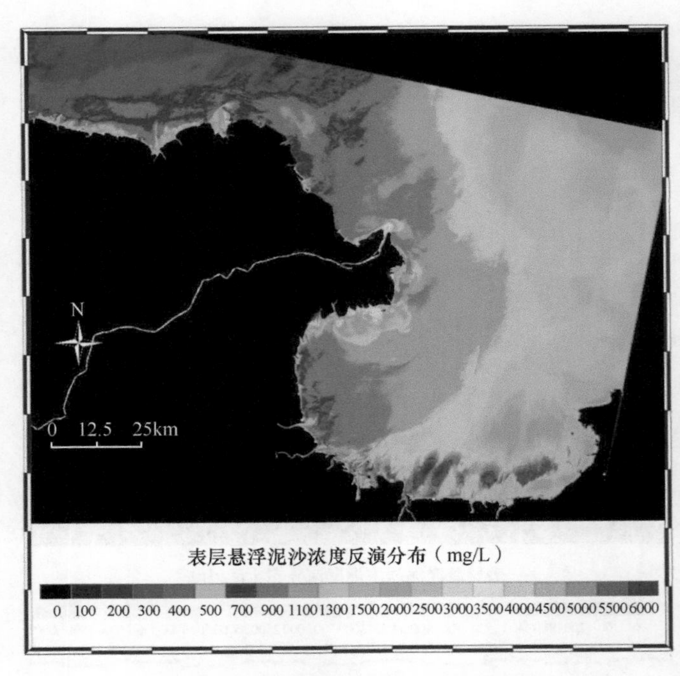

图 4-44　2013 年 5 月 30 日落潮时刻

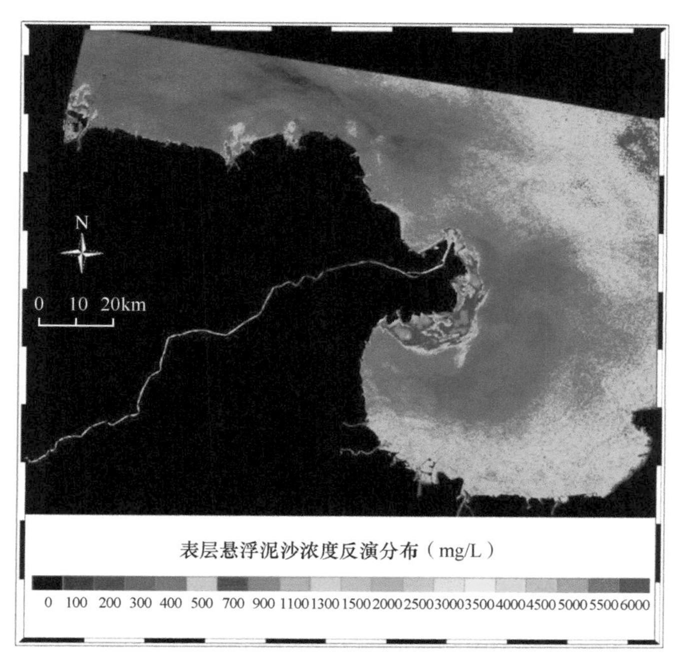

图 4-45　2013 年 8 月 26 日落潮时刻

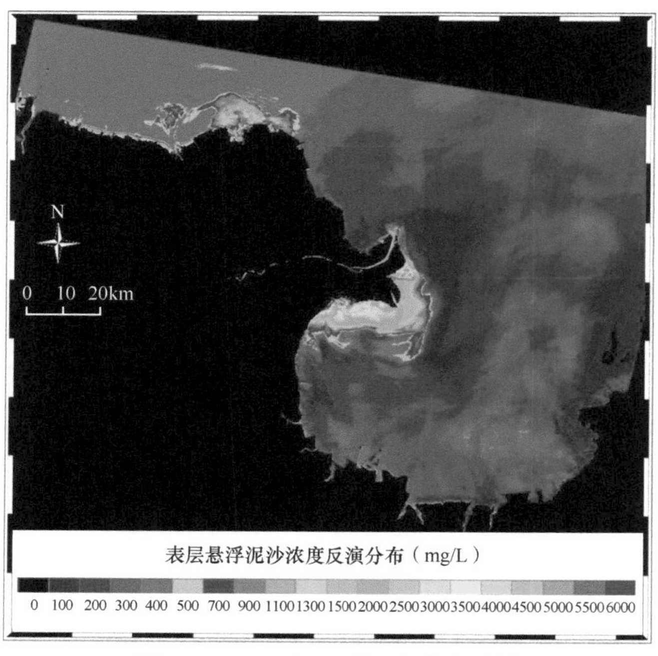

图 4-46　2013 年 10 月 5 日落潮时刻

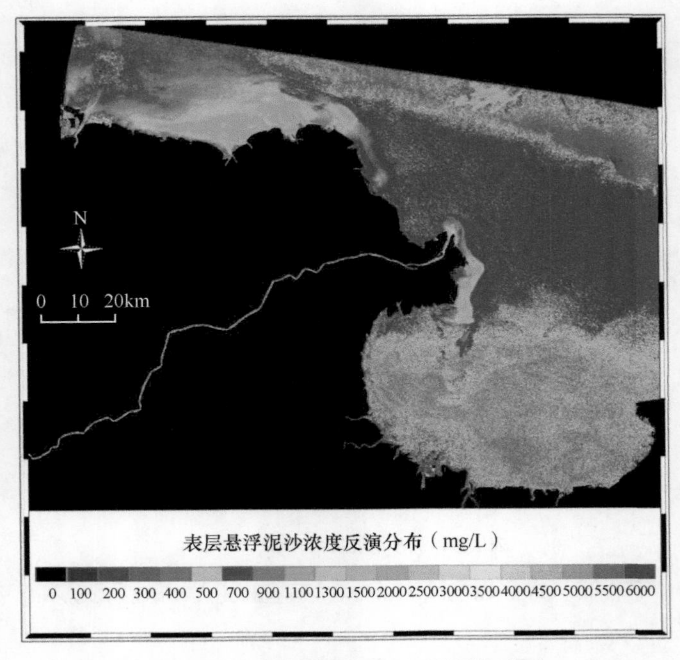

图 4-47　2013 年 11 月 30 日涨潮时刻

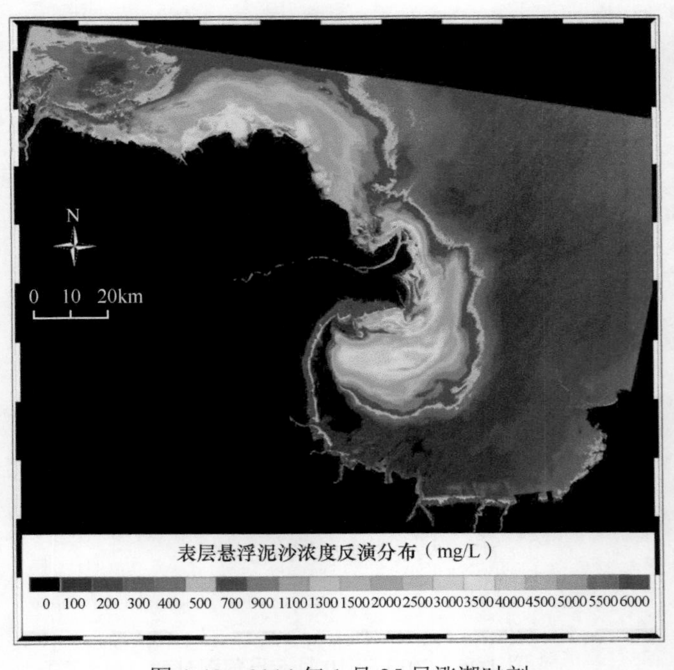

图 4-48　2014 年 1 月 25 日涨潮时刻

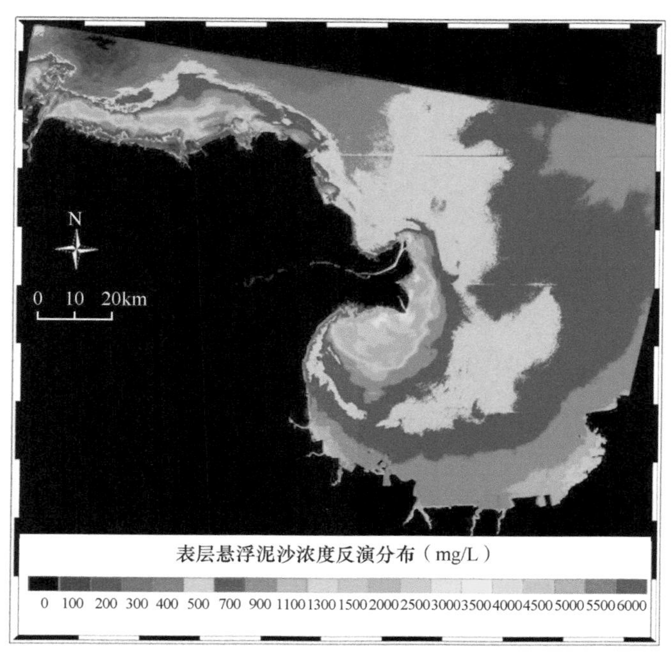

图 4-49　2014 年 3 月 14 日涨潮时刻

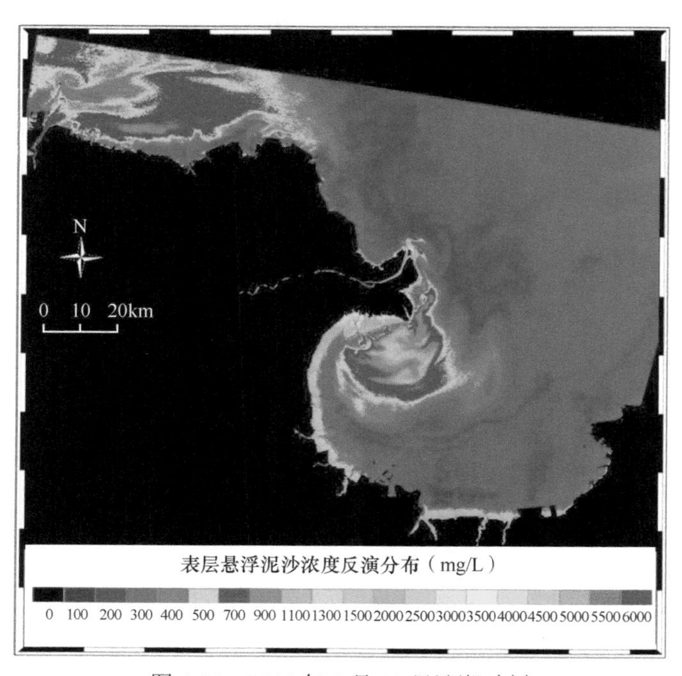

图 4-50　2014 年 3 月 22 日涨潮时刻

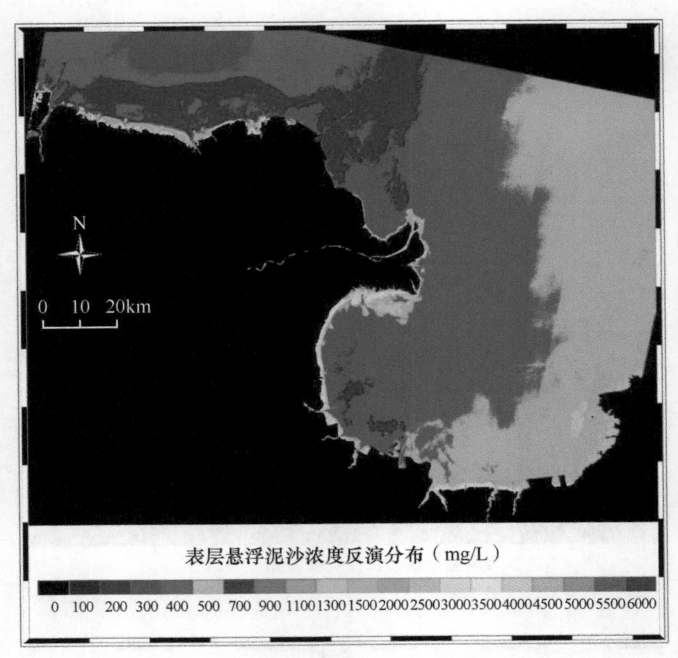

图 4-51 2014 年 5 月 1 日落潮时刻

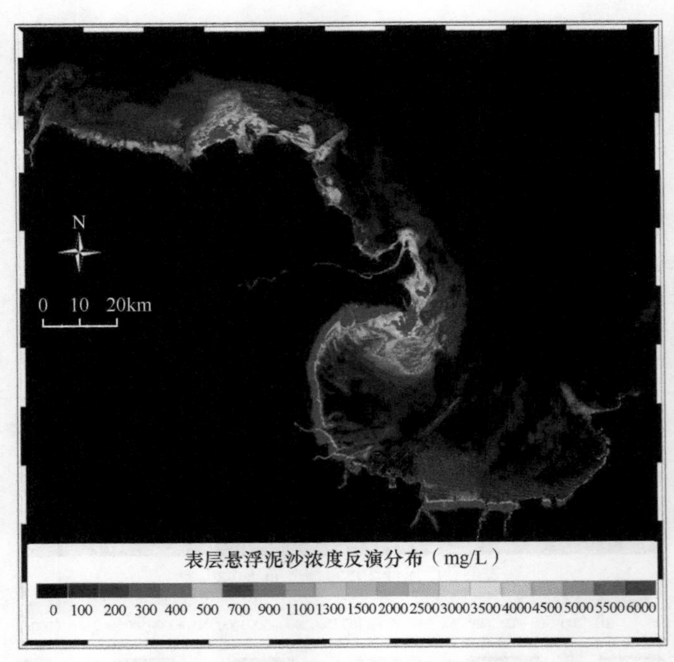

图 4-52 2014 年 10 月 16 日涨潮时刻

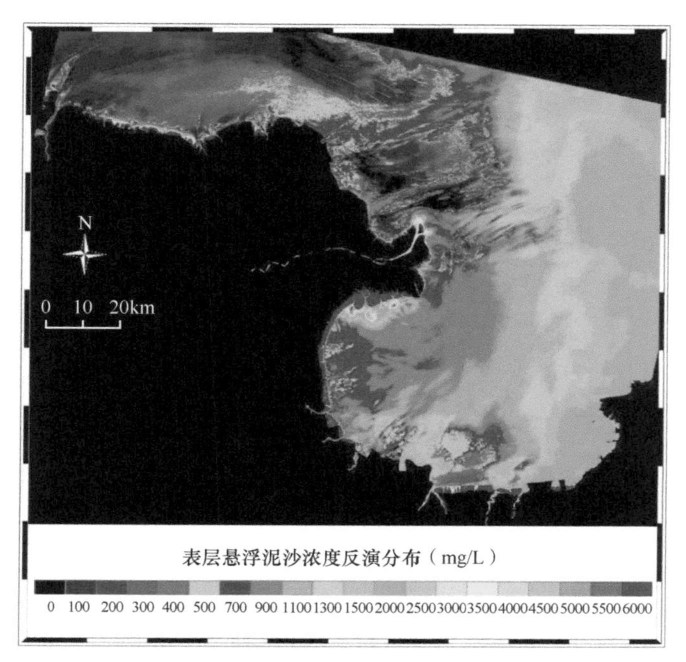

图 4-53　2015 年 6 月 5 日涨潮时刻

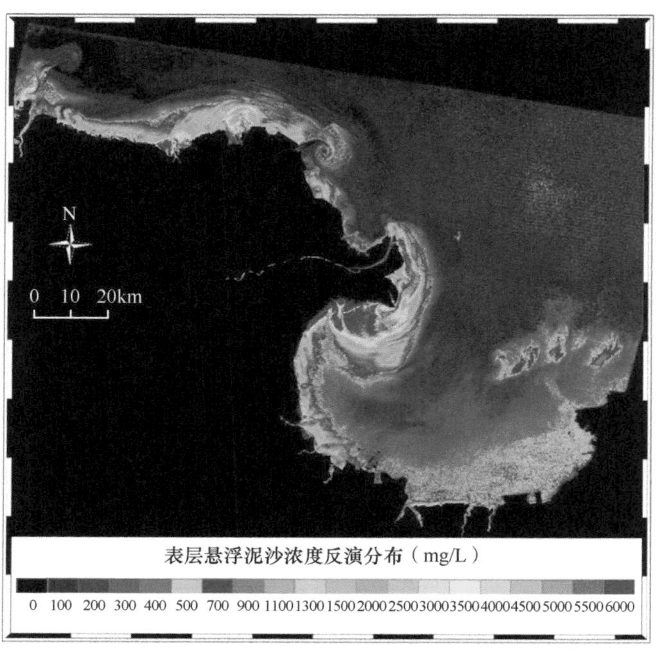

图 4-54　2015 年 10 月 3 日涨潮时刻

图 4-55　2016 年 3 月 3 日涨潮时刻

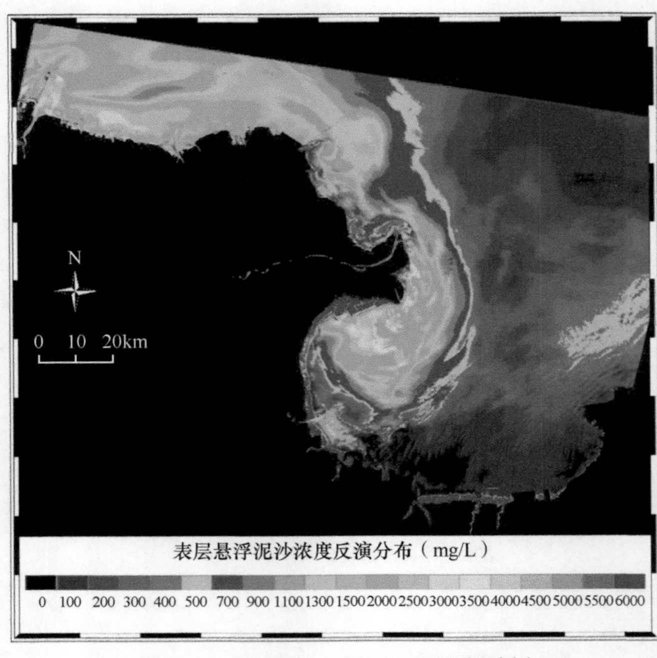

图 4-56　2016 年 12 月 16 日涨潮时刻

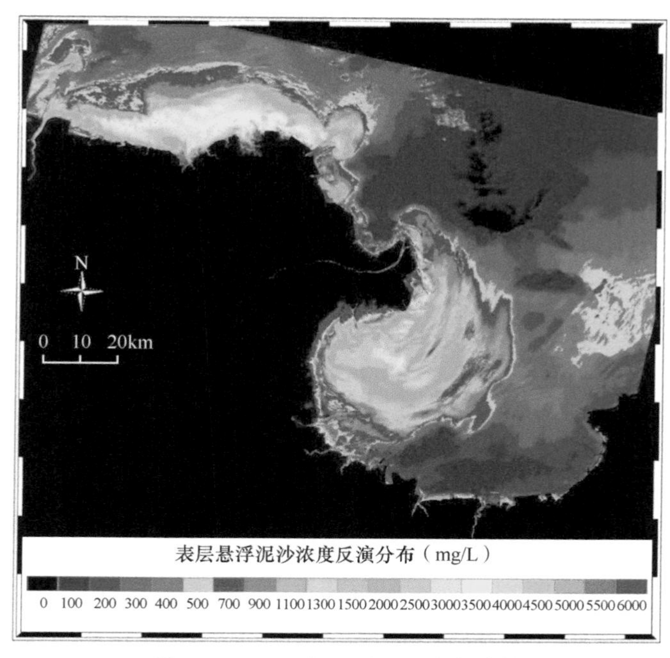

图 4-57　2017 年 3 月 6 日涨潮时刻

表 4-1 中的成像时刻为子午线时区的成像时刻，换算至东八区北京时间应在此基础上增加 8h，再结合莱州港的港口潮汐表获取潮位与潮汐特征，从 1989 年 11 月至 2017 年 3 月共 56 幅卫星遥感影像来分析黄河口及其外海区域的表层悬浮泥沙分布及其特征，由图 4-2 至图 4-57 可知，泥沙浓度较高的区域主要有两个区域，分别是黄河三角洲北部刁口河外段以及黄河河口段。表层悬浮泥沙的分布具有明显的年际差异及年内的季节变化性，同时在涨落潮期分布也有差异。取 1989 ～ 1996 年、1997 ～ 2008 年、2009 ～ 2017 年三个时间段分别进行描述。

表 4-1　卫星过境时间及潮汐状态

序号	成像日期	UTC 时间	卫星型号	潮汐状况
1	1989/11/20	2:05:56	Landsat 5	涨潮
2	1990/3/12	2:02:37	Landsat 5	涨潮
3	1990/6/16	2:02:06	Landsat 5	落潮
4	1991/4/16	2:03:54	Landsat 5	落潮
5	1991/9/23	2:05:55	Landsat 5	涨潮
6	1992/4/2	2:06:01	Landsat 5	落潮
7	1993/4/2	2:04:29	Landsat 5	涨潮
8	1995/2/22	1:53:02	Landsat 5	涨潮
9	1995/9/18	1:43:46	Landsat 5	涨潮

续表

序号	成像日期	UTC 时间	卫星型号	潮汐状况
10	1996/2/9	1:46:58	Landsat 5	涨潮
11	1996/7/2	1:55:39	Landsat 5	落潮
12	1997/2/11	2:06:50	Landsat 5	涨潮
13	1998/5/5	2:19:13	Landsat 5	涨潮
14	1999/12/2	2:17:15	Landsat 5	涨潮
15	1999/12/10	2:18:08	Landsat 5	涨潮
16	2000/2/20	2:15:39	Landsat 5	涨潮
17	2000/10/17	2:20:32	Landsat 5	涨潮
18	2000/12/4	2:21:11	Landsat 5	涨潮
19	2001/9/18	2:22:00	Landsat 5	涨潮
20	2001/11/21	2:21:27	Landsat 5	涨潮
21	2002/9/29	2:21:32	Landsat 5	涨潮
22	2003/2/12	2:14:54	Landsat 5	涨潮
23	2003/10/26	2:19:58	Landsat 5	落潮
24	2004/2/15	2:20:52	Landsat 5	落潮
25	2004/4/27	2:32:18	Landsat 7	落潮
26	2004/5/5	2:22:12	Landsat 5	涨末
27	2004/10/28	2:26:42	Landsat 5	涨潮
28	2005/1/16	2:28:04	Landsat 5	涨潮
29	2005/2/25	2:32:32	Landsat 7	涨潮
30	2005/3/29	2:34:19	Landsat 7	涨潮
31	2005/10/15	2:29:59	Landsat 5	涨潮
32	2005/11/8	2:35:22	Landsat 7	涨潮
33	2006/3/16	2:21:24	Landsat 7	涨潮
34	2006/10/2	2:34:32	Landsat 7	涨潮
35	2007/4/28	2:35:09	Landsat 7	涨潮
36	2008/4/14	2:31:17	Landsat 5	落潮
37	2008/9/5	2:27:18	Landsat 5	涨潮
38	2009/6/4	2:30:03	Landsat 5	涨潮

续表

序号	成像日期	UTC 时间	卫星型号	潮汐状况
39	2010/9/11	2:32:10	Landsat 5	落潮
40	2010/9/19	2:33:25	Landsat 5	涨潮
41	2011/9/22	2:35:13	Landsat 7	涨潮
42	2011/11/25	2:35:38	Landsat 7	落潮
43	2012/1/12	2:35:59	Landsat 7	涨潮
44	2012/6/4	2:36:18	Landsat 7	涨潮
45	2012/8/23	2:35:58	Landsat 7	涨潮
46	2013/2/15	2:38:09	Landsat 7	落潮
47	2013/3/3	2:38:05	Landsat 7	落潮
48	2013/5/30	2:44:01	Landsat 8	落潮
49	2013/8/26	2:37:21	Landsat 7	落潮
50	2013/10/5	2:43:50	Landsat 8	落潮
51	2013/11/30	2:38:15	Landsat 7	涨潮
52	2014/1/25	2:43:05	Landsat 8	涨潮
53	2014/3/14	2:42:29	Landsat 8	涨潮
54	2014/3/22	2:38:52	Landsat 7	涨潮
55	2014/5/1	2:41:42	Landsat 8	落潮
56	2014/10/16	2:39:56	Landsat 7	涨潮
57	2015/3/1	2:41:43	Landsat 8	涨落交换
58	2015/5/4	2:41:07	Landsat 8	落潮
59	2015/6/5	2:41:08	Landsat 8	涨潮
60	2015/10/3	2:41:53	Landsat 8	涨潮
61	2015/10/27	2:42:03	Landsat 8	落潮
62	2016/3/3	2:41:50	Landsat 8	涨潮
63	2016/12/16	2:42:13	Landsat 8	涨潮
64	2017/3/6	2:41:46	Landsat 8	涨潮

1989 ～ 1996 年为原清水沟流路行河时间，河口区北侧岸线较为平顺，从黄河三角洲北部刁口河区域扩散而来的悬沙绕过海港段抵达河口段。

1989 年 11 月 20 日涨潮时刻的表层悬浮泥沙浓度在刁口河段外 12km 的海域达到 6000mg/L 以上，再往外 10km 表层悬浮泥沙浓度迅速降至 2000mg/L，表层悬浮泥沙浓度分布在平面上呈条带状分布且沿岸向东绕过神仙沟及东营港区域，沿着岸线继续向南扩散，但表层悬浮泥沙浓度（SSSC）逐渐降至 2000mg/L，在黄河入海口区域 10km 内 SSSC 达到 6000mg/L，但分布范围较小，在 15km 外 SSSC 迅速降至 400 ～ 1100mg/L。

1990 年 3 月 12 日同样处于涨潮时刻，自套尔河口至挑河口区域距离岸线 10km 内 SSSC 为 6000mg/L，挑河口至刁口河区域 SSSC 为 2000mg/L，距离岸线 8km 外 SSSC 迅速降至 400mg/L，在神仙沟及孤东油田外 SSSC 仅为 100 ～ 300mg/L，入海口段 SSSC 在离岸线 9km 内保持在 6000mg/L，以外区域迅速从 6000mg/L 降至 400mg/L。

1996 年 2 月 9 日涨潮时刻的 SSSC 与 1989 年 11 月 20 日涨潮时刻的分布大致相同，在近岸 5km 范围内浓度保持在 4000 ～ 5500mg/L，在河口段泥沙分布更广，南端至莱州湾南岸，向东延伸 40km。1991 年 4 月 16 日落潮时刻，三角洲北侧套尔河口至刁口河段泥沙尚未扩散，且 SSSC 为 1000 ～ 2500mg/L，在神仙沟至孤东油田区域 SSSC 较低，为 300mg/L 左右，落潮时刻河口段的 SSSC 在莱州湾西南岸较高，并沿着东北方向递减。

1997 ～ 2008 年，清 8 出汊后，在出汊位置迅速形成沙嘴，从刁口河区域沿岸输移的泥沙在新形成的沙嘴处受阻，使得泥沙在该区域落淤，部分泥沙绕过小沙嘴继续向南扩散。

1999 年 12 月 10 日涨潮时刻的 SSSC 在套尔河口区域可达到 6000mg/L，往外 30km 处 SSSC 仍可保持在 3000mg/L 左右，悬沙沿着岸线向东输移，浓度逐渐降低，在孤东油田外 SSSC 降至 700mg/L 左右，在河口段外，泥沙向西南方向呈弧线状分布，距离南部大沙嘴 13 ～ 33km 处 SSSC 为 1300 ～ 2000mg/L。

2000 年 2 月 20 日涨潮时刻，SSSC 在三角洲外普遍为 1300 ～ 4000mg/L，在三角洲北侧外 SSSC 为 2000mg/L，在河口外从刁口河沿岸而来的悬沙绕过北侧小沙嘴，转向南侧大沙嘴，同时河口输送的悬沙同样向南侧大沙嘴输送，在南侧大沙嘴外 SSSC 可达到 3000mg/L 左右，在距离莱州湾西南岸约 5.5km 处存在 SSSC 切变带，在 5.5km 内侧 SSSC 为 400mg/L，在 5.5km 外侧 SSSC 为 2000mg/L。

2004 年 4 月 27 日落潮时刻，莱州湾西南岸 SSSC 为 1500 ～ 2500mg/L，悬沙呈弧状向东北方向扩散，同时在靠近南部大沙嘴处 SSSC 在 2000mg/L 左右，但在海外 14km 处同样存在一个 SSSC 切变带，在该区域 SSSC 从 2000mg/L 骤降至 900mg/L，再恢复至 1500mg/L。

2008 ～ 2017 年，黄河在原清 8 出汊基础上向北摆动，并逐渐稳定。从 2008 ～ 2017 年的 SSSC 反演结果来看，出现 SSSC 为 6000mg/L 的时刻较少，在两个悬沙高浓度分布区，黄河三角洲北部刁口河外和河口段外的 SSSC 有所降低，且分布范围也减小。

在 2008 年 4 月 14 日及 2008 年 9 月 5 日，黄河三角洲外 SSSC 较低，主要在 400 ～ 700mg/L，河口区及刁口河北侧的 SSSC 低且扩散较弱。在 2011 年 9 月 22 日，外海部分基本无悬沙，仅挑河口一带出现较高 SSSC，其值约为 1500mg/L。在 2012 年 8 月 23 日涨潮时刻，在挑河口外 8km 范围内 SSSC 为 500 ～ 1500mg/L，自西向东沿岸输移，在东营海港后方 SSSC 减至 300mg/L，在河口段，泥沙从入海口出来后，受涨潮流影响向南输送，在南部大沙嘴外侧形成高 SSSC 区，在离岸 3km 处 SSSC 为 2000 ～ 6000mg/L，再往外 15km 泥沙浓度又降至 100mg/L 以下，变化带存在一个明显的边界。在 2014 年 1 月 25 日涨潮时刻（图 4-48），该变化带位置在南部大沙嘴外 28km 处，其内 SSSC 为 500 ～ 2000mg/L，其外 SSSC 为 400mg/L，在莱州湾西南侧距离岸线 6 ～ 10km 处 SSSC 为 0mg/L，为清水带。2014 年 3 月 22 日（图 4-50）、2015 年 10 月 3 日（图 4-54）、2016 年 3 月 3 日（图 4-55）、2016 年 12 月 16 日（图 4-56）及 2017 年 3 月 6 日（图 4-57）涨潮时刻的反演图像中该变化带都存在，不同的是该变化带离岸的位置随着潮汐状况及潮高的大小而有所变化，变化带以内的 SSSC 高于变化带外侧的 3 ～ 4 倍。在落潮时刻，如 2013 年 10 月 5 日（图 4-46），南部大沙嘴外的 SSSC 高于入海口位置，且 SSSC 向北东方向扩散，从近岸的 3000mg/L 降至离岸 6km 处的 1500mg/L，再往外则降至 400mg/L。

黄河的丰水期集中在 7 ～ 10 月，枯水期集中在 11 月至次年 6 月（图 4-58）。此外，输沙量（图 4-59）与径流量具有一致性。从上述反演结果可知，枯水期黄河三角洲

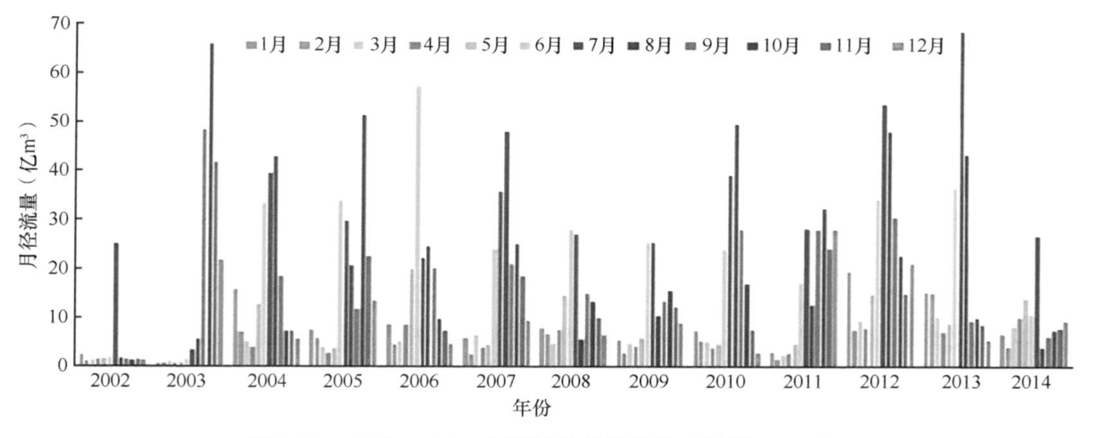

图 4-58　2002 ～ 2014 年利津站月径流量（赵倩，2016）

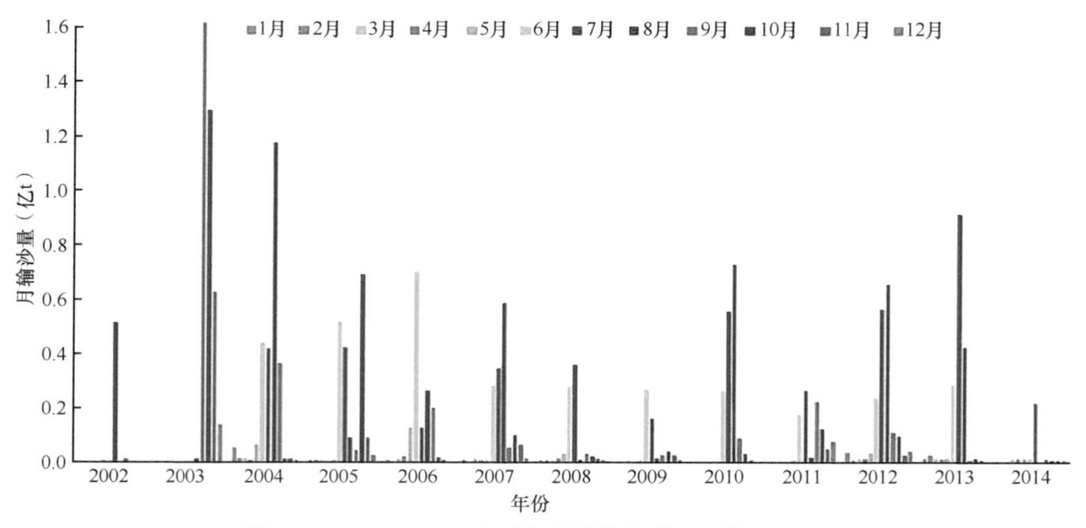

图 4-59　2002 ～ 2014 年利津站月输沙量（赵倩，2016）

的北侧套尔河口至刁口河段及入海口段两个高 SSSC 区域比丰水期要高，且分布范围及扩散区域均比丰水期大。此外，涨潮时刻的悬沙浓度分布范围也比落潮时要大，落潮时高 SSSC 区域在河口段主要分布在南部大沙嘴西南岸的近岸侧，并向东北侧扩散。相应地，在套尔河口至刁口河区域的悬沙浓度较低，且扩散范围较小。

4.2 黄河口外海域水沙输移扩散规律研究

对于河流入海时的水体与海洋附近的水体的密度差异，Bates（1953）提出了 3 种不同的入海传输形式，分别是异轻流、异重流、等密度流，其中以异轻流与异重流为主，异重流是指由于入海水流中水体含沙量较高，因此水体密度大于海水，水流下潜到海水下，沿着斜坡向海传输，同时将挟带的泥沙及其他溶解态物质及颗粒物输入到水下三角洲边缘底层，对河口混合过程、水下地形地貌的演化具有较大的影响。异轻流也称作羽状流，由于入海水体密度较海洋周围的水体密度小，入海水流漂浮在海水之上并向外海扩散，同时入海水体中的悬浮颗粒在传输过程中也经历了沉降—再悬浮—沉降的过程。黄河三角洲前缘 8km 范围内沉积了 88.4% 的进入河口的悬浮泥沙，这种大的沉积概率受到河口切变锋、高浓度泥沙异重流、羽状异轻流及潮流作用的影响。

黄河入海泥沙主要来自黄土高原地区，自 1986 年以来黄河口的水沙变化主要体现在：①来水来沙量减少，1976 年来沙量为 9.04 亿 t，到 1986 年仅为 1.75 亿 t，1996 年来沙量为 4.38 亿 t，到 2000 ～ 2015 年来沙量平均为 1.27 亿 t，其中 2014 年与 2015 年的来沙量仅分别为 0.30 亿 t 与 0.31 亿 t；1976 年来水量为 446.22 亿 m^3，1986 年来水量为 159.90 亿 m^3，2000 年来水量锐减至 50.99 亿 m^3，2000 ～ 2015 年来水量平均为 160.95 亿 m^3，来水量为之前的 1/3 ～ 1/2。②断流天数增加，但是随着小浪底水库的建成，该现象逐渐消除。③高流量天数逐渐减少，其中大于 $3000m^3/s$ 的洪峰天数大幅度减少，20 世纪 70 年代年均出现 17 天，20 世纪 90 年代年均出现则不到 2 天。表 4-2 为 1976 ～ 2015 年来水来沙量变化。

表 4-2　1976 ～ 2015 年来水来沙量变化

年份	来沙量（亿 t）	来水量（亿 m^3）	年份	来沙量（亿 t）	来水量（亿 m^3）
1976	9.04	446.22	1987	0.97	108.40
1977	9.53	246.74	1988	8.17	195.91
1978	10.26	260.26	1989	6.08	243.07
1979	7.39	271.54	1990	4.67	265.56
1980	3.11	188.64	1991	2.48	124.37
1981	11.52	347.91	1992	4.76	135.65
1982	5.44	296.40	1993	4.23	187.29
1983	10.26	491.54	1994	7.15	218.74
1984	9.38	446.76	1995	5.74	138.09
1985	7.58	390.77	1996	4.38	156.10
1986	1.75	159.90	1997	0.19	19.39

续表

年份	来沙量（亿 t）	来水量（亿 m^3）	年份	来沙量（亿 t）	来水量（亿 m^3）
1998	3.69	109.15	2007	1.47	204.00
1999	1.94	71.10	2008	0.77	150.19
2000	0.24	50.99	2009	0.56	132.90
2001	0.24	46.57	2010	1.67	193.00
2002	0.53	44.40	2011	0.93	184.20
2003	3.69	194.69	2012	1.83	282.50
2004	2.58	201.48	2013	1.73	236.90
2005	1.94	210.52	2014	0.30	114.30
2006	1.51	194.89	2015	0.31	133.60

Wang 等（2007）指出，黄河入海水沙量锐减受三个方面因素影响，包括：①大坝及水库的影响，主要是 2000 年以来小浪底水库修建后的调水调沙过程及黄河上水库的拦沙作用，但水库可容沙量的逐渐减少，必将导致进入河口的沙量增加，将引起黄河口尾闾的摆动；②大气变化的影响，主要是降雨量减少；③人类活动下的水土保持工程的影响，其中人类活动为主要因素。图 4-60 为黄河入海水沙通量变化图。

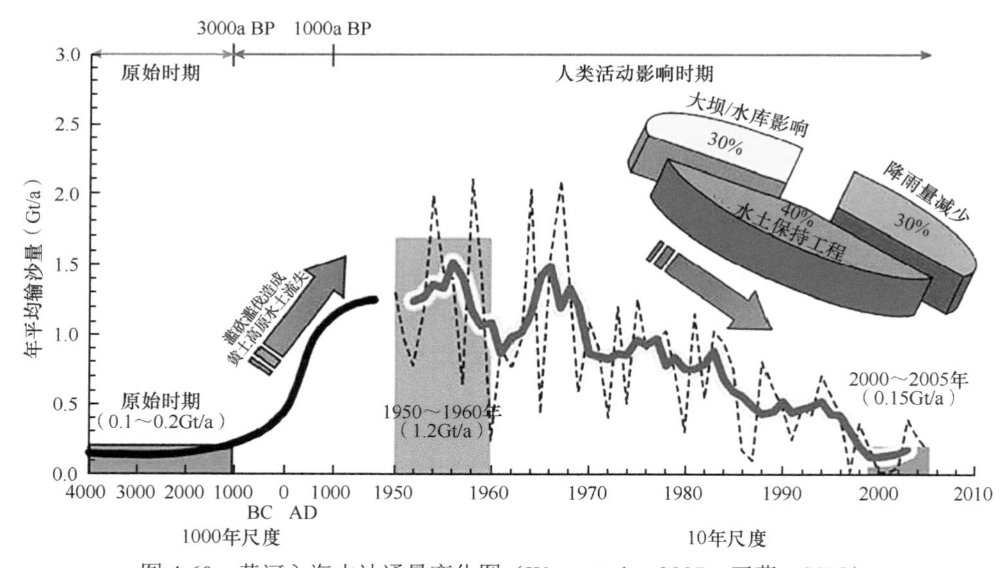

图 4-60　黄河入海水沙通量变化图（Wang et al.，2007；王燕，2012）

此外，黄河入海的平均含沙量降低及泥沙中值粒径粗化，造成泥沙在河口区域及南北两侧迅速落淤，从而形成拦门沙，造成河口的入海主流常常发生快速摆动及黄河入海传输方式由以异重流为主向以异轻流为主转变。在入海径流量及输沙量均较大时，易产生异重流，使得拦门沙快速向海淤进，当径流量与输沙量较小时，河口泥沙传输方式以羽状异轻流为主，再加上海洋动力的作用，拦门沙受到侵蚀。在涨潮时刻，潮流沿岸向南流动，在落潮时刻，潮流沿岸向北流动，在三角洲外潮流椭圆呈扁平状，具有往复流性质，在外海部分，潮流椭圆呈宽圆状，具有旋转流特征（图 4-61）。基于涨落潮时刻潮流流向不同，分别讨论涨落潮时刻的悬浮泥沙扩散特征。

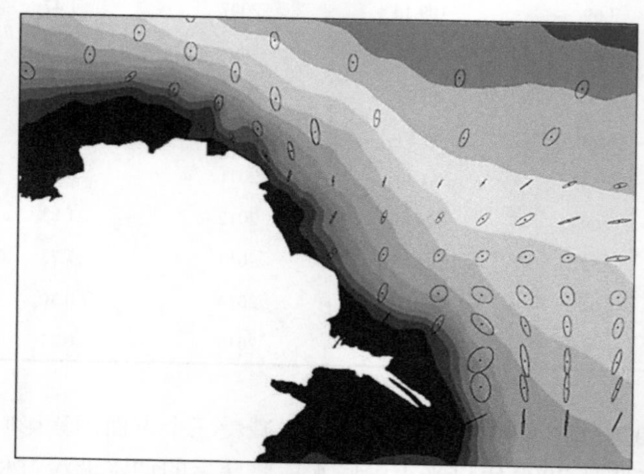

图 4-61 黄河口潮流椭圆分布（谢琦，2017）

4.2.1 涨潮时刻黄河三角洲外表层悬浮泥沙扩散特征

涨潮时流速大于落潮流，同时受到波浪的影响，在黄河三角洲北部刁口河区域，河口区域为高泥沙浓度中心，相应地其也是低应力中心（图 4-62），这使得在浅海区和河口区的底层泥沙发生再悬浮，部分泥沙随着涨潮流沿岸向南输送，特别是在冬季，黄河径流量及输沙量均较小时，悬浮泥沙主要来自再悬浮作用。涨潮时，在黄河入海泥沙向外海扩散的过程中，由于潮流的顶托作用，泥沙在河口南北两侧涡旋流场的作用下沉积在河道南北两侧形成“烂泥区”，同时由于受到黄河切变锋的阻隔作用，黄河的入海泥沙主要沉积在近岸 5 ～ 10m 等深线以内，部分泥沙向莱州湾西南及南部大沙嘴南侧扩散。同时，潮流经过南部大沙嘴后转向西南，导致莱州湾西南部水位上涨，加上地形效

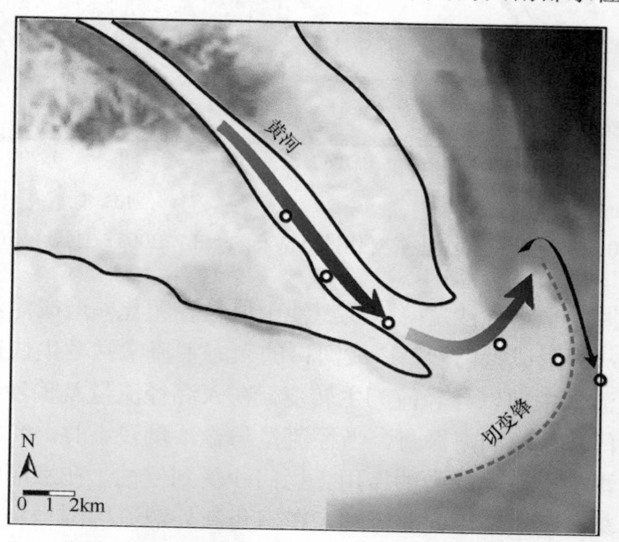

图 4-62 潮流切变锋对入海泥沙的阻隔作用（Wang et al.，2007）

应及沿岸的涨潮流，使得靠近莱州湾西南部的水流转向，因此切变锋的形成与潮流相位差无关。此外，在莱州湾西岸始终存在一个较窄的清水带，因此悬沙不能扩散到莱州湾南岸。位于莱州湾西南岸的潮流切变锋只存在于涨潮时，落潮时由于水流向东及东北方向流动，潮流切变锋消失，河口南侧区域仅有少量的悬沙在沿岸流作用下向南输送。

在三角洲北侧刁口河段，受潮流影响的再悬浮泥沙在涨潮流作用下沿岸向东输移，并绕过海港继续向南输移，在孤东地区潮流切变锋阻挡了近岸悬浮泥沙向离岸运动（图 4-62），也阻挡了黄河入海悬浮泥沙从深水区向浅水区扩散，在切变锋区域亦形成一清水带，该切变锋主要由废弃刁口河外强烈的斜坡导致，其产生与深水和浅水间的相位差有关。但黄河海港——东营港的建设，阻拦了泥沙向南输送，悬浮泥沙浓度不是很高时，在海港外栈桥后方形成清水区，同时形成涡旋（图 4-63）。黄河三角洲外等深线分布如图 4-64 所示，涨潮时刻潮流切变锋的分布及其对悬浮泥沙扩散的阻拦作用如图 4-65 所示。

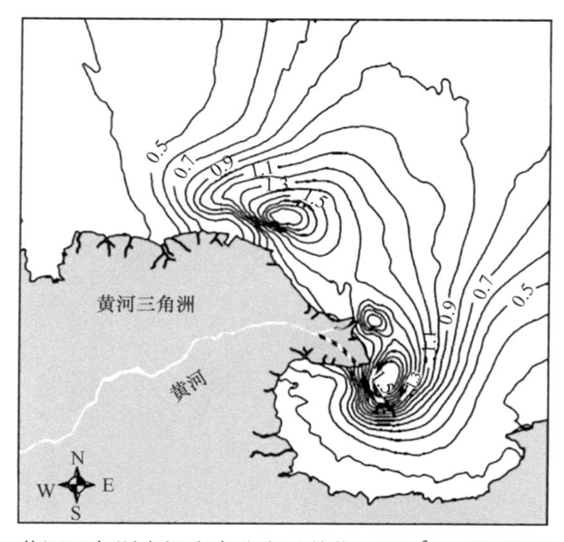

图 4-63　黄河三角洲底切应力分布（单位：N/m^2）（毕乃双，2009）

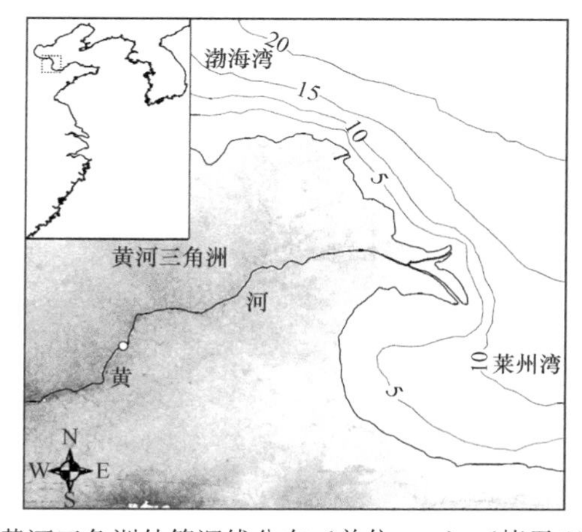

图 4-64　黄河三角洲外等深线分布（单位：m）（毕乃双，2009）

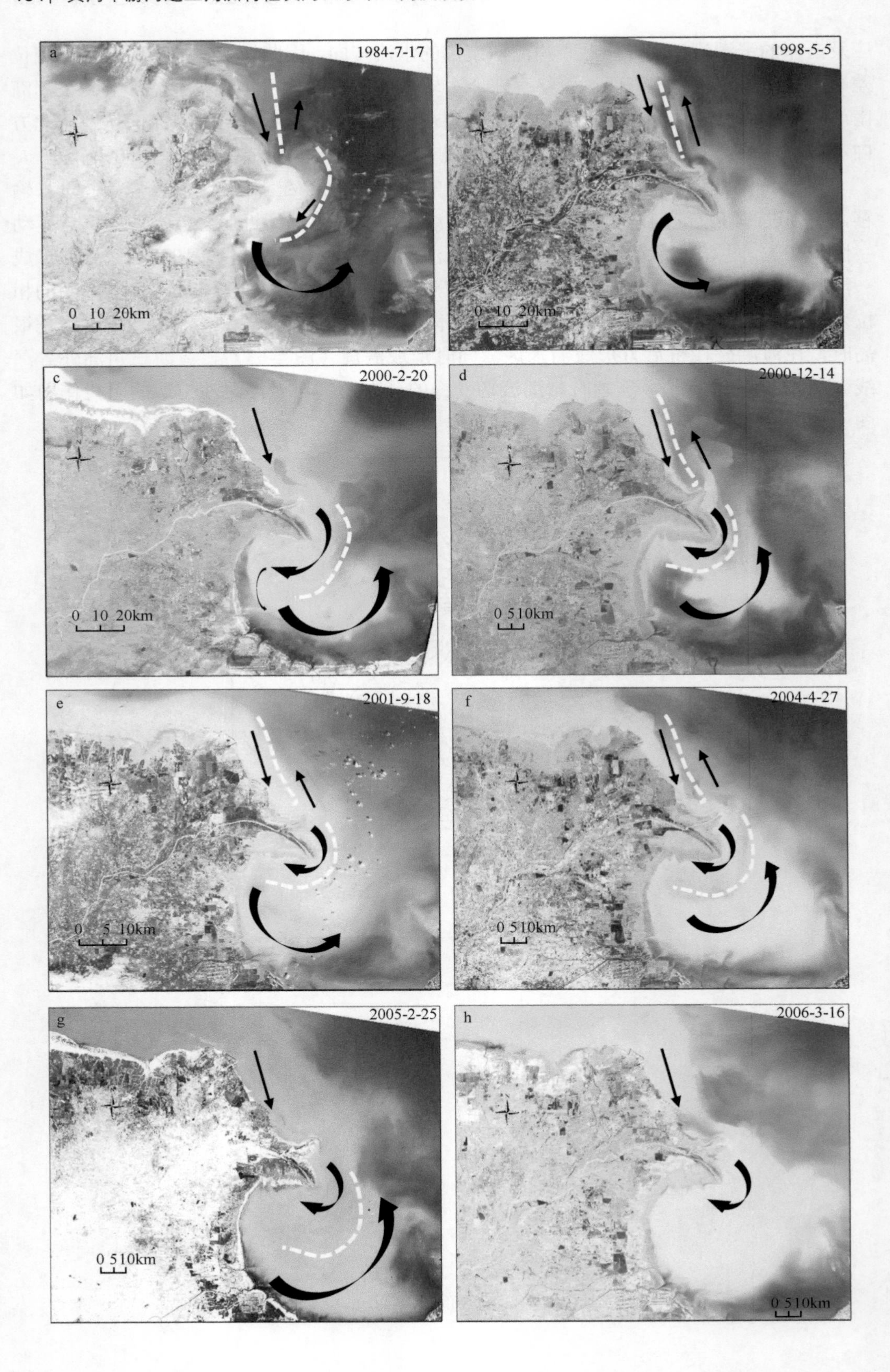
a
1984-7-17
0 10 20km
b
1998-5-5
0 10 20km
c
2000-2-20
0 10 20km
d
2000-12-14
0 5 10km
e
2001-9-18
0 5 10km
f
2004-4-27
0 5 10km
g
2005-2-25
0 5 10km
h
2006-3-16
0 5 10km

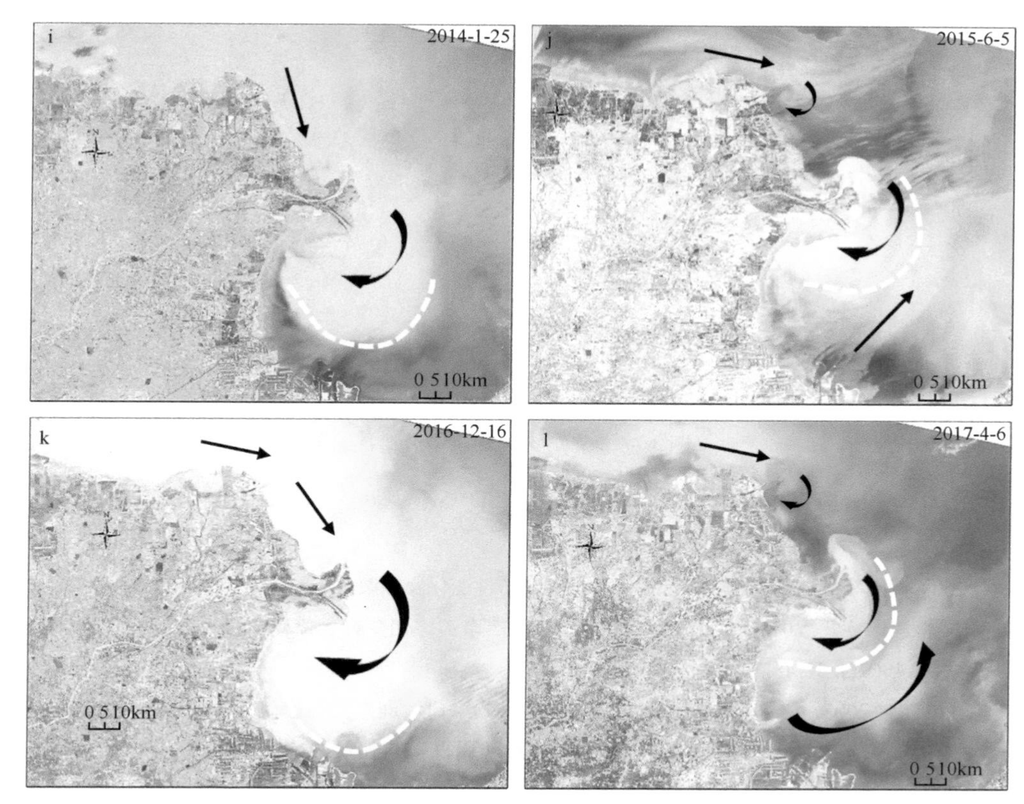

图 4-65　涨潮时刻潮流切变锋的分布及其对悬浮泥沙扩散的阻拦作用

4.2.2　落潮时刻黄河三角洲外表层悬浮泥沙扩散特征

落潮时刻，潮流挟沙向北流，黄河入海口外内落外涨型切变锋阻隔了泥沙向外海扩散，部分泥沙被落潮流带向三角洲北部，随着时间的延长，切变锋位置逐渐外推至消失，部分泥沙可以传到较远海域。

在落潮流作用下，存在于莱州湾西南岸的潮流切变锋以东区域的悬浮泥沙向东及东南扩散，故在莱州湾西南岸亦存在一清水带，在落潮时刻，泥沙为离岸输运，在涨潮时刻，三角洲南部部分泥沙沿岸向南传输，故清水带在落潮时更为清澈。图 4-66 为落潮时刻悬沙扩散特征。

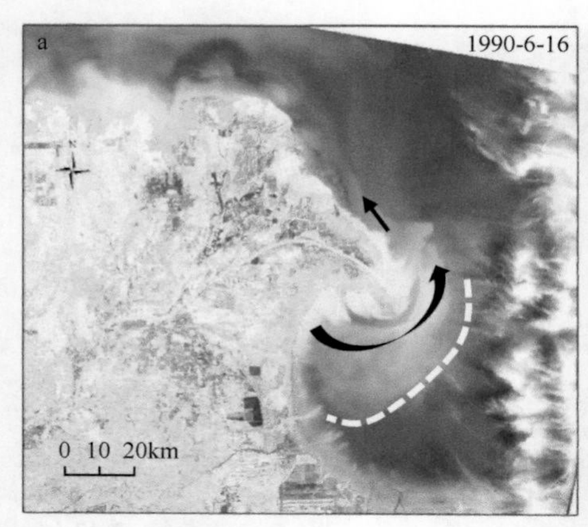

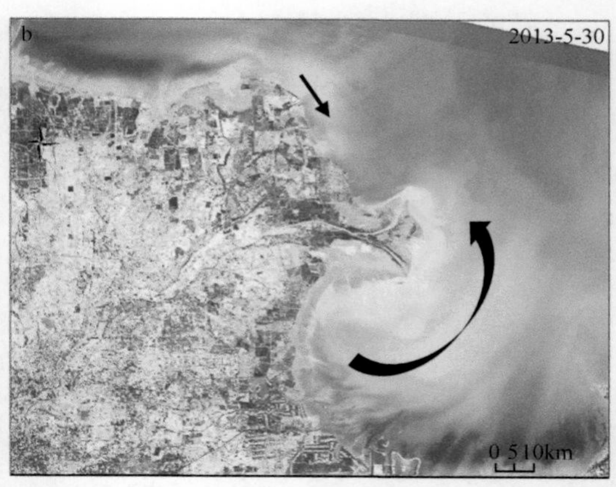

图 4-66 落潮时刻悬沙扩散特征

参考文献

毕乃双 . 2009. 黄河三角洲毗邻海域悬浮泥沙扩散和季节性变化及冲淤效应 . 中国海洋大学博士学位论文 .

高佳 , 陈学恩 , 于华明 . 2010. 黄河口海域潮汐、潮流、余流、切变锋数值模拟 . 中国海洋大学学报 (自然科学版), 40(S1): 41-48.

胡春宏 , 曹文洪 . 2003. 黄河口水沙变异与调控 Ⅱ——黄河口治理方向与措施 . 泥沙研究 , (5): 9-14.

李广雪 , 成国栋 . 1994. 现代黄河口区流场切变带 . 科学通报 , 39(10): 928-932.

刘振夏 . 2004. 中国近海潮流沉积沙体 . 北京 : 海洋出版社 .

秦宏国 . 2005. 洪、枯季黄河口水沙输运的三维数值模拟及特征分析 . 中国海洋大学硕士学位论文 .

史文静 . 2008. 黄河口悬浮泥沙扩散规律及其数值模拟研究 . 中国海洋大学博士学位论文 .

王燕 . 2012. 黄河口高浓度泥沙异重流过程 : 现场观测与数值模拟 . 中国海洋大学博士学位论文 .

谢琦 . 2017. 黄河口古潮汐特征及潮流演化过程 . 天津大学硕士学位论文 .

赵倩 . 2016. 基于遥感定量反演的黄河口表层悬沙分布及动力机制分析 . 鲁东大学硕士学位论文 .

中华人民共和国水利部 . 2017. 中国河流泥沙公报 . 北京 : 中国水利水电出版社 .

周长江 , 申宪忠 . 2001. 黄河海港海洋环境 . 北京 : 海洋出版社 .

Bates C C. 1953. Rational theory of delta formation. Bulletin of American Association of Petroleum Geology, 37(9): 2119-2162.

Wang H J, Yang Z S, Li Y H, et al. 2007. Dispersal pattern of suspended sediment in the shear frontal zone off the Huanghe (Yellow River) mouth. Continental Shelf Research, 27(6): 854-871.

Wang H J, Yang Z S, Saito Y, et al. 2007. Stepwise decreases of the Huanghe (Yellow River) sediment load (1950-2005): impacts of climate changes and human activities. Global and Planetary Change, 57: 331-354.

Xue C T, Ye S Y, Gao M S, et al. 2009. Determination of depositional age in the Huanghe Delta in China. Acta Oceanologica Sinica.

第 5 章　黄河口水下三角洲演变及动力机制

对于黄河口沉积过程的研究始于 1985 年中外联合展开的黄河口科学调查。调查显示，黄河口的水沙扩散形式主要包括异重流与异轻流两种，泥沙在异重流作用下沉积在水下三角洲斜坡处。本章在第 3 章、第 4 章对岸线变迁演变及表层悬浮泥沙分布开展研究的基础上，基于 1953 年、1986 年、2002 年、2005 年、2015 年岐河口至龙口港及莱州湾区域的海图水深资料，结合 MIKE 数学模型计算黄河三角洲外海域的水动力场，分析黄河口水下三角洲的冲淤演变及其水动力机制。

5.1　黄河口水下三角洲演变过程分析

将 1953 年、1986 年、2002 年、2005 年、2015 年的水深数据数字化，得到水深分布图（图 5-1）。1934 ～ 1953 年，黄河分三路入海，分别为老神仙沟、甜水沟、宋春荣沟，1953 年黄河由甜水沟入海（图 5-1a），1986 ～ 2015 年由清水沟入海（图 5-1b ～ e）。从 1953 年的水深分布可以看出，在黄河入海口及神仙沟外等深线分布较为密集，在刁口河至湾湾沟外等深线大致呈现平行分布，其中 15m 等深线位置大致在河口外 119.17°E。图 5-1b 中 1986 年黄河口外等深线分布密集，15m 等深线位置在河口外 119.34°E，神仙沟外的水深较大，相比之下湾湾沟至刁口河外水深较浅，水下三角洲较为平缓。图 5-1c 中 2002 年黄河入海口外滩涂区域面积扩大，15m 等深线分布在河口外 119.38°E，在神仙沟外水下三角洲发育，岸线平缓，湾湾沟至刁口河区域浅滩面积增大，等深线分布密集。2005 ～ 2015 年由于清 8 出汊，在黄河入海口外的滩涂区域向东北凸出，15m 等深线在河口外 119.54°E，在神仙沟至油田区域水下三角洲近岸处侵蚀严重，等深线分布更加密集，湾湾沟至刁口河区域的岸线逐渐后退，滩涂及水下三角洲在近岸处不断淤积。

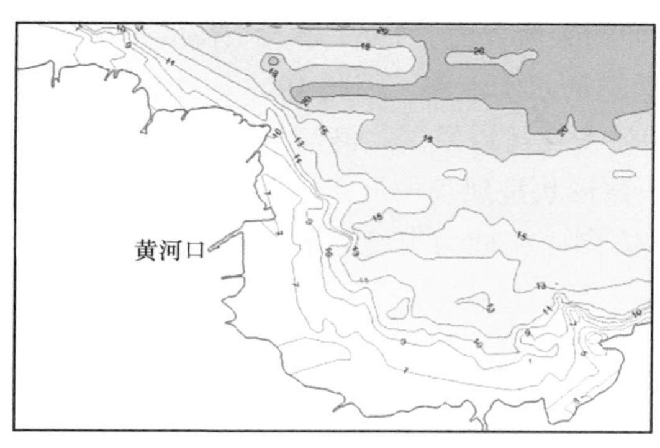

a. 1953年水深图

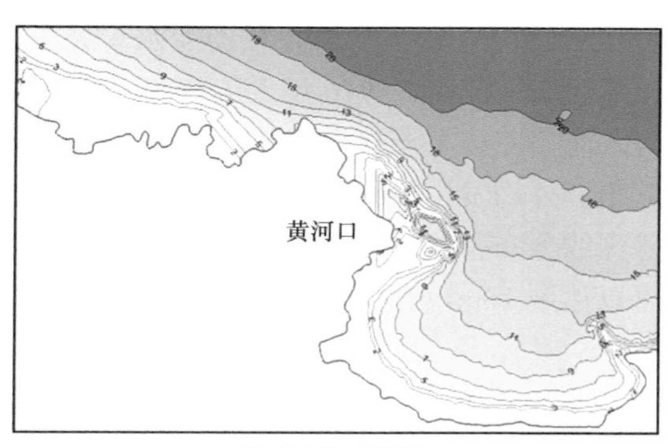

b. 1986年水深图

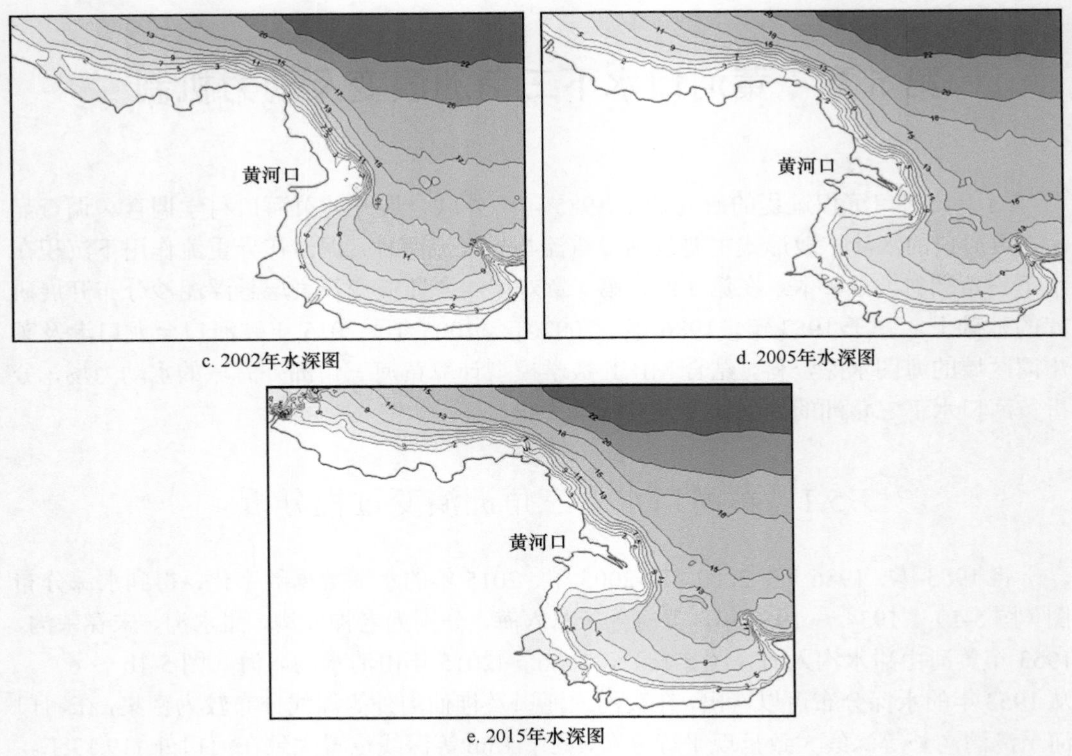

c. 2002年水深图 d. 2005年水深图
e. 2015年水深图

图 5-1 黄河三角洲水深分布图（单位：m）

进一步分析 1953 年、1986 年、2002 年与 2005 年（2015 年与 2005 年水深分布大致相同）的冲淤变化，分别得到 1953 ～ 1986 年、1986 ～ 2002 年、2002 ～ 2005 年、1953 ～ 2005 年黄河口沉积体沉积中心的形态、范围及厚度，从而得出沉积动力对泥沙输移的作用。

1934 年 9 月，黄河在一号坝附近出汊，堵汊未合拢而改道，经过淤积造槽，水流归股并汊，最终呈现出甜水沟、神仙沟、宋春荣沟三股并存分流入海的局面，其中甜水沟占 40%。1953 年人工开挖使得甜水沟并入神仙沟独流入海。1964 年人工在罗家屋子处改道刁口河流路，1976 年人工在西河口附近改道清水沟流路，因此 1953 ～ 1986 年，黄河入海口完成了一次大循环，从图 5-2 中的冲淤变化可以发现，湾湾沟至清水沟的黄河三角洲外均发生淤积，清水沟至神仙沟外淤积体形状呈现长条形，与等深线大致平行，等深线分布密集，水下三角洲陡坡为 NW-SE 方向，在神仙沟及清水沟外最大淤积厚度可以达到 10m，在湾湾沟至刁口河附近底床厚度变化较小。

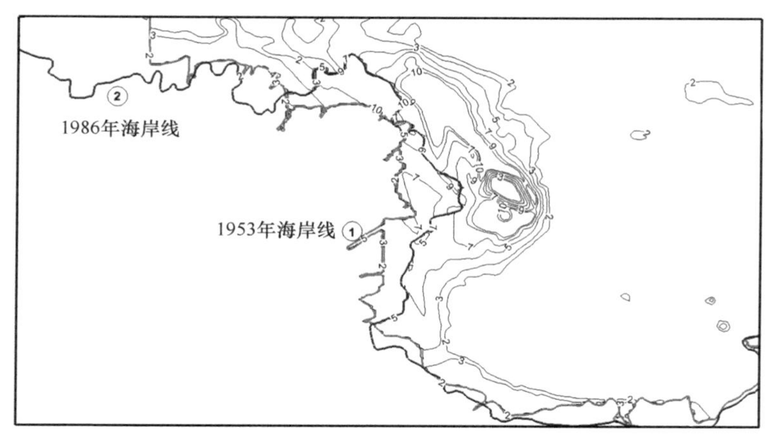

图 5-2　黄河三角洲 1953 ～ 1986 年底床冲淤变化（厚度单位：m）

1986 ～ 2002 年，河口向东凸出，底床变化主要集中在刁口河外及清水沟外海域，在刁口河处淤积体呈现 W-E 走向，沉积体较为集中，且淤积厚度增大，最大淤积厚度达到 10m，黄河三角洲北部的海岸线普遍向海延伸，清水沟外的淤积体主要集中在入海口东北侧，与入海口的泥沙主要向东北方向输移有关，淤积体范围与刁口河外相比较小，但淤积体的坡度变化更陡，淤积体呈现 NW-SE 走向（图 5-3）。2002 ～ 2005 年，黄河三角洲外淤积体主要分布在清水沟入海口两侧，平面上呈马鞍状，2005 年入海口向东南方向延伸，同时在清 8 处向东北方向凸出，淤积体厚度在这两处达到最大值，且淤积体坡度较大（图 5-4）。1953 ～ 2005 年，黄河水下三角洲普遍发生淤积，两个淤积最大区域分别在刁口河外及清水沟外（图 5-5），这两个区域也是高流速分布区域，淤积体边缘呈弧线状，与潮流切变锋的分布有关。

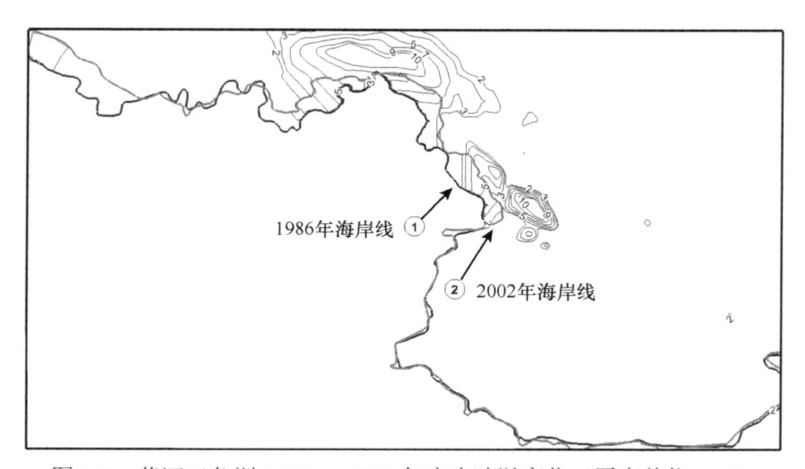

图 5-3　黄河三角洲 1986 ～ 2002 年底床冲淤变化（厚度单位：m）

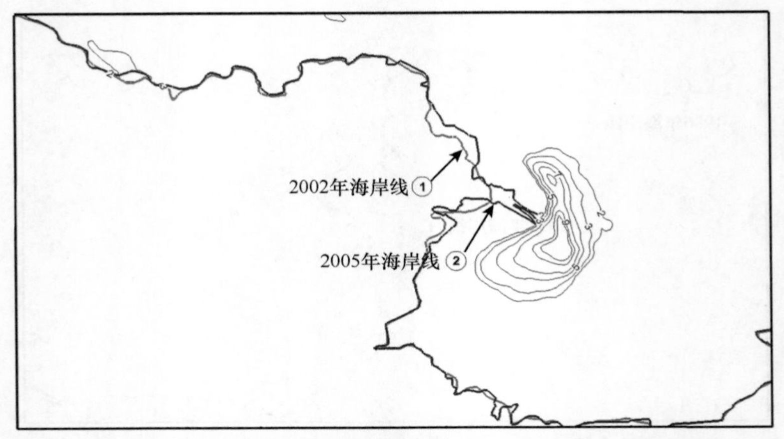

图 5-4　黄河三角洲 2002 ～ 2005 年底床冲淤变化（厚度单位：m）

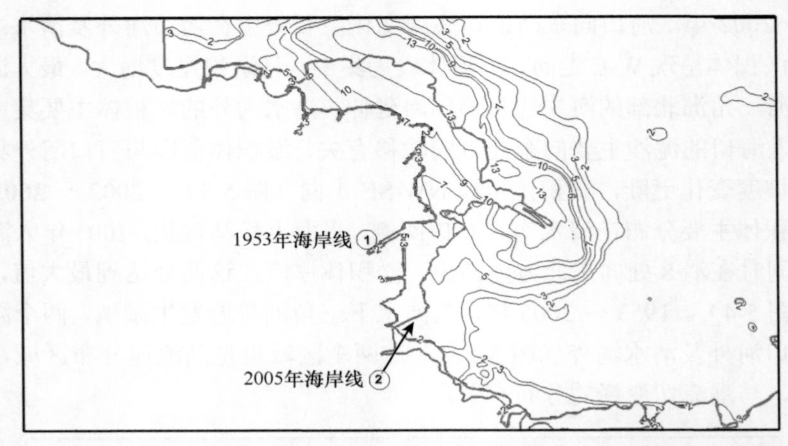

图 5-5　黄河三角洲 1953 ～ 2005 年底床冲淤变化（厚度单位：m）

5.1.1　黄河口湾湾沟—刁口河区域水下三角洲演变

第 3 章已对湾湾沟—刁口河区域 13 个剖面的海岸线变化进行了分析，本小节对该 13 个剖面的水下三角洲的水深变化进行分析。

将 A01 至 A08 剖面划分为湾湾沟区域，A09 至 A13 剖面划分为刁口河区域（图 5-6）。A01 至 A02 剖面在 1953 年时岸线外水深约为 5m，水下三角洲变化缓慢，至 1986 年岸线外水深淤至 1.5m，但在距离岸线 12km 处水下三角洲遭到侵蚀，侵蚀厚度可达 2m 以上，同时水下三角洲坡度变陡，至 2002 年和 2005 年水下三角洲略有淤积，整体变化不大，保持稳定。A03 与 A04 剖面在 1953 年时岸线外水深约为 6m，水下三角洲沿程起伏较大，至 1986 年岸线外水深约为 1.6m，在近岸 3km 内平坦，3km 外水下三角洲相比 1953 年淤积 4 ～ 6m，至 2002 年、2005 年，在离岸 20km 处水下三角洲较 1986 年淤积 2 ～ 3m。A05 至 A08 剖面在湾湾沟附近，其变化相近，主要表现为：1953 年岸线外水深约为 7m，1986 年水下三角洲在近岸 15km 范围内淤积 3 ～ 5m，岸线外水深为 3m 左右，水下三角洲水深变化缓慢，坡度较缓，至 2002 年后，在离岸 15km 处，水下三角洲出现陡坡，在10km内水深变化达到13m，坡度为0.0013，而在近岸15km内，水下三角洲较为平坦，淤积较为明显。

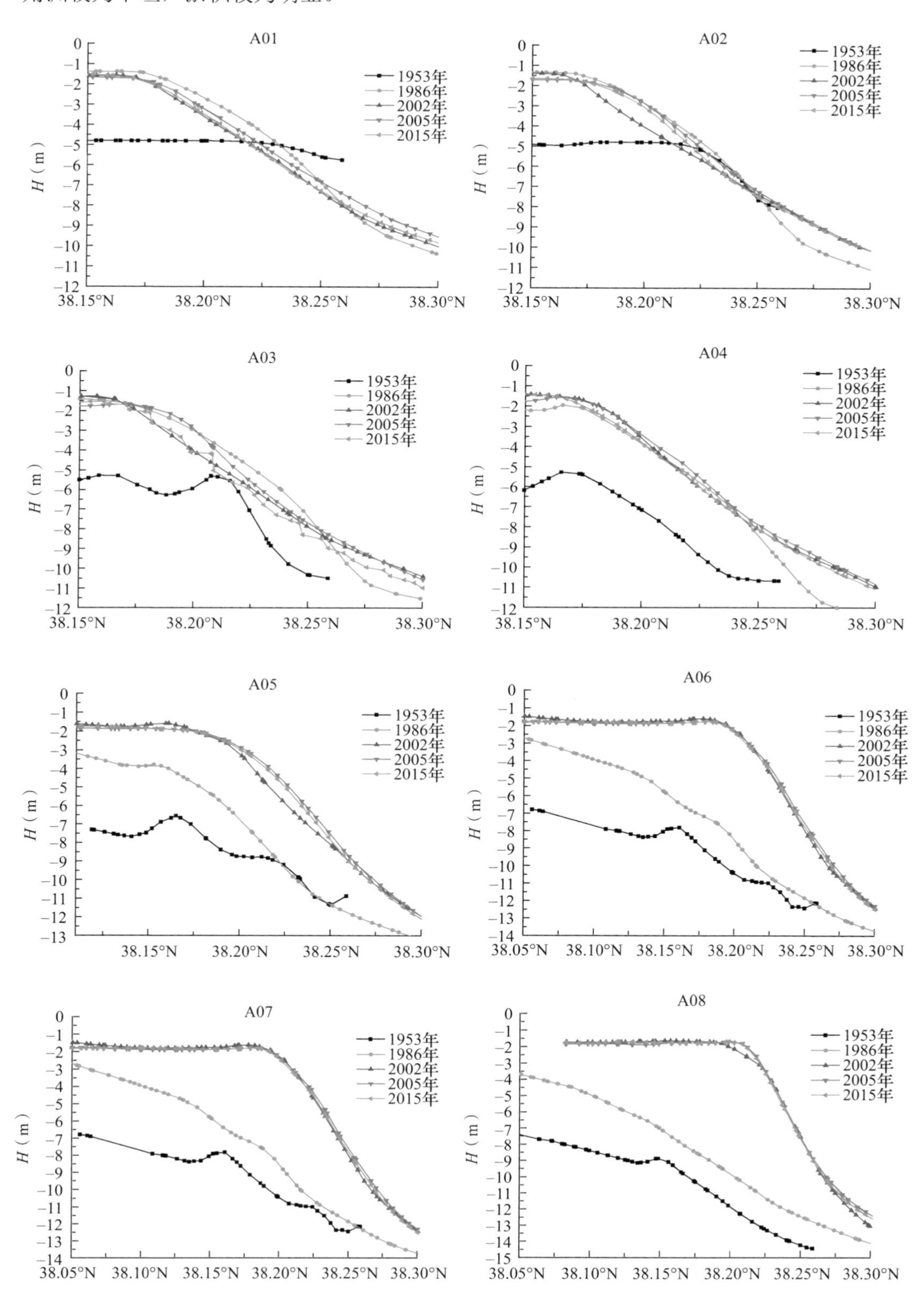

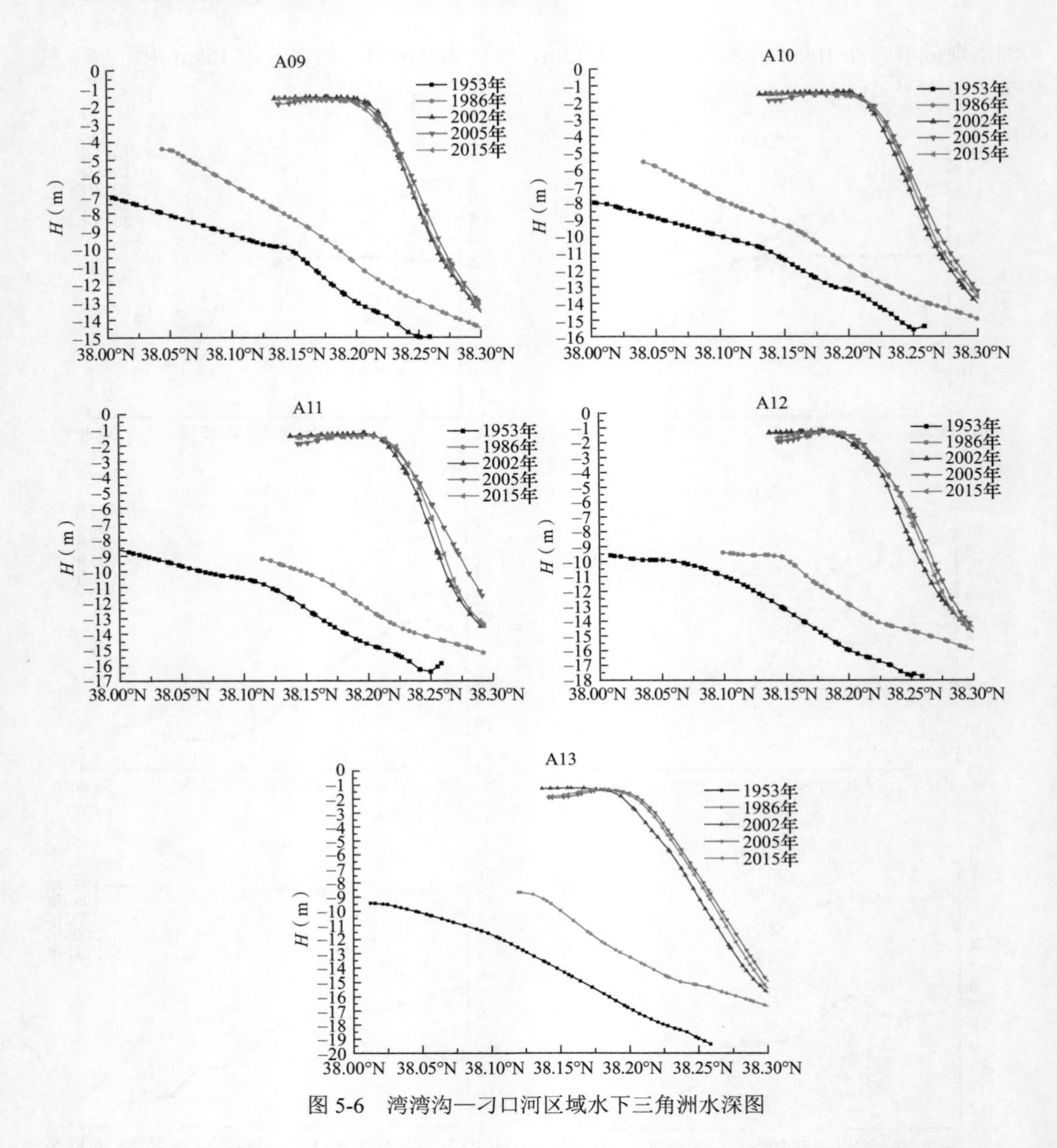

图 5-6　湾湾沟—刁口河区域水下三角洲水深图

A09 至 A13 剖面（图 5-6）水下三角洲水深变化主要受到刁口河来水来沙的影响，岸线不断向海延伸，1953 年与 1986 年的水下三角洲较为平缓，至 2002 年以后，水下三角洲整体呈现淤积状态，在近岸 10km 内，淤积厚度可达 7 ～ 8m，水下三角洲较为平坦，在离岸 10km 外，出现陡坡，坡度可达 0.0016。

5.1.2　黄河口黄河海港区域水下三角洲演变

在 B18 至 B11 剖面（图 5-7），1953 年水下三角洲近岸处水深为 11 ～ 13m，在离岸 20km 处水深为 18m 且较为平坦；至 1986 年，可以明显看到水下三角洲快速淤积，形成的沉积体厚度在近岸 15km 内可以达到 10m，且在离岸 15km 左右形成一个沟槽，在剖面上形状为双峰形；2002 年岸线向海延伸，同时填补了 1986 年形成的沟槽，在离岸 10km 处，出现了与 1986 年相似的陡坡形态，且底床未发生改变；至 2005 年，在近岸 10km 内水下三角洲遭到侵蚀，侵蚀厚度在 1m 左右，在离岸 10km 外，水下三角洲淤积厚度为 1m 左右。

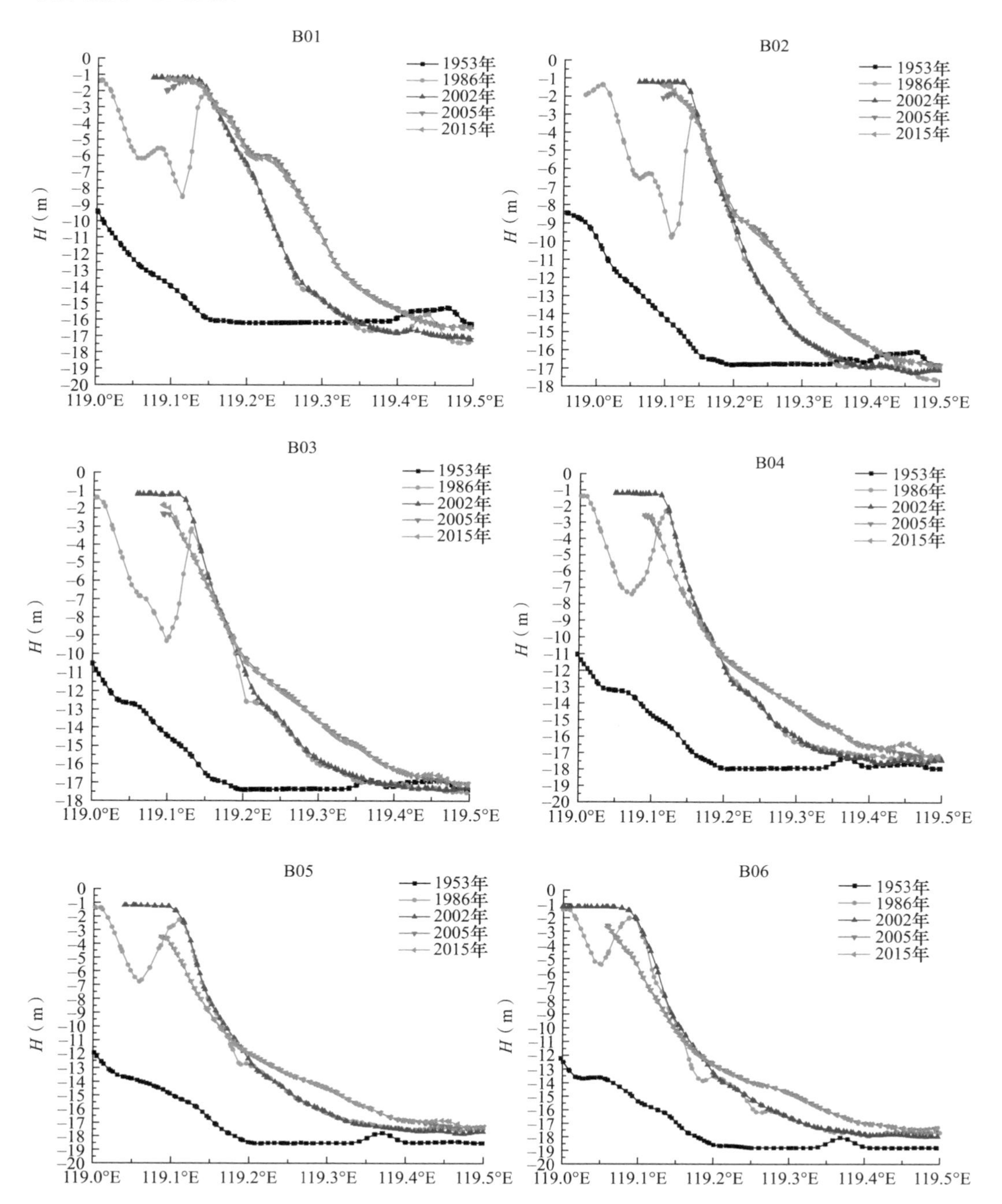

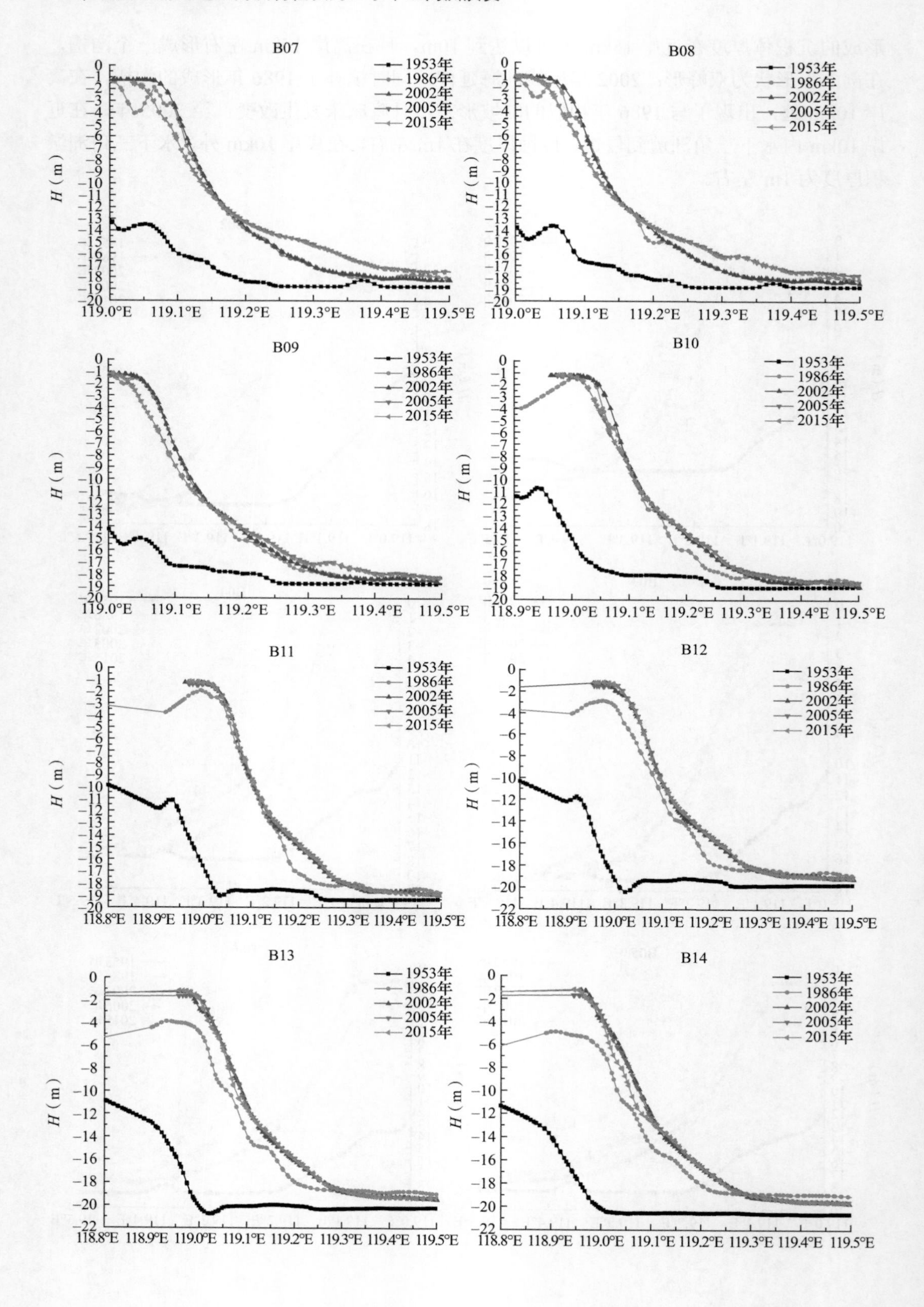
B07
B08
B09
B10
B11
B12
B13
B14
1953年
1986年
2002年
2005年
2015年
H（m）
119.0°E
119.1°E
119.2°E
119.3°E
119.4°E
119.5°E
118.8°E
118.9°E

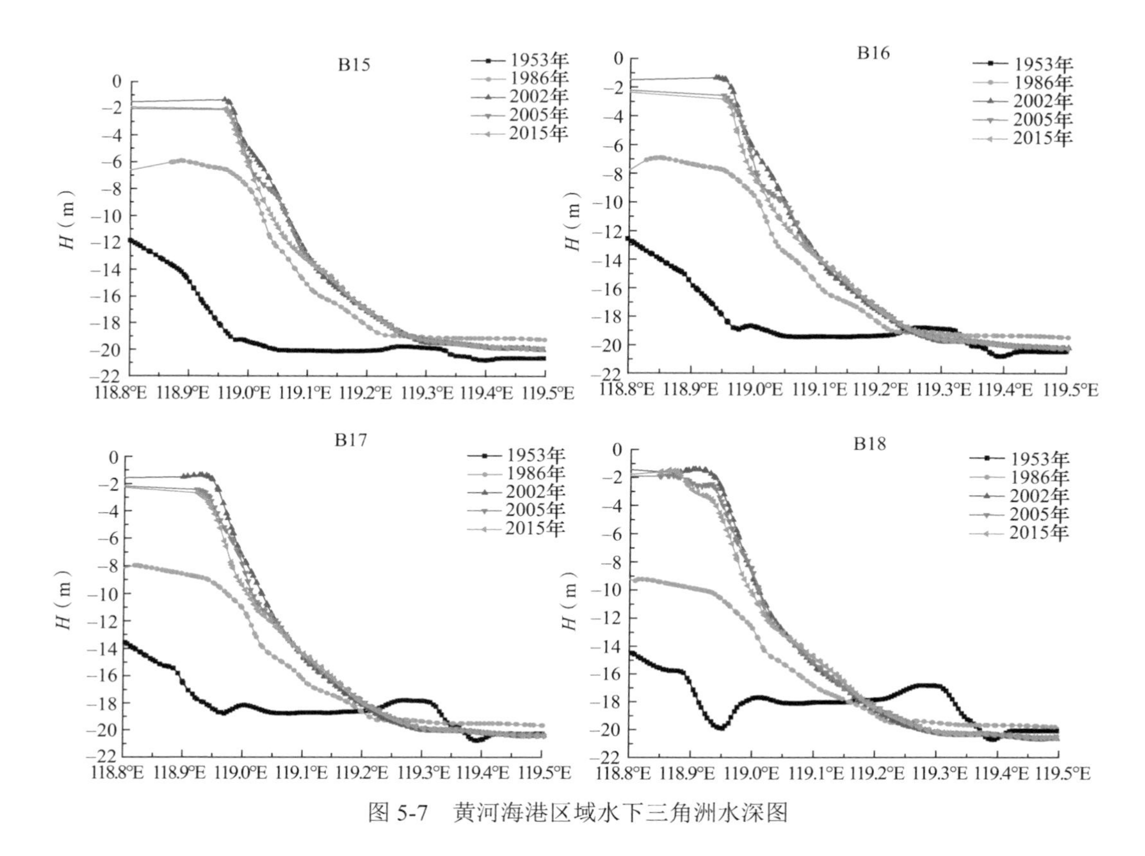

图 5-7　黄河海港区域水下三角洲水深图

在 B10 至 B01 剖面（图 5-7），1953 年近岸水深为 10 ～ 14m，B09 至 B03 剖面上水下三角洲在近岸 15km 内坡度较两侧更陡；1986 年 B10 至 B07 剖面范围内水下三角洲淤积较快，B06 至 B01 剖面淤积较慢；到 2002 年后，B10 至 B07 剖面基本保持不变，B06 至 B01 剖面则继续淤积，沉积体厚度增加 8m 左右。

5.1.3　黄河口清水沟区域水下三角洲演变

C01 至 C10 剖面主要反映的是清 8 出汊后形成的北部沙嘴区域，C11 至 C20 剖面主要为 1976 ～ 1996 年黄河走清水沟期间形成的南部沙嘴区域（图 5-8）。在南部沙嘴区域，1953 年主要行水甜水沟，使得该区域水下三角洲的近岸水深在 6 ～ 7m，神仙沟—海港区域近岸水深为 10 ～ 14m，离岸 25km ～ 30km 处出现陡坡，30km 外水下三角洲水深保持在 15m 左右；到 1986 年与 2002 年，水下三角洲在近岸 35km 内沉积体淤积厚度为 3 ～ 5m；到 2005 年，水下三角洲在近岸 35km 内水深在 1.5m 以内，在离岸 35 ～ 45km 处，水下三角洲水深从 1.5m 增加至 14m，坡度达到 0.014。在北部沙嘴区域，1986 年的水下三角洲地形剖面与黄河海港外的地形剖面相近，存在一个深槽，在靠近油田区域的 C01 至 C04 剖面深槽中心较两边深 10m 左右，C05 至 C10 剖面的水下三角洲深槽不明显；到 2002 年该深槽消失，并且在近岸 25km 范围内水下三角洲较为平坦，水深约为 1.5m；至 2005 年，水下三角洲陡坡位置向外移动 4km 左右，整体发生淤积。

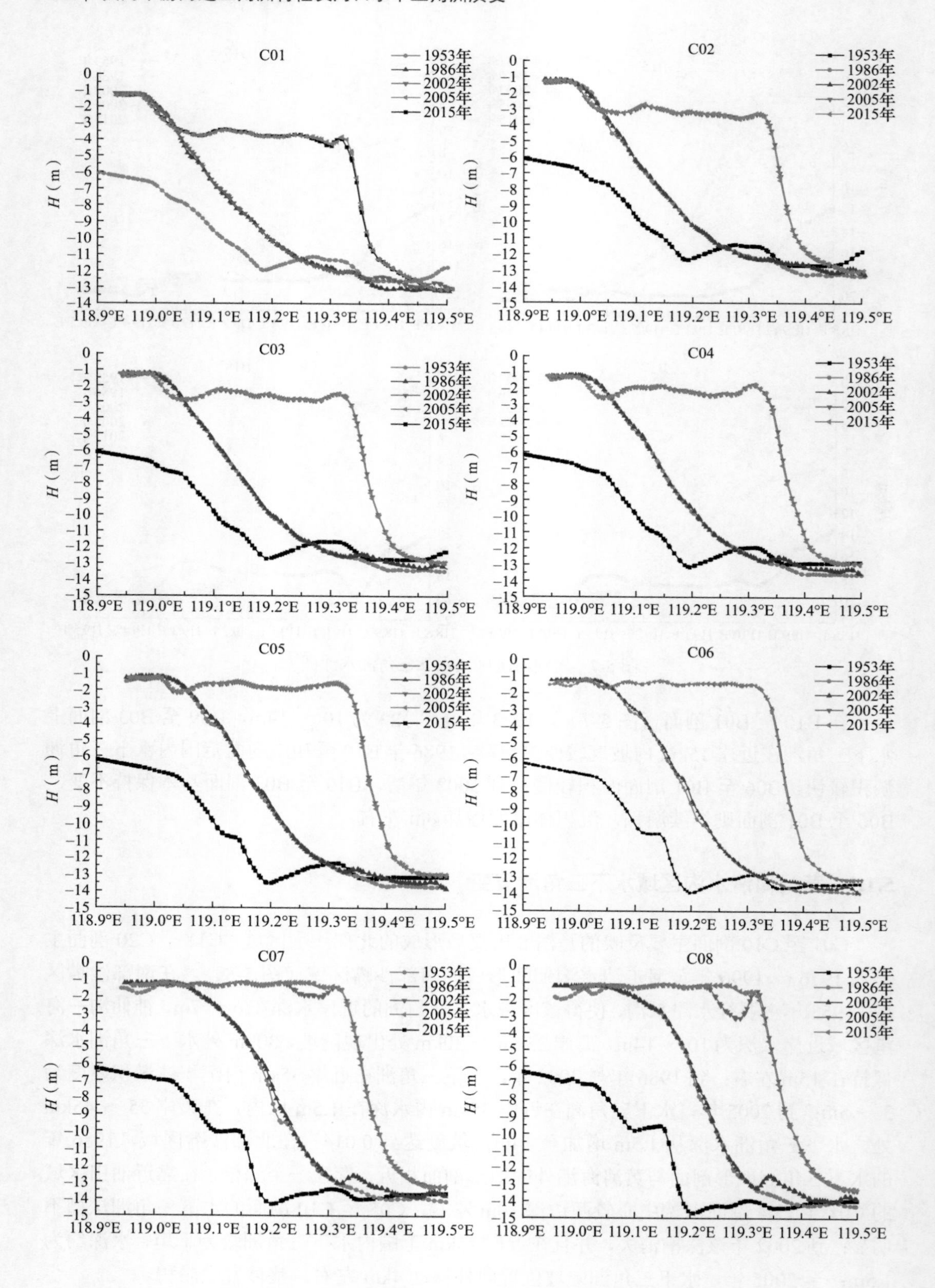
C01
C02
C03
C04
C05
C06
C07
C08
1953年
1986年
2002年
2005年
2015年
H（m）
118.9°E
119.0°E
119.1°E
119.2°E
119.3°E
119.4°E
119.5°E

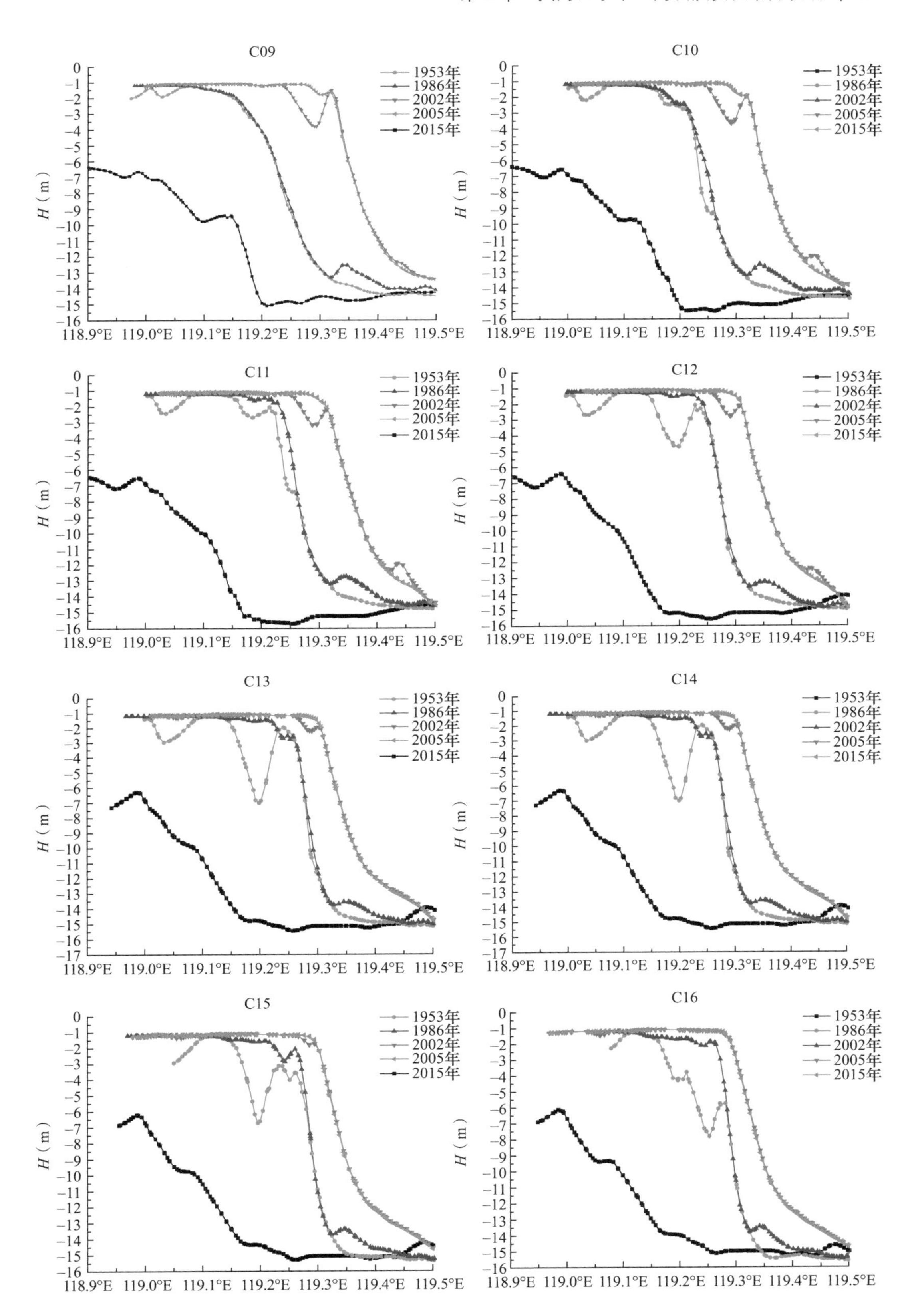
C09
C10
C11
C12
C13
C14
C15
C16
1953年
1986年
2002年
2005年
2015年
H（m）
118.9°E 119.0°E 119.1°E 119.2°E 119.3°E 119.4°E 119.5°E

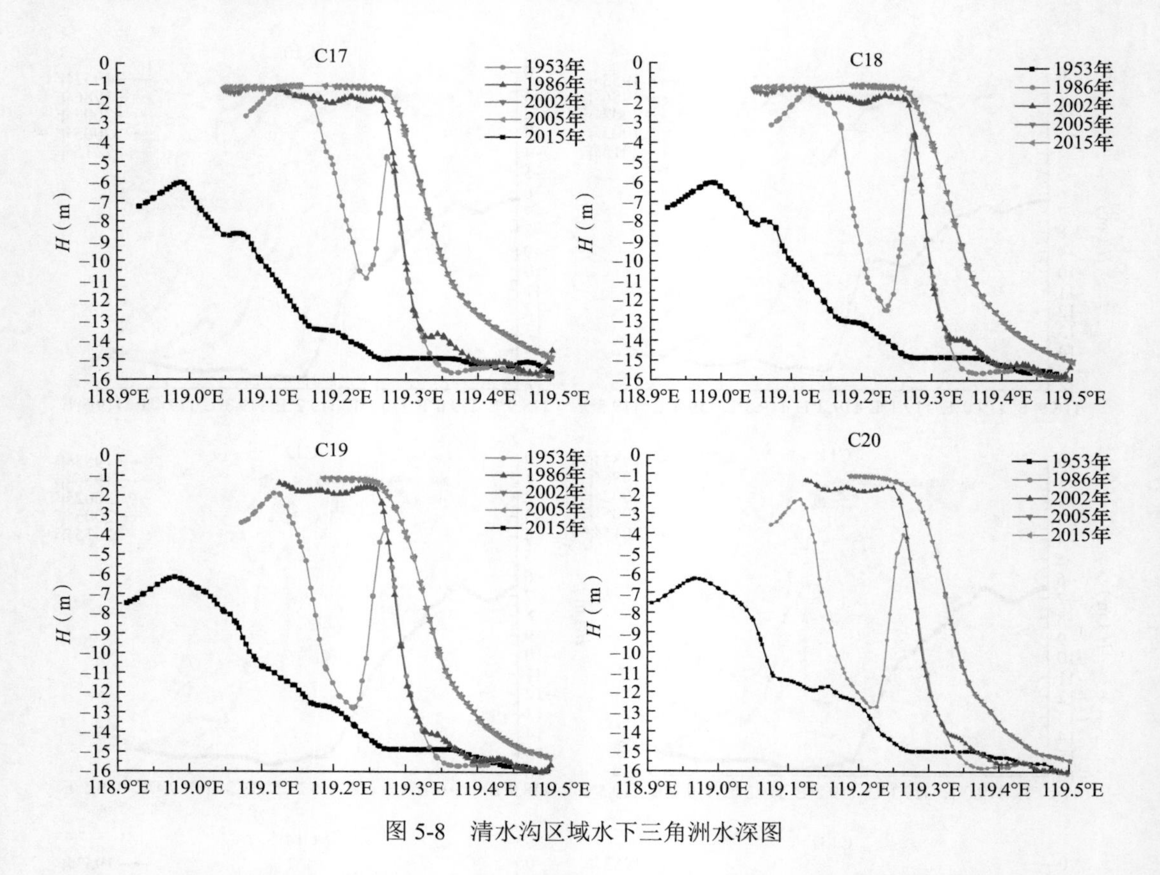

图 5-8　清水沟区域水下三角洲水深图

为进一步揭示黄河三角洲外沉积体变化的原因，对黄河三角洲海域的水动力进行研究，并结合第 4 章所述的表层悬浮泥沙分布反演的结果加以分析。

5.2　黄河口水下三角洲海域水动力机制分析

本节主要分析黄河口潮流年际演化过程，分别对 1953 年、1986 年、2002 年、2005 年及 2015 年建立区域模型并利用 MIKE 进行数值模拟计算，得到历年的黄河三角洲外海域流场，进而再利用 Matlab 调和分析得到河口海域的潮流椭圆图，分析其潮流演化的特征，并结合第 4 章表层悬浮泥沙分布反演结果进行分析。主要研究重点在于高流速区域的演变及河口切变锋的变化。

5.2.1　模型验证

模型验证采用 2015 年海图资料（图 5-9），验证时间取 2015 年 8 月 20 ～ 22 日，为保证黄河口潮流数学模型的准确性，首先对其进行潮汐验证（图 5-10），验证资料取自国家海洋信息中心出版的《潮汐表 2015》，将东营港的潮位模拟值与实测值进行比较。在验证时间区段内模拟值与实测值相近，模拟结果基本能够反映本次研究区域的潮汐涨落情况。

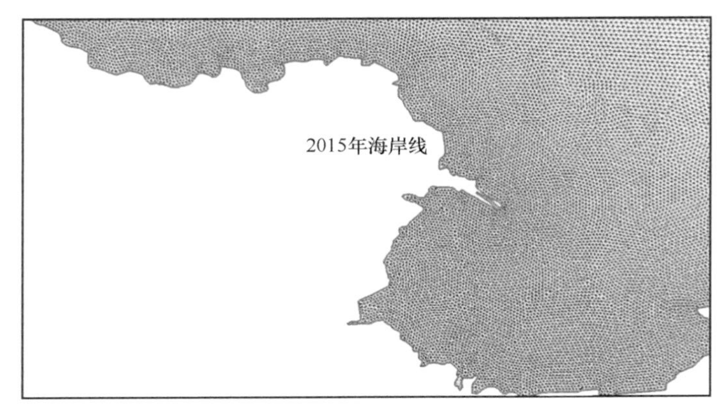

图 5-9　2015 年模拟区域网格图

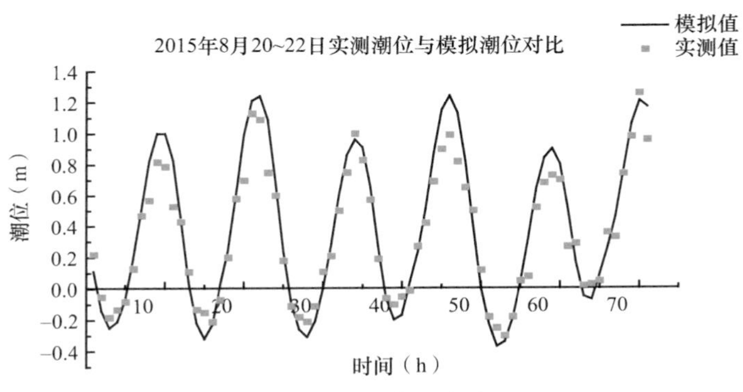

图 5-10　东营港潮汐验证

然后进行潮流验证，取现黄河口门处的 4 个潮流验证站点，坐标为（37°83′N，119°10′E）、（37°79′N，119°16′E）、（37°77′N，119°22′E）、（37°73′N，119°25′E），站点布置示意图见图 5-11，将水流流速和流向的模拟值与实测值进行比对，结果如图 5-12 所示。

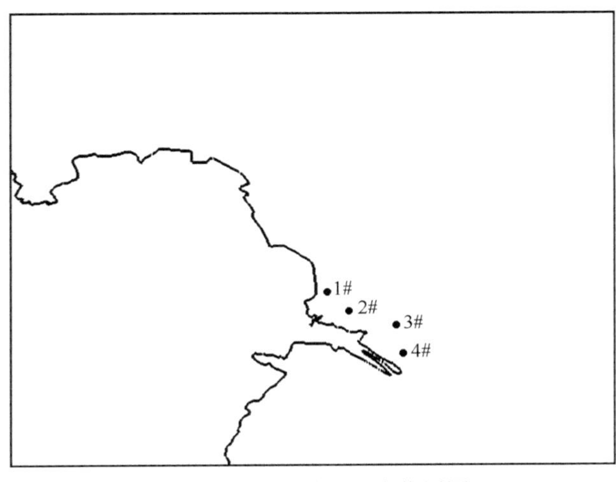

图 5-11　潮流验证站点位置图

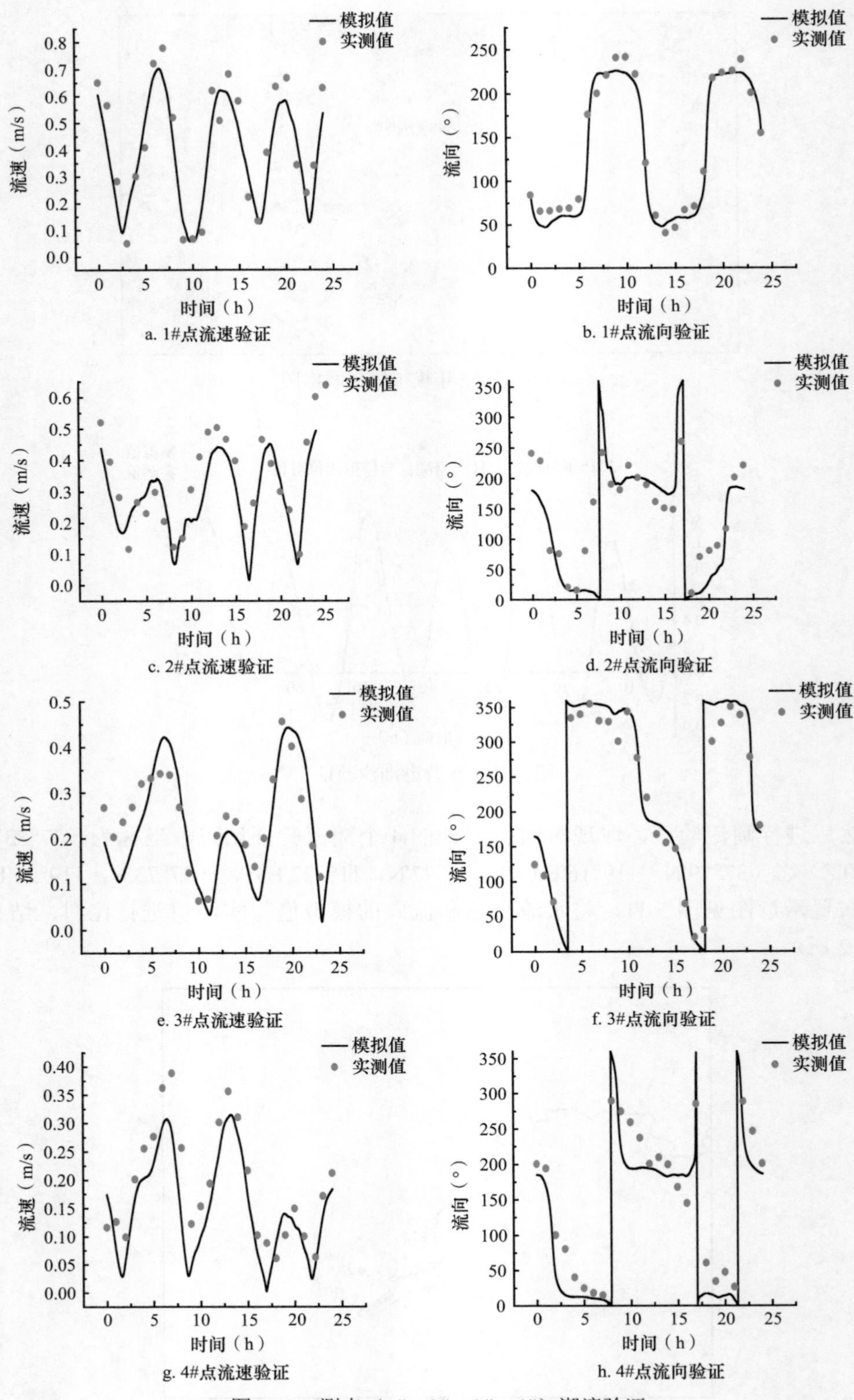

图 5-12 测点（1#、2#、3#、4#）潮流验证

从图 5-12 可以看出，潮流流速验证吻合较好，流向趋势也基本一致，相比于实测值，流速的模拟值普遍较小，主要受到波浪的影响，风等其他因素也会对流速的大小产生影响。实测资料表明，模型模拟的潮流运动与实际的潮流情况基本相符，模拟结果可反映渤海湾潮流的运动规律。

5.2.2　历年流场变化及高流速区演变

1953 年，黄河经神仙沟、甜水沟、宋春荣沟分三股入渤海，7 月人工开挖引河使得甜水沟并入神仙沟独流入海，该阶段神仙沟沙嘴进一步发育，两湾形态也愈加明显。涨潮时，在神仙沟凸出处，水流流速较高，同时在凸嘴处形成环流，水流沿岸向南流动，在甜水沟外侧水流流速增大；落潮时，三角洲北侧流速较其他区域大，在两个凸嘴外水流流速可达 1m/s（图 5-13，图 5-14）。

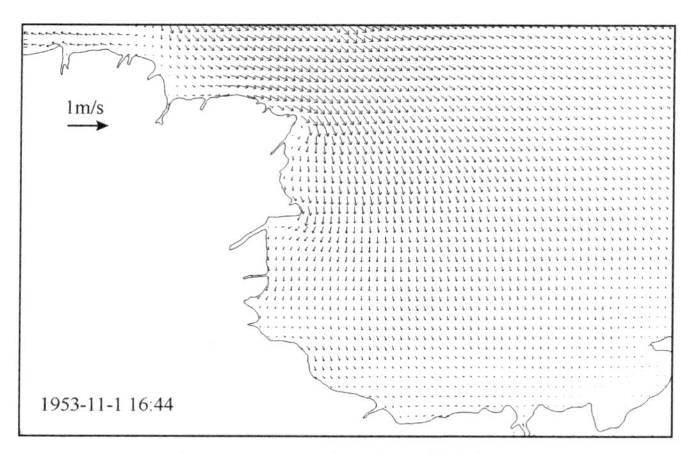

图 5-13　1953 年涨潮时刻流场图

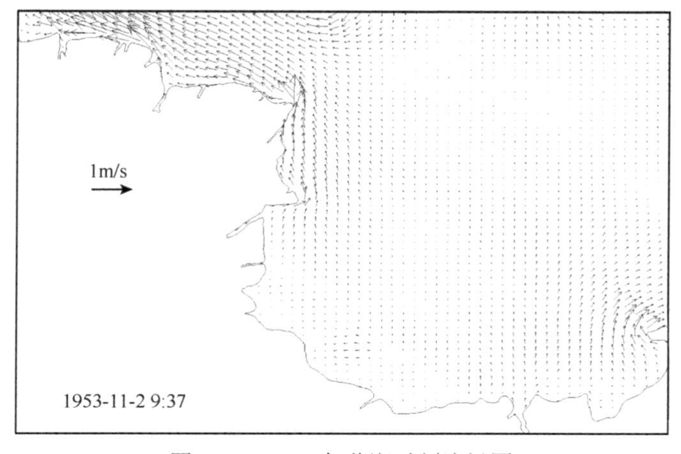

图 5-14　1953 年落潮时刻流场图

1989年黄河走清水沟，岸线多呈现出弯曲的形态，此阶段孤东油田至大汶流海堡海岸段大幅淤进。图5-15为1989年落急时刻，莱州湾附近水流北流，在经过黄河入海口处的沙嘴时，水流较为散乱，与近岸水下三角洲存在深槽区域有关，水流沿着沙嘴顺时针旋转并向北流动，但在黄河海港及油田外存在一潮流切变锋，在该切变锋近岸处水流向南流，离岸处继续向北流，在三角洲北侧刁口河及湾湾沟附近，水流向近岸流动，可见，当黄河入海口处于落潮时刻时，刁口河区域为涨潮。

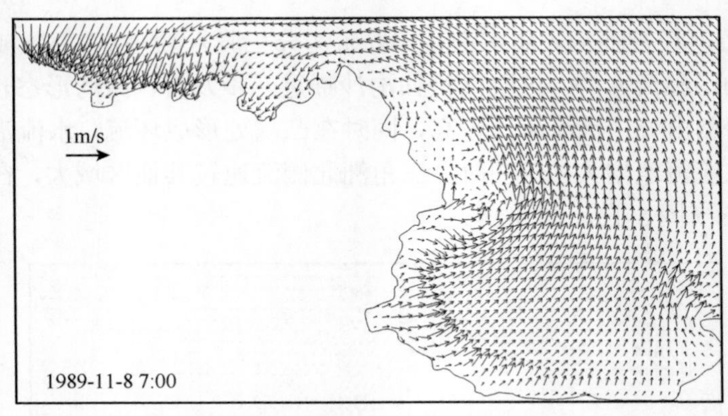

图5-15　1989年落急时刻流场图

图5-16为黄河入海口区域1989年涨急时刻，外海水体向南运动，到黄河入海口时，水流在近岸处发生转向，沿岸向北流，该股水流一直绕过黄河海港抵达三角洲北部刁口河区域，此时潮流切变锋范围从黄河海港一直延伸到沙嘴南侧，其长度和强度均较大。

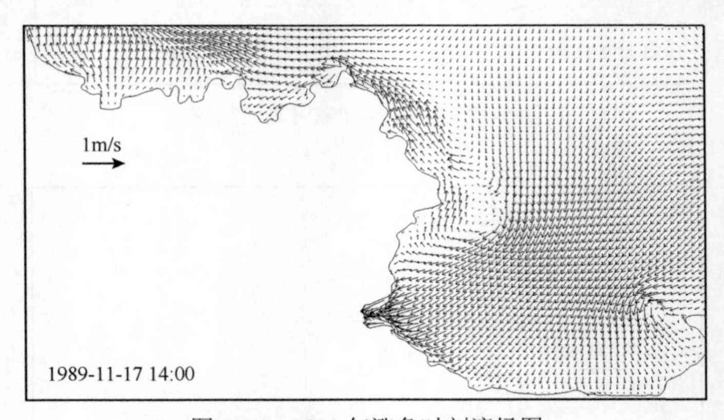

图5-16　1989年涨急时刻流场图

2000年黄河三角洲北部岸线凸出部分被夷平，岸线较为平顺，河口水下三角洲继续发育。在涨潮时，水流从渤海海峡进入，在黄河口门外分成南北两支，北支沿着孤东油田与黄河海港向北绕过三角洲北部，流向渤海湾，南支沿着水下三角洲陡坡处流动，水流方向由东转向东南，水流抵达入海口南侧后转向，由东南转向北及东北，并在油田外与北支汇合，潮流转向，出现切变锋（图5-17）。在落潮时，在三角洲北部刁口河区域水流沿岸向东，在神仙沟外侧水流沿着岸线转向南侧，在离岸较远的一侧水流转向东，近岸一侧的水流继续向南抵达河口处，由于河口沙嘴的存在，向南运动的水流与离岸向东北方向的水流汇合后向东流出莱州湾，并在水下三角洲陡坡处形成切变锋，切变锋起点位于入海口东侧，止于河口南侧（图 5-18）。

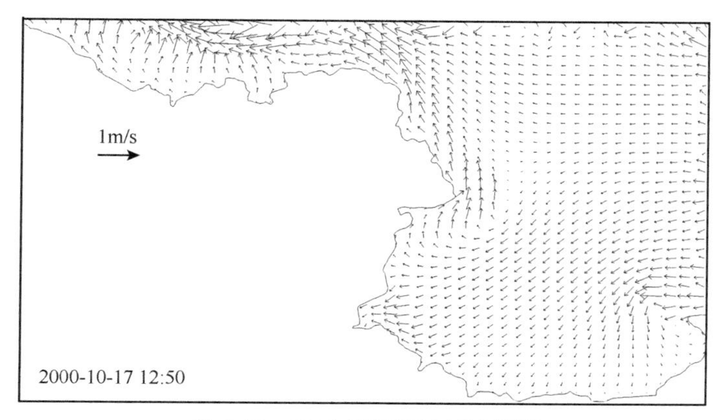

图 5-17　2000 年涨潮时刻流场图

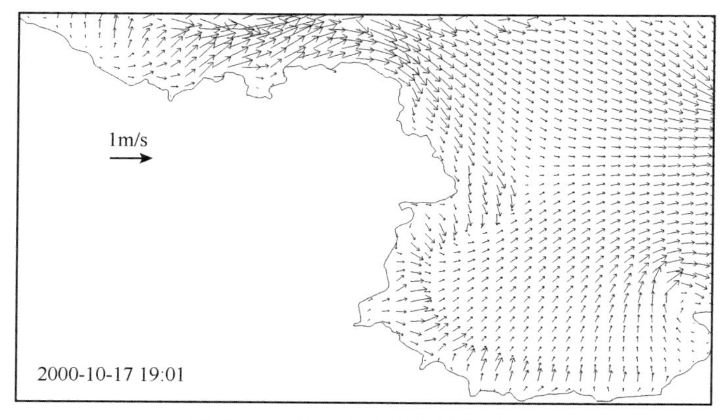

图 5-18　2000 年落潮时刻流场图

2005 年，入海口附近的水下三角洲进一步发育，北汊的水下三角洲开始形成并逐渐发育。在黄河口处于涨潮时，三角洲北部处于落潮时刻，水流流向渤海湾，在河口处，水流从北向南流向莱州湾，在河口外水流发生旋转，并在莱州湾附近流速增大，在沙嘴南侧水流方向为西北，在沙嘴北侧水流沿着岸线向北流，并与三角洲北侧的水流汇合。从涨潮时刻流场图可以看出，从黄河海港一直到沙嘴北侧均存在潮流切变锋（图 5-19）。在落潮时，在三角洲北侧刁口河区域水流沿岸向海港区域流动，并在海港外发生旋转，水流转向南侧，与从莱州湾出来的水流汇合后转向东侧，并在沙嘴南侧形成潮流切变锋（图 5-20）。

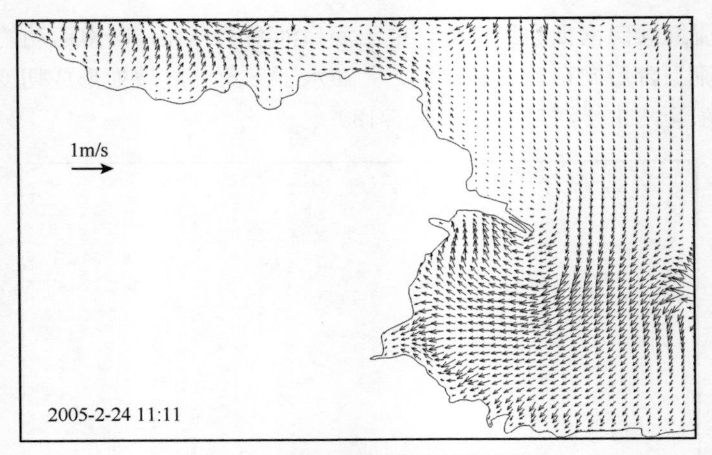

图 5-19　2005 年涨潮时刻流场图

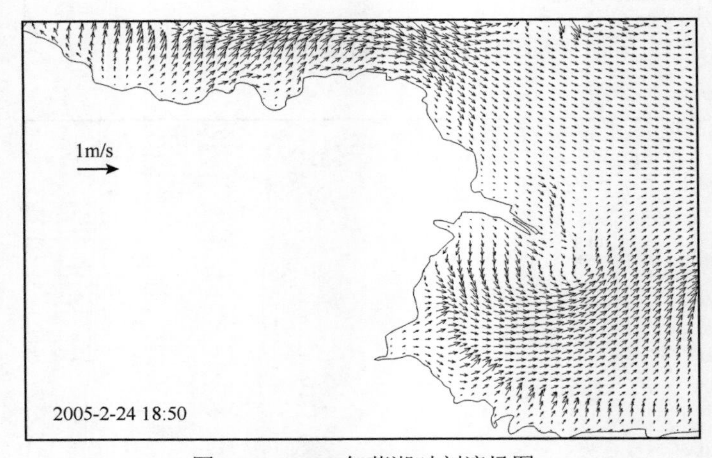

图 5-20　2005 年落潮时刻流场图

李泽刚（2006）通过分析实测海流资料认为，黄河口外流速等值线构成封闭的辐散中心；神仙沟外的强流区域与其周围的潮汐特性有关，是一个长期稳定的高流速场；黄河口的淤积延伸使得流场逐渐强化，形成新的高流速辐散中心。在神仙沟口外的 M_2 分潮无潮点流速较高，结合第 3 章图 3-112 中 1976 ～ 2017 年黄河海港段海岸线变化可知，在神仙沟口附近的岸线变化较小，延伸速率低。此外，李泽刚（2006）认为，黄河三角洲沿岸至少存在两个强流速场系统，且强流速场并不存在于岸边而存在于海底陡坡处，高流速中心系统的外边流速应大于 80cm/s，且陡坡越陡，其流速等值线越密，即水平流速梯度越大（图 5-21）。

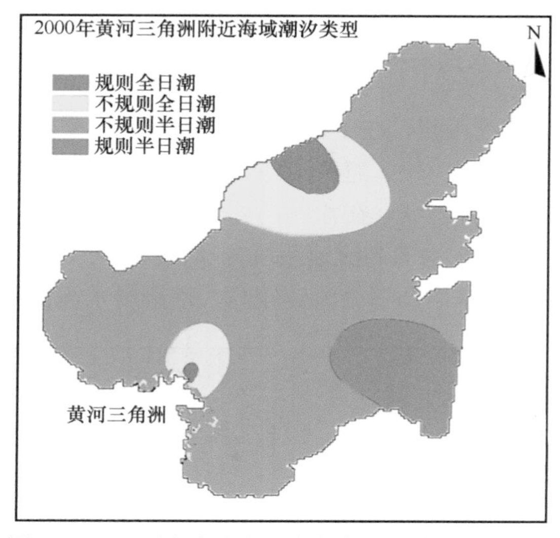

图 5-21　M_2 无潮点分布（秦皇岛外与神仙沟口外）

冯曦等（2009）对黄河口细颗粒泥沙的基本特性进行了实验研究，利用静水沉降、动水絮凝等多种实验手段进行分析，通过采样分析，得出黄河口泥沙黏土矿物比例为 35% ～ 60%，主要成分为绿泥石与伊利石。动水沉降实验得出，10 ～ 15cm/s 为黄河口细颗粒泥沙起动流速，50 ～ 60cm/s 为不淤流速。实验得出的含沙量与流速的关系如图 5-22 所示，初始含沙量给定 $1.3kg/m^3$，可以看出在流速为 60cm/s 时，含沙量随时间变化较弱，此时的淤积质量百分数仅为 0.92%，达到了沉降的悬沙与上扬的底沙相互补充的动态平衡。因此，认为流速高于 0.6m/s 的区域为高流速区域。

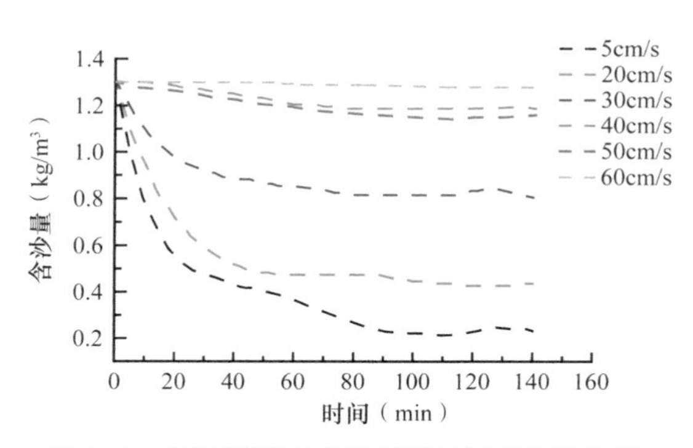

图 5-22　不同流速下含沙量随时间变化的关系

本次模拟的流场主要为 1953 年、1989 年、2000 年及 2005 年，其中 1953 年主要为甜水沟与神仙沟入海，1989 年为清水沟入海，2000 年及 2005 年为清 8 北汊入海。此外，从岸线及地形图可以看出，1989 年的刁口河与神仙沟附近的岸线较为凸出，2000 年黄河三角洲北部岸线凸出部分遭到侵蚀，岸线呈现较为平滑的圆弧状，2005 年清水沟南侧凸出较多，北侧水下三角洲开始形成。

1）1953 年黄河行水甜水沟与神仙沟

由图 5-23 的流速等值线可知，在 1953 年涨潮时刻大致存在 3 个高流速区，其位置主要为甜水沟口门外、神仙沟口外、湾湾沟外。可以明显看出，在甜水沟口门外及神仙沟口外的高流速区呈现封闭椭圆状，在湾湾沟外的高流速区离岸较远，但分布较广。在 1953 年的岸线及水深下，甜水沟的高流速系统分布范围较小，其中心流速在 0.93m/s 左右，在涨潮时刻，水流在甜水沟凸嘴处流速较高，落潮时水流流速较低。

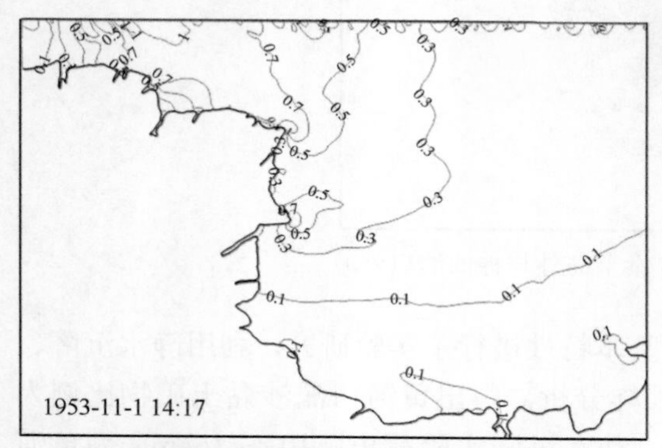

a. 黄河三角洲沿岸流场-涨潮流速等值线（单位：m/s）

b. 黄河三角洲沿岸流场-涨潮流速矢量分布

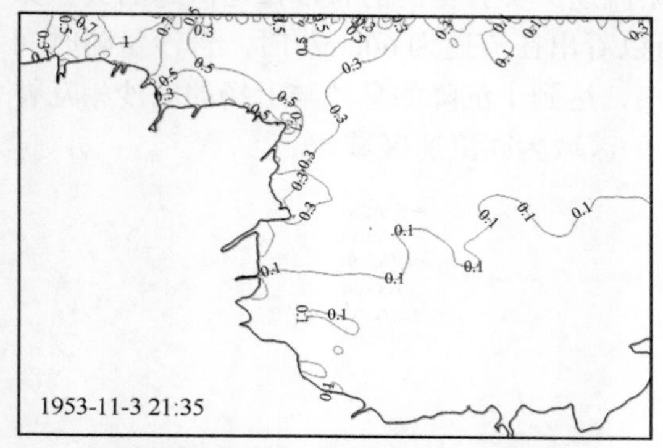

c. 黄河三角洲沿岸流场-落潮流速等值线（单位：m/s）

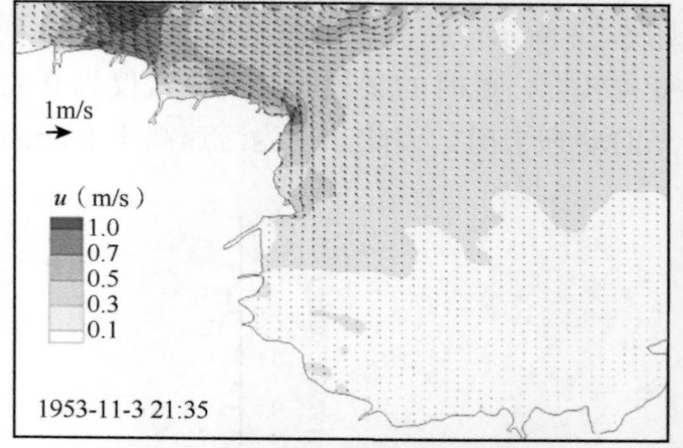

d. 黄河三角洲沿岸流场-落潮流速矢量分布

图 5-23　1953 年高流速区分布

神仙沟口外的高流速区系统较为稳定，其流速中心均在沙嘴凸出处，涨潮落潮中心流速均能维持在 0.7m/s 左右，涨潮时的高流速分布范围较广，落潮时高流速分布区缩小，在神仙沟口外的最高流速可以达到 1.10m/s。

湾湾沟外的高流速区超出本次研究范围，其分布范围较神仙沟口外及甜水沟外的高流速系统大，且近岸的流速可以达到 0.88m/s，涨潮时刻的分布范围较落潮时刻更广，且流速也较落潮时刻更大。

在此时期，在两个岸线突出的地方，近岸水域都会存在一个高流速中心，且岸线外水深较大，可达到 10m 左右，同时近岸水深变化也较大，处于水下陡坡分布处。

2）1989 年黄河行水清水沟初期

由图 5-24 可以看出，黄河经历了甜水沟、神仙沟、刁口河入海后，在 1976 年行水清水沟，到 1989 年基本形成了单股入海河道，黄河三角洲整体向外延伸，其岸线有两个较为突出的沙嘴，分别在神仙沟口与清水沟口处，此时期的高流速主要分布在两个区域，即黄河三角洲北部区域及清水沟河口沙嘴处，湾湾沟外的高流速区与神仙沟口外的高流速区出现合并的趋势。

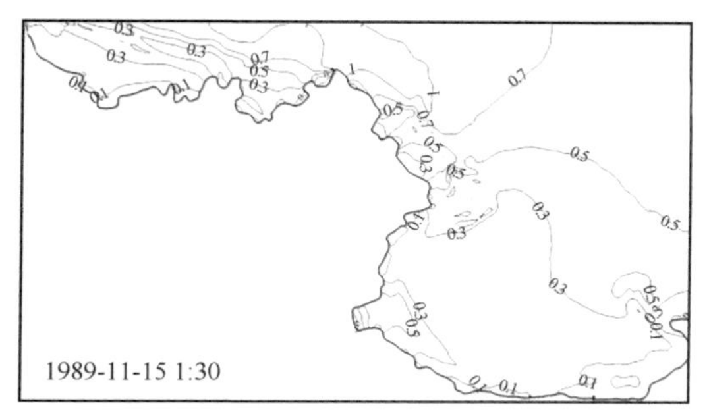

a. 黄河三角洲沿岸流场-北区高流速场流速等值线（单位：m/s）

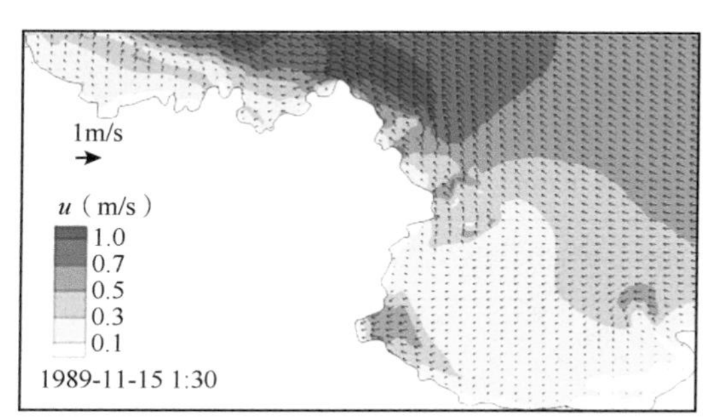

b. 黄河三角洲沿岸流场-北区高流速场流速矢量分布

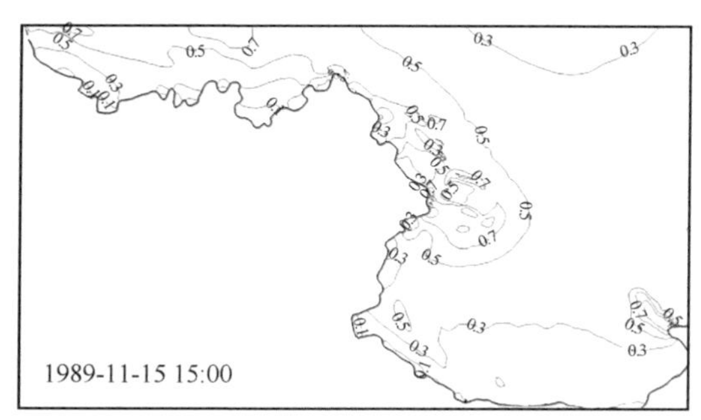

c. 黄河三角洲沿岸流场-河口高流速场流速等值线（单位：m/s）

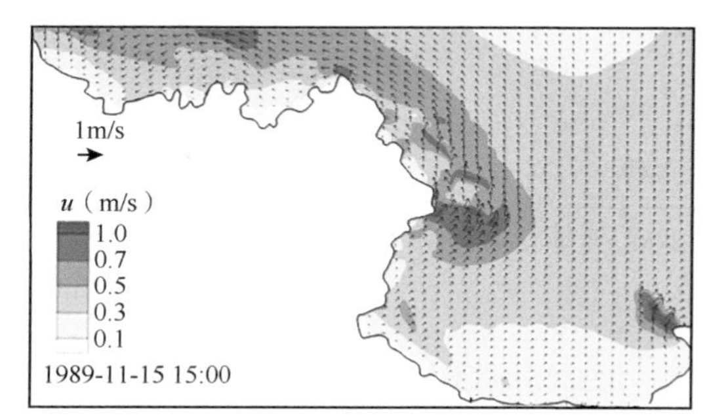

d. 黄河三角洲沿岸流场-河口高流速场流速矢量分布

图 5-24　1989 年高流速区分布

1989 年北部高流速区较 1953 年有所扩大，神仙沟外最大流速可达 1.19m/s，刁口河外最大流速为 1.06m/s，以神仙沟口处的沙嘴为中心向外辐散，其高流速区域呈现西北 - 东南方向，沙嘴外水深较大，且水深变化梯度也较大。黄河三角洲北部高流速区最大流速整体较 1953 年有所增大，岸线也进一步向外延伸，其北部高流速区整体也相应地向北移动。

在清水沟口处，1989 年的最大流速可以达到 0.92m/s，与 1953 年相比变化较小，此时期的沙嘴形成时间不长，清水沟口高流速区的范围较北部高流速区小，且其分布主要与等深线相平行。

3）2000 年黄河行水清 8 北汊初期

由图 5-25 可以看出，2000 年黄河三角洲北部的岸线变得平滑，之前的神仙沟口沙嘴被夷平，岸线外水深较浅，相应地可以看到北部高流速区域向北移动，在神仙沟外最大流速为 1.12m/s，刁口河外最大流速为 1.04m/s，最大流速变化较小，保持稳定。在清水沟河口处水下三角洲形成，可以明显看到水体流速在水下三角洲陡坡处增大，并形成高流速中心，最大流速为 1.10m/s，高流速中心呈现半月形。

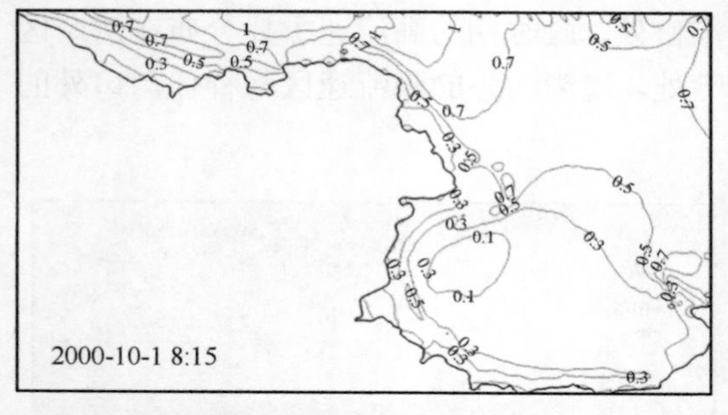

a. 黄河三角洲沿岸流场-北区高流速场流速等值线（单位：m/s）

b. 黄河三角洲沿岸流场-北区高流速场流速矢量分布

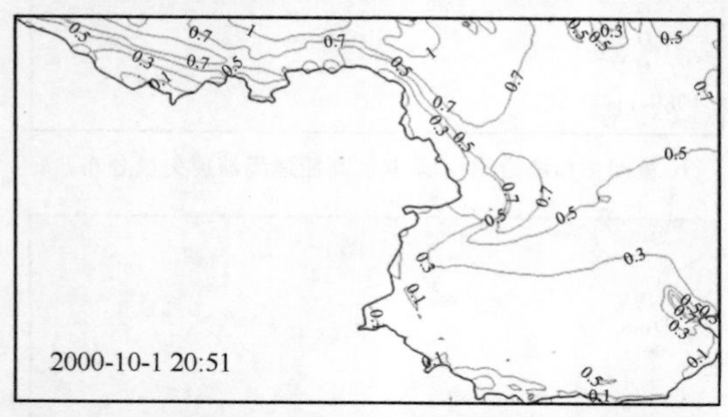

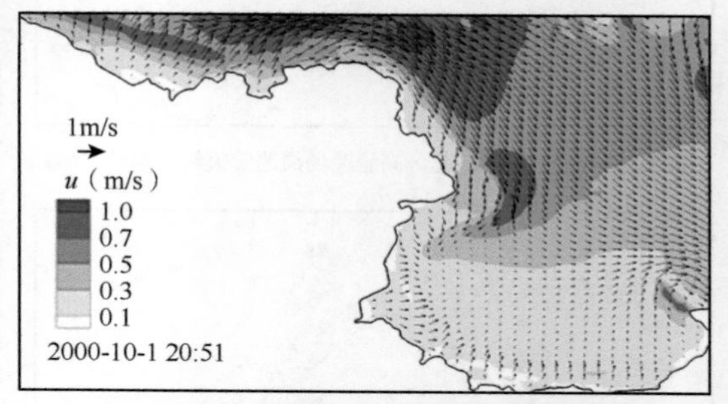

c. 黄河三角洲沿岸流场-河口高流速场流速等值线（单位：m/s）

d. 黄河三角洲沿岸流场-河口高流速场流速矢量分布

图 5-25　2000 年高流速区分布

北部高流速中心与清水沟口高流速中心的流速等值线大致与水深等值线相平行，主要是 5 ～ 10m 等深线分布的区域，亦是水下三角洲陡坡所在的区域。可以看出，水下三角洲陡坡的变化会引起相应的高流速中心区域的变迁。

4）2005 年黄河行水清 8 北汊

由图 5-26 可以看出，2005 年的岸线与 2000 年相比，孤东油田岸线保持稳定，神仙沟附近岸线进一步平滑，且与等深线相平行，清水沟老河口呈现一个突出的沙嘴，同时在清 8 入海口出现一个较小的沙嘴，清 8 出汊口外的水下三角洲开始发育。其三角洲外的高流速区不变，为黄河三角洲北部高流速中心与清水沟口高流速中心。此时，神仙沟外的最大流速为 1.03m/s，刁口河北侧最大流速为 0.85m/s，神仙沟附近的高流速中心保持稳定，刁口河北侧的最大流速有所下降，此处的水下三角洲向海发育，水下陡坡向海移动，这使得高流速中心也相应地向北迁移。在清水沟口，原先老河口外最大流速为 1.07m/s，清 8 北汊外最大流速为 0.78m/s。相比于 2000 年，河口高流速中心区域范围变大，其分布在 5 ～ 10m 等深线的范围内，从南侧沙嘴的南侧至清 8 北汊的北侧。

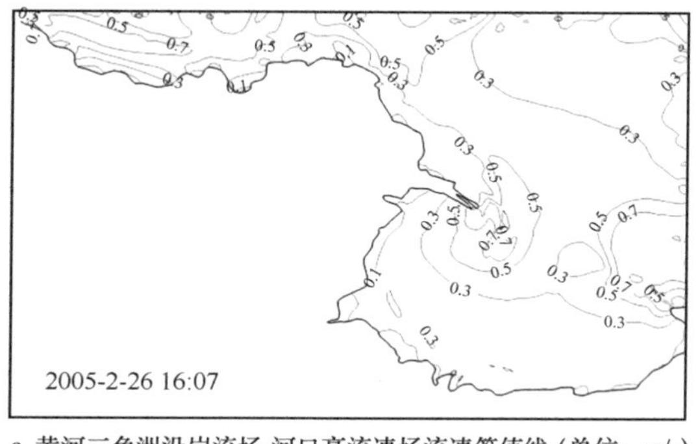

a. 黄河三角洲沿岸流场-河口高流速场流速等值线（单位：m/s）

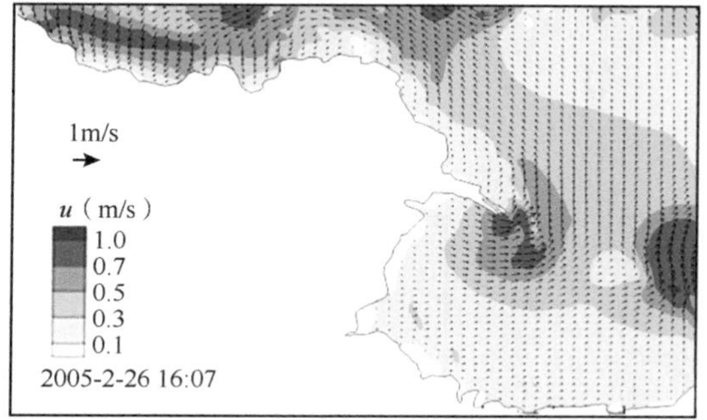

b. 黄河三角洲沿岸流场-河口高流速场流速矢量分布

c. 黄河三角洲沿岸流场-北区高流速场流速等值线（单位：m/s）

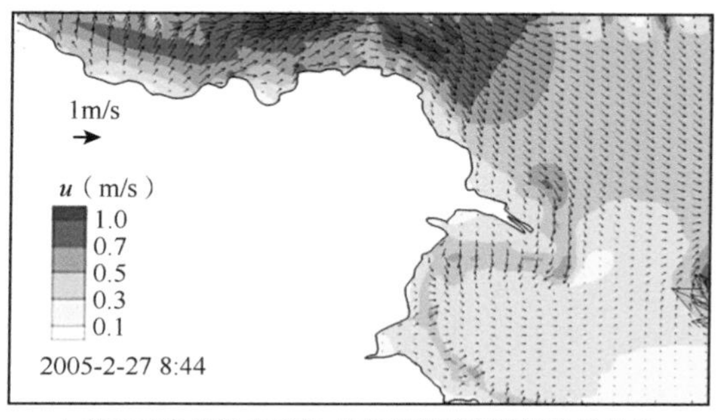

d. 黄河三角洲沿岸流场-北区高流速场流速矢量分布

图 5-26　2005 年高流速区分布

由上述对黄河三角洲外高流速中心分布的分析可以看出，1953 ～ 2005 年主要有黄河三角洲北部高流速中心区与河口高流速中心区两个部分，且随着岸线的变化及水下三角洲的发育，高流速中心也发生相应的变化，即当岸线向海延伸淤积时，水下三角洲也相应地向海发育，其水下陡坡的位置向海迁移，使得高流速中心发生改变，但总体保持稳定，在黄河三角洲北部高流速中心的最大流速均保持在 1.1m/s 左右，河口高流速中心随着岸线延伸流速逐渐增大，并在新形成的清 8 北汊处形成的新的水下三角洲陡坡处形成一个新的高流速区域，与南侧沙嘴外的高流速中心合并。

5.2.3　河口切变锋变化

自 1855 年黄河改道以来，形成了以宁海为顶点的扇形近代黄河三角洲，黄河入海的泥沙超过 80% 沉积在河口三角洲区域，其中河口动力与海洋动力是形成三角洲沉积格局的重要原因。本次重点研究河口切变锋对黄河入海泥沙在河口水下三角洲近岸区域快速沉积的影响。结合第 4 章表层悬浮泥沙分布反演的结果，对水下三角洲及黄河口外高流速中心区域河口切变锋对泥沙沉积作用的机理进行进一步分析。

潮流切变锋主要是在锋面两侧的水动力差异显著，使得两侧的水流流向、含沙量及温度等均有较大的差异，与河口水下三角洲地形及水动力环境密切相关。为分析 1953 ～ 2005 年切变锋的演化，取 1953 年、1989 年、2002 年、2005 年 4 个年份的流场图进行分析，并绘制出各个年份切变锋的分布及水深图（图 5-27 ～图 5-30）。

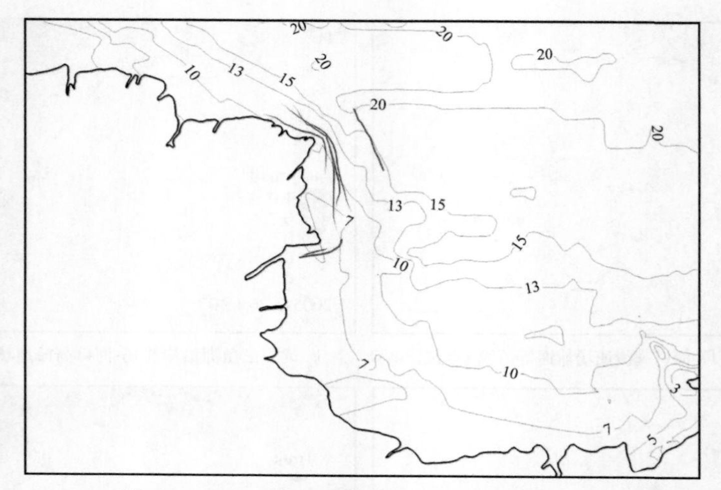

图 5-27　1953 年切变锋位置（水深单位：m）

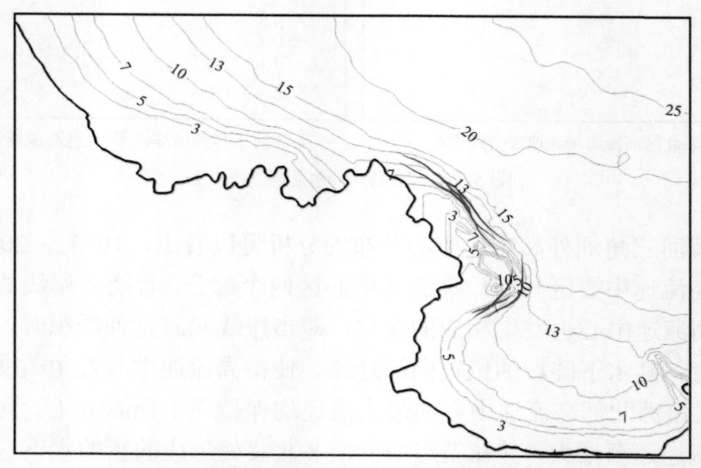

图 5-28　1989 年切变锋位置（水深单位：m）

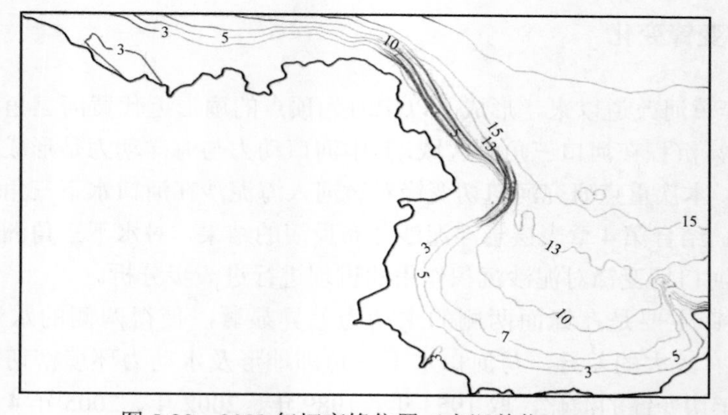

图 5-29　2002 年切变锋位置（水深单位：m）

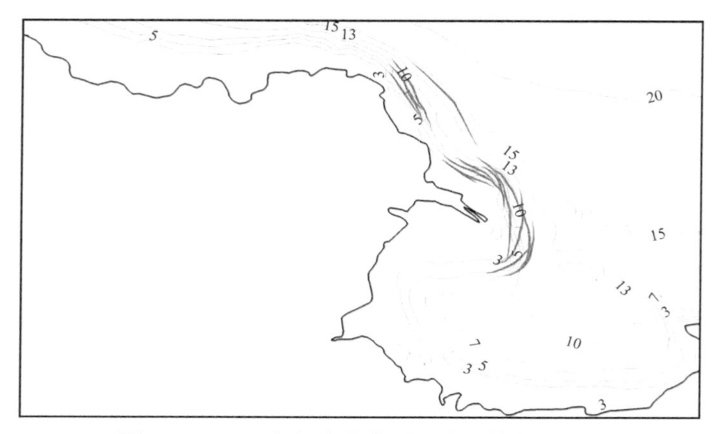

图 5-30　2005 年切变锋位置（水深单位：m）

图 5-27 ～图 5-30 中红色线标示切变锋的位置分布，浅灰色线为水深分布。1953 ～ 2005 年，神仙沟至清水沟的岸线在不断向海淤进，相应地，切变锋的位置也向海移动。

1953 年在神仙沟外切变锋靠近海岸，分布在 10 ～ 13m 等深线附近并与等深线相平行，最远抵达 15m，其切变锋呈现南北方向。在甜水沟外切变锋较弱，且长度较短，方向为东西方向。

1989 年水下三角洲发育，岸线向海推进，等深线与岸线趋于平行，3 ～ 15m 等深线分布密集，水下陆坡开始形成，此时期神仙沟外切变锋的方向为西北至东南，起点为神仙沟海港处，止于孤东油田外，主要分布在 7 ～ 13m 等深线处。清水沟外切变锋逐步发展，呈现圆弧形状，方向为东北至西南，分布在 5 ～ 10m 等深线处。

2002 年的岸线在清水沟入海口处形成向海突出的沙嘴，近岸处滩涂发育，水下三角洲在近岸处较为平坦，水深在 3m 范围内，水下陆坡位置向外推移。利用 2002 年的岸线模拟 2000 年流场，河口外的切变锋较 1989 年长度更长，圆弧北端点向北延伸，与神仙沟外的切变锋衔接。在神仙沟外，近岸处水深较浅，滩涂发育，但水下三角洲陆坡位置处在向近岸移动中，神仙沟切变锋分布在 3 ～ 10m 等深线处，其方向与 1989 年相比更加趋向于南北方向，与等深线相平行。

2005 年除清水沟老河口向外突出延伸外，其北侧清 8 河口水下三角洲开始形成，从岸线等深线上可以明显看出，在河口外形成了一个东北方向的水下沙嘴与一个东南方向的水下沙嘴，水下三角洲陆坡继续向外海移动。此外，在孤东油田处，人工岸线向外延伸并达到稳定，但岸线外的水深与 2002 年相比更深，人工堤跟受到海洋动力的严重侵蚀，使得此处的水下三角洲陆坡移至近岸处。在神仙沟处，岸线变得更加平滑，水下三角洲同样受到侵蚀，等深线向岸移动，湾湾沟至刁口河外的水下三角洲变化较小。切变锋随着水下三角洲的变化也发生了改变。神仙沟外切变锋的长度明显变短，止于孤东油田北部，清水沟河口处的切变锋延伸，从孤东油田的南侧绕过沙嘴后，止于沙嘴南侧，河口切变锋有时会分成两部分，一个是清 8 北汊外的切变锋，另一个是老河口外的切变锋，切变锋处于 3 ～ 10m 等深线处，切变锋几乎包围了黄河口泥沙向外输移的通道，造成泥沙在陆坡前落淤，并使得陆坡逐渐向海移动，13m 与 15m 等深线位置变化不大，说明外海部分受黄河来沙的影响不大。

在涨潮和落潮时刻在神仙沟口至河口外侧存在不同形态的切变锋，即内涨外落型与内落外涨型。在涨潮与落潮相互转换的过程中，出现的切变锋（图 5-31）呈弧带状分布，切变锋两侧的水流流向相反，在切变锋的位置上流速降为 0，形成低流速区，可以有效拦截入海泥沙及悬浮泥沙。

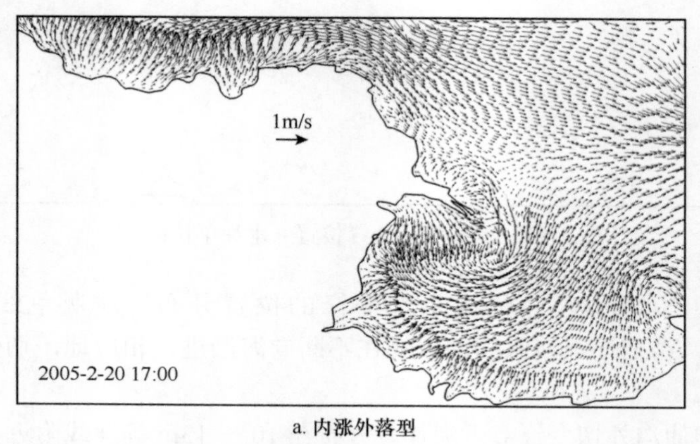

a. 内涨外落型

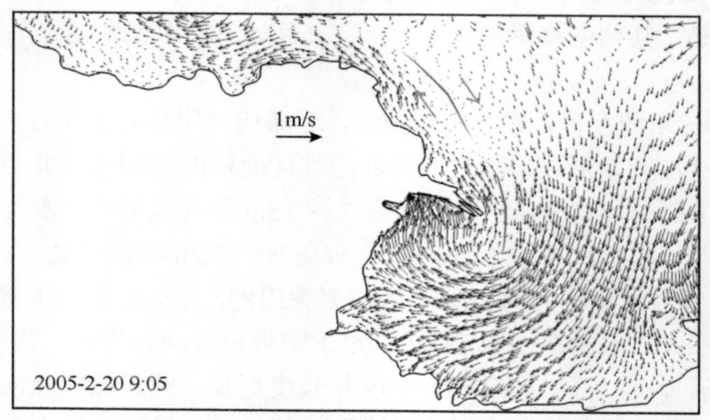

b. 内落外涨型

图 5-31　涨潮与落潮转变时刻的切变锋

进一步研究切变锋的形成时间与形态变化，可知在切变锋内侧的转流出现时间较切变锋外侧的转流出现时间要早，以 2005 年的流场作为本次的分析对象。

从图 5-32 与图 5-33 中的潮流转变过程可知，在涨潮—落潮转变过程中，2005 年 2 月 20 日 7:40 的流场中，河口区与外海为涨潮，在神仙沟外侧首先出现旋转流场与切变锋，此外，河口清 8 出汊外侧出现西北至东南方向的切变锋，切变锋内侧为沿岸向北落潮流，切变锋外侧为向南涨潮流。至 9:00 时刻，神仙沟外侧的切变锋向海一侧移动，长度变化较小，但锋面两侧的流速降低，切变锋强度减弱，河口外的切变锋长度增大，从清 8 北汊外一直延伸到河口南侧，涨潮—落潮转变区域向南移动抵达河口南侧。在 10:20 时刻，切变锋逐渐开始消失，神仙沟外的切变锋消失，河口外的切变锋开始萎缩至河口南侧区域，落潮开始占据整个黄河外海域。到了 11:00 切变锋消失，完成了从涨潮到落潮的转变，历时 3 ～ 4h。

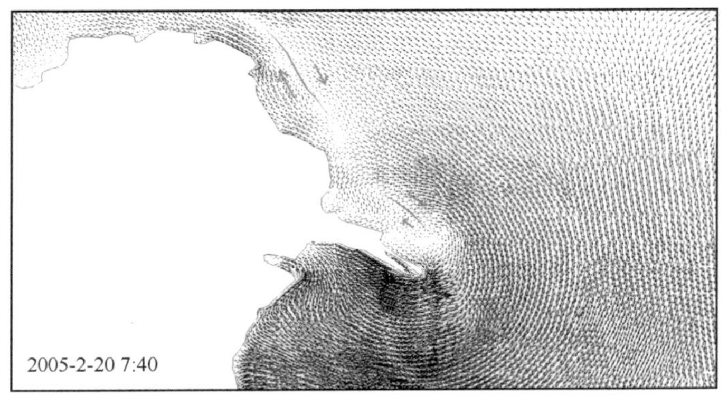

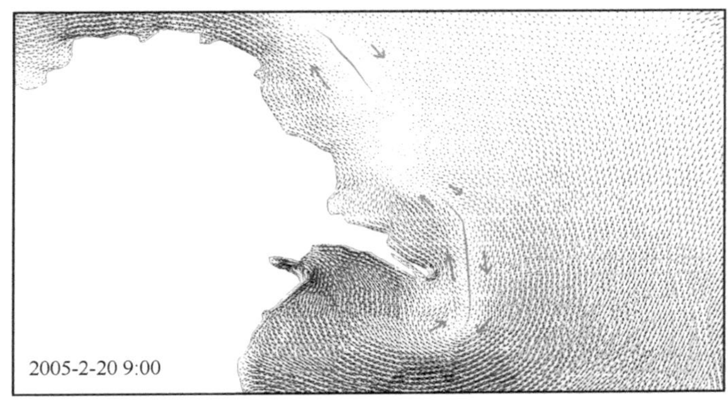

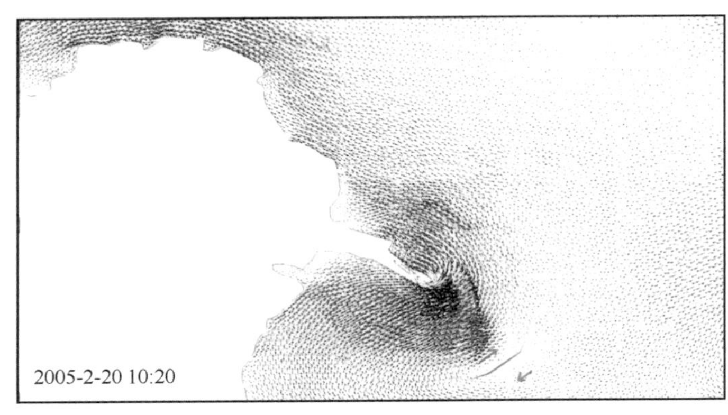

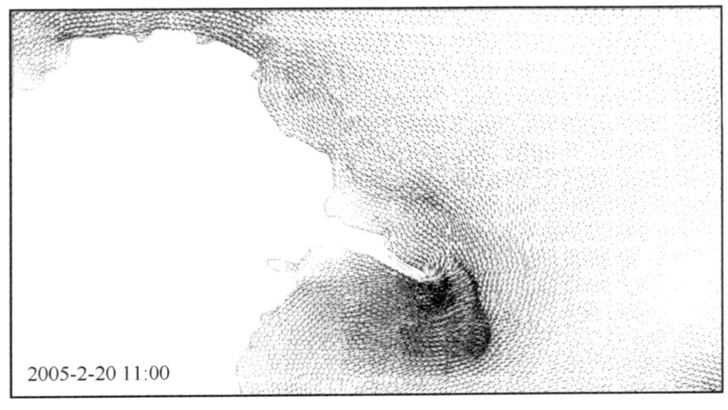

图 5-32　黄河口外潮流涨潮—落潮转变过程

红色线为切变锋，箭头为流速方向

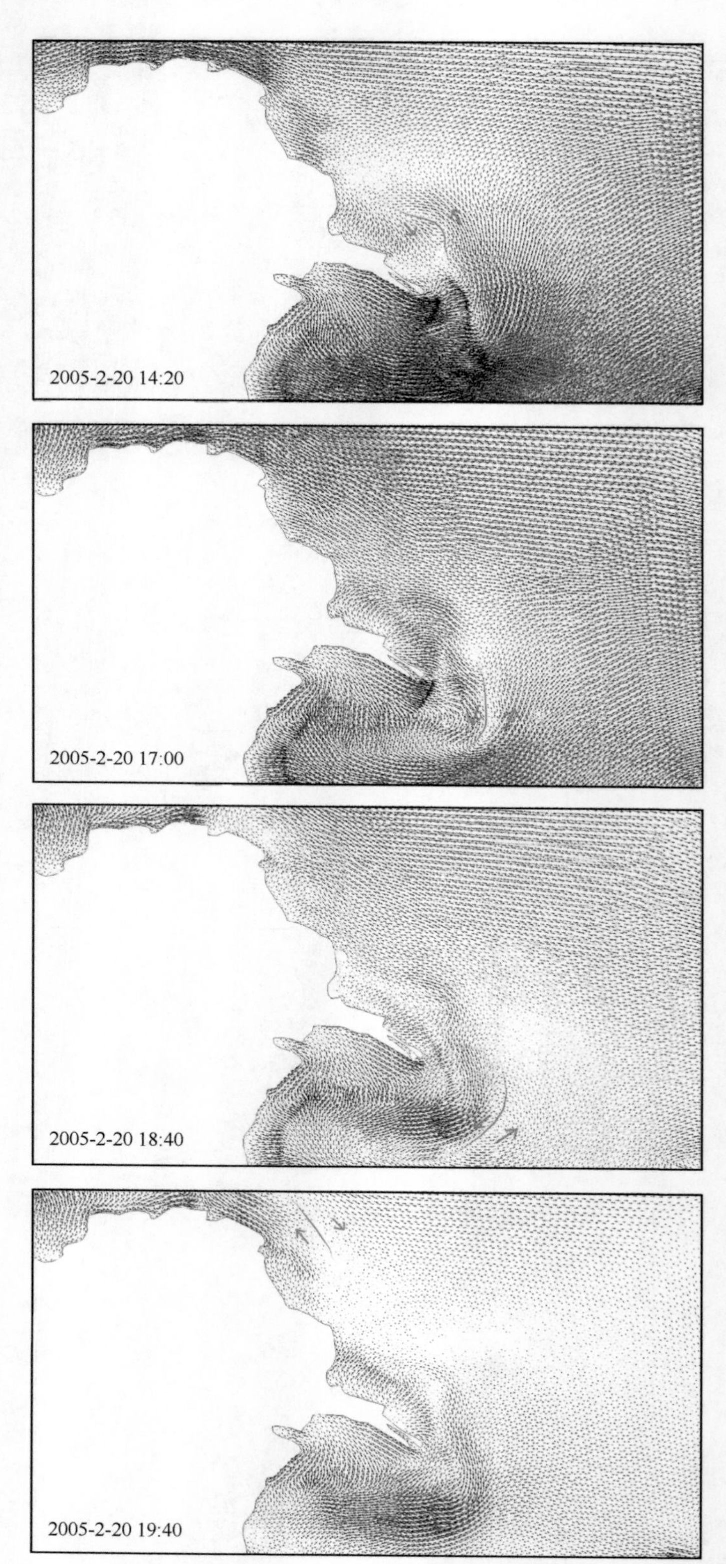

图 5-33 黄河口外潮流落潮—涨潮转变过程

红色线为切变锋，箭头为流速方向

在落潮—涨潮转变过程中，在 14:20 时刻，河口区域的切变锋首先出现在清 8 北汊外侧，切变锋内侧为涨潮流，外侧为落潮流，神仙沟外侧为落潮流，切变锋方向为西北至东南方向。到了 17:00 时刻，落潮流向南移动，相应地，切变锋向南向海移动，方向也转为北-南方向。至 18:40 时刻，切变锋继续向海一侧移动，切变锋强度降低。到了 19:40 时刻，河口区域切变锋消失，整个海域呈现涨潮流，但同时在神仙沟外侧出现切变锋，内侧为落潮流，外侧为涨潮流。此次落潮至涨潮历时 5h 左右。

将本次模拟的流场结果与第 4 章反演的结果进行对比，得到黄河三角洲外流场与表层悬浮泥沙的分布，如图 5-34 ～图 5-36 所示。可以看出，在黄河三角洲外存在两个表层悬浮泥沙高含量区，其中一个在黄河三角洲北侧的湾湾沟—刁口河至神仙沟，另一个在河口区域。相比于河口区域，三角洲北侧表层悬浮泥沙高含量区范围较广，且与季节无关，稳定存在，结合图 5-32 与图 5-33 中的流场图及 5.2.2 小节中对高流速中心区域的

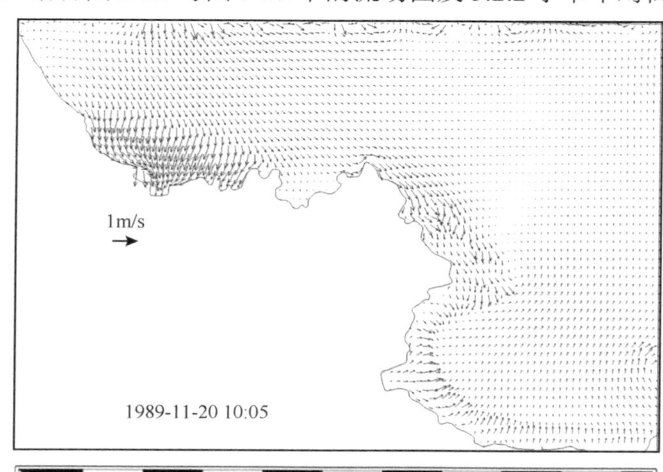

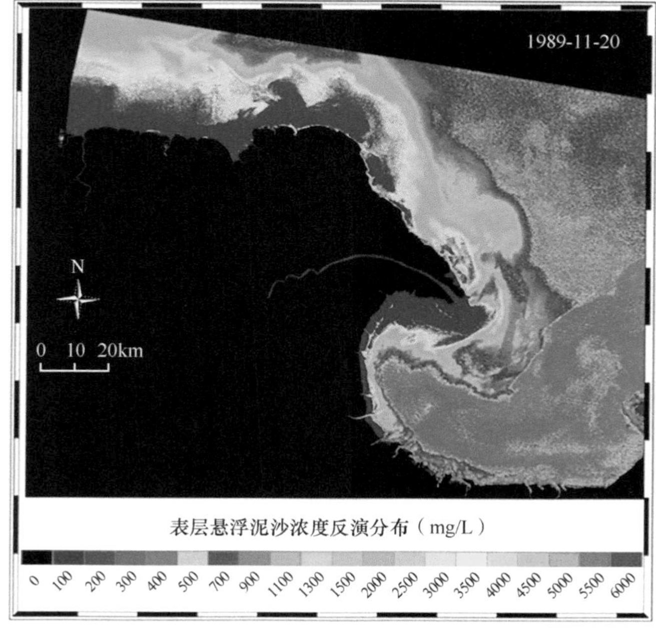

图 5-34　1989 年 11 月 20 日黄河三角洲外流场与表层悬浮泥沙分布

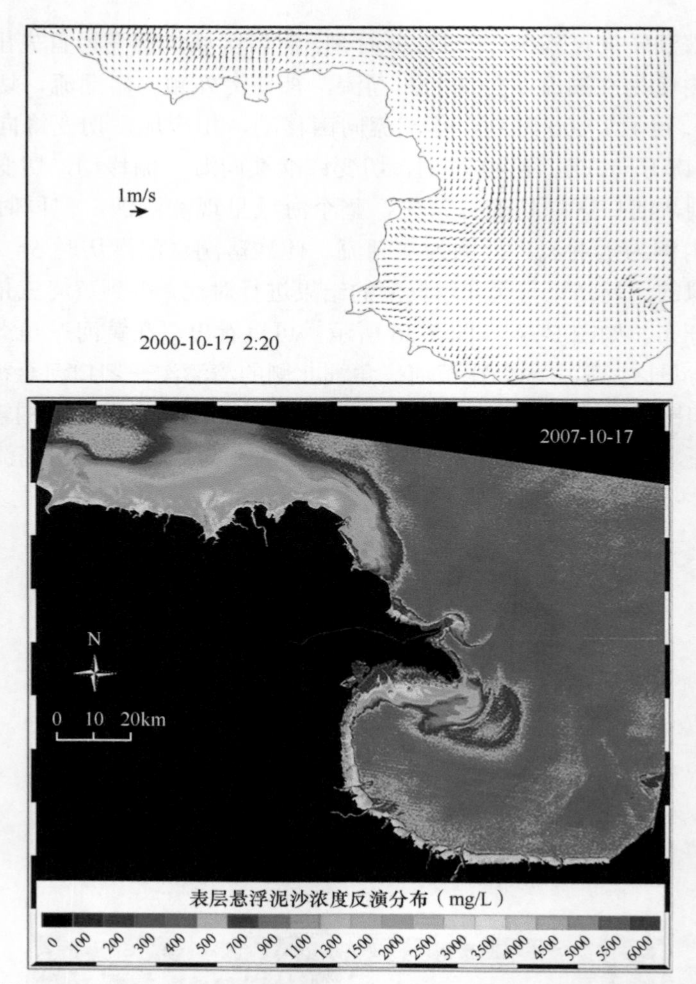

图 5-35 2000 年 10 月 17 日黄河三角洲外流场与表层悬浮泥沙分布

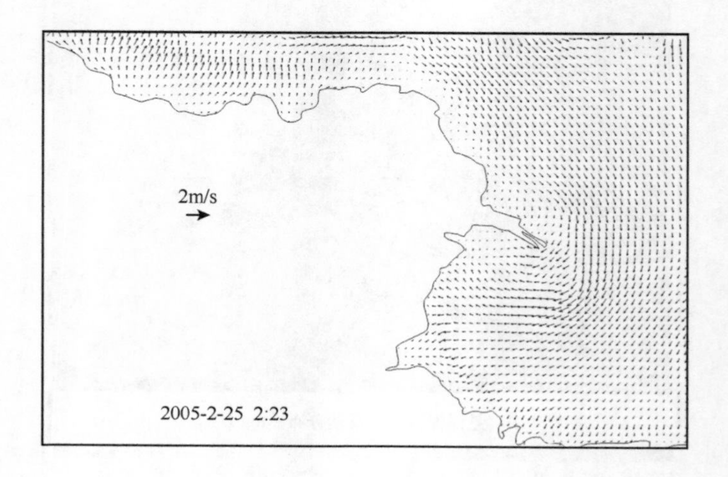

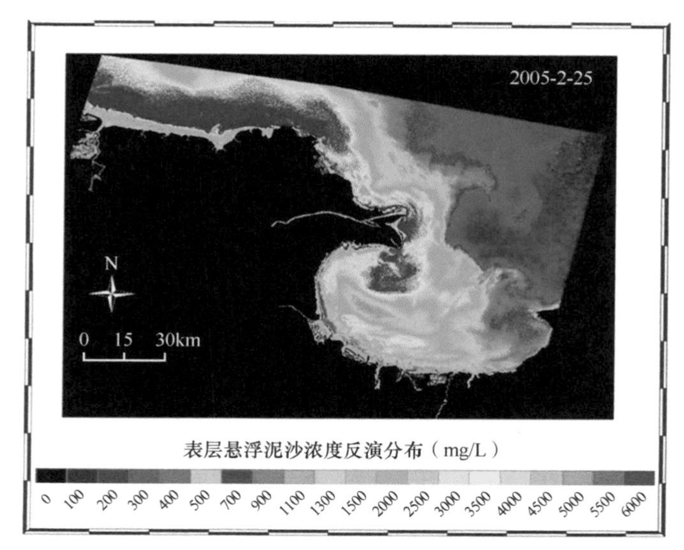

图 5-36　2005 年 2 月 25 日黄河三角洲外流场与表层悬浮泥沙分布

分析可知，黄河三角洲北侧的高流速中心区域一直稳定存在，流速较大，能够掀起底部的泥沙。此外，水下三角洲在黄河三角洲北侧近岸区域较为平坦，水深较浅。从底部掀起的泥沙沿着海岸向神仙沟及孤东油田扩散与输移。

河口区域的表层悬浮泥沙主要分布在近岸区域，在清 8 北汊外及老河口外为表层悬浮泥沙分布的高浓度区域，与黄河来水来沙及底部掀沙有关，在丰水期来水来沙丰富，但夏季的海洋动力较冬季弱，冬季的强海洋动力会引起浅海海底的沉积物发生再悬浮并扩散到更远的海域，而夏季入海泥沙会在河口附近淤积。因此，这种现象被称为“夏储冬输”结构。从图 5-34 ～图 5-36 可以明显看到，10 月的河口表层悬浮泥沙浓度明显低于 11 月及 2 月。在图 5-36 中，水下陡坡及切变锋位置的内侧为高浓度区域，在切变锋外侧表层悬浮泥沙浓度迅速降低，并在 15m 等深线附近基本消失，其向外海的扩散主要是通过莱州湾的中部流向渤海海峡，在落潮时潮流有向北流转向东北至东方向的过程，因此会挟带泥沙向东输移。因此，也可以很好地解释图 5-4 中 2002 ～ 2005 年底床沉积体的冲淤变化，其淤积体的边缘与切变锋的边缘正好相对应，泥沙在切变锋以内快速落淤，水下三角洲也不断向海推进。

由上述分析可知，黄河口外的切变锋特征可以总结为以下几点。

（1）黄河三角洲外存在两个切变锋区域，一个是在神仙沟外侧 10m 等深线及水下三角洲陡坡处，另一个在清水沟外侧 10m 等深线附近及水下陡坡处。

（2）1953 ～ 2005 年，两处切变锋的形态都发生了变化，主要表现为随着水下三角洲的发育及陡坡位置的向海一侧移动，切变锋的位置也向海移动。神仙沟外的切变锋经历了发育—萎缩的转变，主要是自 2005 年以来水下三角洲受到侵蚀，使得切变锋的位置向近岸移动且长度变短，到孤东油田北侧就消失。清水沟外的切变锋则不断发育，且产生了清 8 北汊的一个新分支，切变锋的强度也逐渐增大。

（3）切变锋所在的区域与高流速中心的边缘相吻合，即切变锋会影响高流速区的分布，进一步可推论出水下三角洲陡坡所在的位置会影响高流速中心区域的分布及切变锋的变化，而切变锋与高流速中心区域的变化也会影响黄河来沙与底层掀起的泥沙的输移与落淤，从而进一步影响水下三角洲的发育及陡坡的位置。

（4）切变锋在潮流过程中存在两种形态，分别为内落外涨型切变锋与内涨外落型切变锋。在涨潮—落潮转变过程中易出现内落外涨型切变锋，在涨潮—落潮的转变中，神仙沟外侧的切变锋先出现，接着河口区域的切变锋再出现，整个历时为 3 ～ 4h；在落潮—涨潮转变过程中易出现内涨外落型切变锋，神仙沟处的切变锋不明显，整个历时为 5h 左右，且切变锋在整个过程中均是在近岸一侧生成，再向海侧移动。

（5）切变锋的存在与高流速中心系统会影响表层悬浮泥沙的输移及落淤，在黄河三角洲北部流速较大，能够掀起底层泥沙，悬浮泥沙会随着水流沿岸向南流动。在河口区域的泥沙主要来源于黄河来水来沙及底部掀沙，受到切变锋的阻隔，在切变锋内快速落淤，部分泥沙可扩散到莱州湾南部，并经落潮流向东流向渤海海峡，但无法越过 15m 等深线附近。因而，切变锋的存在也能解释水下三角洲在河口区域形成的马鞍形堆积体，其边缘与切变锋相吻合。

参考文献

白玉川，温志超，徐海珏 . 2019. 围海造陆条件下排海高温浓盐水对渤海湾温盐场分布影响模拟及预测 . 海洋学报（中文版），41(3): 61-74.

白玉川，谢琦，徐海珏 . 2018. 黄河口高流速区近 50 年演变过程 . 海洋地质前沿，34(10): 1-11.

白玉川，谢琦，徐海珏 . 2019. 黄河口近 60 年来潮流特征演化过程 . 海洋通报，38(2): 141-149.

毕乃双 . 2009. 黄河三角洲毗邻海域悬浮泥沙扩散和季节性变化及冲淤效应 . 中国海洋大学博士学位论文 .

冯曦，周晶晶，金鹰 . 2009. 黄河口细颗粒泥沙基本特性实验研究 . 呼和浩特：第十四届中国海洋（岸）工程学术讨论会 .

李泽刚 . 1990. 黄河口外流场及其变化 . 人民黄河，(4): 31-36.

李泽刚 . 2006. 黄河近代河口演变基本规律与稳定入海流路治理 . 郑州：黄河水利出版社 .

庞家珍，司书亨 . 1979. 黄河河口演变——Ⅰ. 近代历史变迁 . 海洋与湖沼，10(2): 136-141.

苏俐珊，徐海珏，白玉川 . 2018. 长江口水动力特征的洪枯季差异分析 . 港工技术，55(5): 1-6.

王厚杰，杨作升，毕乃双 . 2006. 黄河口泥沙输运三维数值模拟Ⅰ——黄河口切变锋 . 泥沙研究，(2): 1-9.

王楠 . 2014. 现代黄河口沉积动力过程与地形演化 . 中国海洋大学博士学位论文 .

谢琦 . 2017. 黄河口古潮汐特征及潮流演化过程 . 天津大学硕士学位论文 .

曾庆华 . 1997. 黄河口演变规律及整治 . 郑州：黄河水利出版社 .

张哲源，徐海珏，白玉川，等 . 2017. 基于卫星遥感技术的赣江尾闾河势演变分析 . 水利水电技术，48(7): 20-27.